Proceedings

Ein stetig steigender Fundus an Informationen ist heute notwendig, um die immer komplexer werdende Technik heutiger Kraftfahrzeuge zu verstehen. Funktionen, Arbeitsweise, Komponenten und Systeme entwickeln sich rasant. In immer schnelleren Zyklen verbreitet sich aktuelles Wissen gerade aus Konferenzen, Tagungen und Symposien in die Fachwelt. Den raschen Zugriff auf diese Informationen bietet diese Reihe Proceedings, die sich zur Aufgabe gestellt hat, das zum Verständnis topaktueller Technik rund um das Automobil erforderliche spezielle Wissen in der Systematik aus Konferenzen und Tagungen zusammen zu stellen und als Buch in Springer.com wie auch elektronisch in SpringerLink und Springer Professional bereit zu stellen.

Die Reihe wendet sich an Fahrzeug- und Motoreningenieure sowie Studierende, die aktuelles Fachwissen im Zusammenhang mit Fragestellungen ihres Arbeitsfeldes suchen. Professoren und Dozenten an Universitäten und Hochschulen mit Schwerpunkt Kraftfahrzeug- und Motorentechnik finden hier die Zusammenstellung von Veranstaltungen, die sie selber nicht besuchen konnten. Gutachtern, Forschern und Entwicklungsingenieuren in der Automobil- und Zulieferindustrie sowie Dienstleistern können die Proceedings wertvolle Antworten auf topaktuelle Fragen geben.

Today, a steadily growing store of information is called for in order to understand the increasingly complex technologies used in modern automobiles. Functions, modes of operation, components and systems are rapidly evolving, while at the same time the latest expertise is disseminated directly from conferences, congresses and symposia to the professional world in ever-faster cycles. This series of proceedings offers rapid access to this information, gathering the specific knowledge needed to keep up with cutting-edge advances in automotive technologies, employing the same systematic approach used at conferences and congresses and presenting it in print (available at Springer.com) and electronic (at SpringerLink and Springer Professional) formats.

The series addresses the needs of automotive engineers, motor design engineers and students looking for the latest expertise in connection with key questions in their field, while professors and instructors working in the areas of automotive and motor design engineering will also find summaries of industry events they weren't able to attend. The proceedings also offer valuable answers to the topical questions that concern assessors, researchers and developmental engineers in the automotive and supplier industry, as well as service providers.

Weitere Bände in der Reihe http://www.springer.com/series/13360

Johannes Liebl
(Hrsg.)

Ladungswechsel im Verbrennungsmotor 2017

Elektrifizierung im Umfeld Ladungswechsel
10. MTZ-Fachtagung

Springer Vieweg

Herausgeber
Johannes Liebl
Moosburg, Deutschland

ISSN 2198-7432 ISSN 2198-7440 (electronic)
Proceedings
ISBN 978-3-658-22670-1 ISBN 978-3-658-22671-8 (eBook)
https://doi.org/10.1007/978-3-658-22671-8

Die Deutsche Nationalbibliothek verzeichnet diese Publikation in der Deutschen Nationalbibliografie; detaillierte bibliografische Daten sind im Internet über http://dnb.d-nb.de abrufbar.

Springer Vieweg

Verantwortlich im Verlag: Markus Braun

Gedruckt auf säurefreiem und chlorfrei gebleichtem Papier

Springer Vieweg ist ein Imprint der eingetragenen Gesellschaft Springer Fachmedien Wiesbaden GmbH und ist ein Teil von Springer Nature
Die Anschrift der Gesellschaft ist: Abraham-Lincoln-Str. 46, 65189 Wiesbaden, Germany

Vorwort

Die zum 10. Mal stattfindende MTZ-Fachtagung „Ladungswechsel im Verbrennungsmotor“ ist das Forum des Informations- und Erfahrungsaustauschs für Fachleute aus dem Bereich Ladungswechsel. Auch in diesem Jahr hat der Wissenschaftliche Beirat aus den vielen eingegangenen Einreichungen ein spannendes und informatives Programm erstellt. Auf der Konferenz erfahren Sie, welchen Einfluss elektrische Komponenten auf den Ladungswechsel bei Diesel- und Ottomotoren in Pkw und Nfz haben und wie die immer schärfer werdenden CO_2-Grenzwerte, die Reduzierung des Kraftstoffverbrauchs sowie die Realisierung einer höheren Leistungsausbeute erreicht werden können.

Schwerpunkte der diesjährigen Tagung sind unter anderem die Betrachtung des Gesamtsystems und dessen Optimierung, der Einfluss der Elektrifizierung auf den Ladungswechsel, Brennverfahren, Variabilitäten, Brennstoffzelle, Aufladung sowie neue Entwicklungsmethoden. Die Podiumsdiskussion zum Thema „Auswirkungen elektrifizierter Antriebsstränge auf die Verbrennungsmotorenentwicklung“ mit hochrangigen Vertretern aus der Industrie und der Politik ist auch in diesem Jahr wieder ein Highlight und rundet den fachlichen Teil ab.

Die Tagung wird am 24. und 25. Oktober im Mercedes-Benz Museum in Stuttgart stattfinden. Nutzen Sie die Gelegenheit, sich ausführlich über technische Neuerungen in Ihrem Fachbereich zu informieren. Neben den Pausen bietet der „Abend der Begegnungen“ im MAHLE INSIDE am Ende des ersten Veranstaltungstages wieder ausgiebig Gelegenheit zum Networking in lockerer Atmosphäre.

Im Namen des Wissenschaftlichen Beirats lade ich Sie herzlich zur Teilnahme ein. Ich freue mich auf die Begegnung mit Ihnen!

Für den Wissenschaftlichen Beirat
Dr. Johannes Liebl
Herausgeber ATZ | MTZ | ATZelektronik

Inhalt

Autorenverzeichnis

Dr. Philipp Adomeit FEV Europe GmbH, Aachen, Deutschland

A. Artinger Continental Automotive GmbH, Regensburg, Deutschland

Dr. Matthias Bach Porsche Engineering Services GmbH, Bietigheim-Bissingen, Deutschland

Prof. Dr. Michael Bargende Universität Stuttgart, Stuttgart, Deutschland

J. Beer Continental Automotive GmbH, Regensburg, Deutschland

Dr. Mathias Bogner Continental Automotive GmbH, Regensburg, Deutschland

Andre Brenner IAV GmbH, Glauchau, Deutschland

J. Dietz Schaeffler Technologies AG & Co. KG, Herzogenaurach, Deutschland

Johannes Dimler BMW Group, München, Deutschland

Tim Dressel MAN Truck & Bus AG, Nürnberg, Deutschland

Dr. J. Ehrhard Continental Automotive GmbH, Regensburg, Deutschland

Prof. Dr. Peter Eilts TU Braunschweig, Braunschweig, Deutschland

Samuel Engeda BMW Group, München, Deutschland

Stefania Esposito RWTH Aachen University, Aachen, Deutschland

Alexander Fandakov Universität Stuttgart, Stuttgart, Deutschland

Maximilian Fischer Porsche Engineering Services GmbH, Bietigheim-Bissingen, Deutschland

Jan Flinte TU Braunschweig, Braunschweig, Deutschland

Dr. Björn Franzke FEV Europe GmbH, Aachen, Deutschland

Andreas Fuchs Springer Fachmedien Wiesbaden GmbH, Wiesbaden, Deutschland

Klaus Fuoss Porsche Engineering Services GmbH, Bietigheim-Bissingen, Deutschland

Dr. Holger Gödeke G+L innotec GmbH, Laupheim, Deutschland

Dr. Michael Grill FKFS, Stuttgart, Deutschland

Michael Günther IAV GmbH, Glauchau, Deutschland

Peter Haluska Continental Automotive GmbH, Regensburg, Deutschland

Andreas Heinisch BMW Group, München, Deutschland

Dr. M. Heldmann Continental Automotive GmbH, Regensburg, Deutschland

Steffen Hirschmann MAN Truck & Bus AG, Nürnberg, Deutschland

Patrick Hoppe RWTH Aachen University, Aachen, Deutschland

Dominic Hyna MAN Truck & Bus AG, Nürnberg, Deutschland

Thorsten kleine Sextro Leibniz Universität Hannover, Hannover, Deutschland

Michael Kornexl Ostbayrische TH Regensburg, Regensburg, Deutschland

Dr. André Casal Kulzer Dr.-Ing. h.c. F. Porsche AG, Stuttgart, Deutschland

Dr. Dirk C. Leinhos BMW AG, München, Deutschland

R. Löffler G+L innotec GmbH, Laupheim, Deutschland

Thomas Malischewski MAN Truck & Bus AG, Nürnberg, Deutschland

Max Mally RWTH Aachen University, Aachen, Deutschland

Prof. Dr. Wolfgang Mayer Hochschule Kempten, Regensburg, Deutschland

Mario Medicke IAV GmbH, Glauchau, Deutschland

Dr. Bastian Morcinkowski FEV Europe GmbH, Aachen, Deutschland

Jürgen Rechberger AVL List GmbH, Graz, Österreich

Dr. Alexander Schenk AVL List GmbH, Graz, Österreich

Prof. Dr. Christian Schwarz BMW Group, München, Deutschland

Prof. Dr. Jörg Seume Leibniz Universität Hannover, Hannover, Deutschland

Dr. Peter Solfrank Schaeffler Technologies AG & Co. KG, Herzogenaurach, Deutschland

Dirk Weberskirch MAN Truck & Bus AG, Nürnberg, Deutschland

Ladungsbewegungskonzepte für moderne Brennverfahren

Mario Medicke, IAV GmbH

Andre Brenner, IAV GmbH

Michael Günther, IAV GmbH

J. Liebl (Hrsg.), *Ladungswechsel im Verbrennungsmotor 2017*, Proceedings,
https://doi.org/10.1007/978-3-658-22671-8_1

1 Einleitung

Die Erfüllung der ab 2021 geltenden strengen Vorgaben, den CO_2-Ausstoß für eine mittlere Fahrzeugmasse von 1372 kg auf 95 gCO_2/km zu reduzieren, erfordert eine deutliche Erhöhung der Effizienz der Verbrennungsmotoren. Eine konsequente Entdrosselung der Teillast mit Miller/Atkinson-Brennverfahren, in Kombination mit Wirkungsgradsteigerung durch Anhebung der geometrischen Verdichtung, ist am Ottomotor ein vielversprechender Ansatz zur Senkung des Zyklusverbrauches [1]. Die Kombination dieser Technologien erschließt deutliche Verbrauchspotenziale, stellt aber gleichzeitig hohe und teils gegensätzliche Anforderungen an das Ladungsbewegungskonzept.

Die Entdrosselung durch frühen Einlass Schluss (auch Miller Zyklus genannt) in der Teillast reduziert aufgrund der reduzierten Ventilhübe die Ladungsbewegung mit negativen Auswirkungen auf die Turbulenz und die Verbrennung. Es sind daher Maßnahmen, wie angepasste Kanalformen oder Maskierung der Einlassventile, erforderlich. Diese gehen jedoch immer mit einer Reduzierung des Durchflussbeiwertes einher.

Da die Wirksamkeit der Maßnahmen stark vom Ventilhubverlauf abhängig ist, kann deren Auslegung nur im Zusammenspiel mit dem gesamten Ladungswechselkonzept erfolgen.

Das Atkinson Brennverfahren, spätes Einlass schließen, erfordert ebenfalls ein hohes Turbulenzniveau, jedoch ausschließlich bei großen Ventilhüben. Das Ladungsbewegungskonzept muss deshalb auf den Vollhub ausgelegt sein. Besonderheit bei diesem Brennverfahren ist die Vermeidung von Drosselverlusten beim Zurückschieben der Zylinderladung nach dem unteren Totpunkt. Der dafür erforderliche gute Durchfluss bei kleinen und mittleren Ventilhüben stellt einen Gegensatz zu den Anforderungen des Miller-Brennverfahrens dar.

Im Nennleistungsbereich spielt der Durchfluss im gesamten Ventilhubbereich eine entscheidende Rolle. Durchflussverluste durch Tumble-Kanäle und Maskierung der Einlassventile begrenzen die spezifische Leistung und erhöhen den Ladedruckbedarf. Das steht ebenfalls im Gegensatz zum Ladungsbewegungskonzept des Miller Brennverfahrens.

An effizienten Downsizing Konzepten, die in Kombination mit Entdrosselungsstrategien hohe Wirkungsgrade im gesamten Motorkennfeld erreichen, ist für die Wahl des Ladungsbewegungskonzeptes der Zielkonflikt aus erforderlicher spezifischer Leistung, der Entdrosselungsmethode und der Motor-Fahrzeug-Kombination zu lösen. Ein Ansatz dafür könnte ein kanalindividuelles Design kombiniert mit ventilindividuellen Schaltkonzepten für die Aktuierung der Ladungsbewegung in Abhängigkeit von Last und Drehzahl sein.

2 Thermodynamische Aspekte

2.1 FES oder SES in der Volllast

Der Wirkungsgraderhöhung durch Anhebung der geometrischen Verdichtung steht die erhöhte Klopfneigung in der Volllast gegenüber. Daher müssen Maßnahmen zur Klopfminderung ergriffen werden.

Eine wirksame Maßnahme stellt die Absenkung des effektiven Verdichtungsverhältnisses durch Variation des Einlass Schluss dar. Bild 1 zeigt die thermodynamischen Effekte bei Absenkung der effektiven Verdichtung durch ein Frühes Einlass schließen (FES) bzw. Spätes Einlass schließen (SES) im Vergleich zu einem konventionellen, füllungsoptimalen Einlass Schluss in der Volllast.

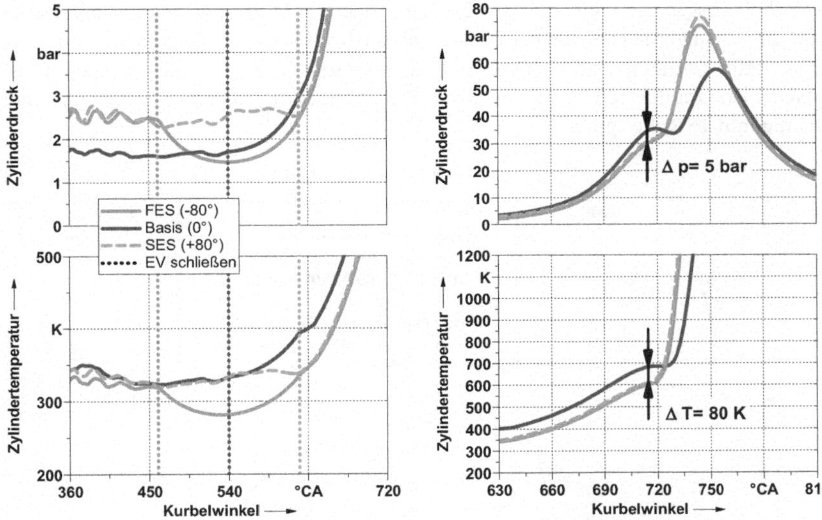

Bild 1: Wirkung des Einlass-Schließt-Zeitpunktes auf Druck und Temperatur im Zylinder im klopfbegrenzten Volllastbetrieb

Auf Basis einer Ladedruckerhöhung realisieren beide Verfahren eine Vorverdichtung der Frischgasmasse. Durch die anschließende Kühlung wird der Temperaturanstieg der Ladung infolge Verdichtung begrenzt. Dabei führen beide Ventilsteuerstrategien zu vergleichbaren Wirkungen hinsichtlich Absenkung der Klopfintensität, was zu früheren

Verbrennungslagen führt [3]. Daraus ergeben sich jeweils ein verbesserter Wirkungsgrad verbunden mit geringeren Abgastemperaturen. Die Verdichtungsreduktion durch FES / SES erreicht dabei durch die gegenüber der Expansion verkürzten Kompression [2] einen höheren Verbrennungswirkungsgrad. Dadurch wird zusätzlich die Abgastemperatur reduziert und die Anreichung des Gemisches für den Bauteilschutz kann vermieden werden.

2.2 FES oder SES in der Teillast

Der Teillastwirkungsgrad wird maßgeblich durch die Ladungswechselverluste beeinflusst. Deren Reduzierung kann mit Hilfe unterschiedlicher Technologien realisiert werden. Eine konventionelle Methode ist die Entdrosselung durch einen hohen internen Restgasanteil, der z.B. durch Ventilüberschneidungen mittels Nockenwellen-Phasensteller dargestellt werden kann. Die Reduzierung der Ladungswechselarbeit durch einen erhöhten Restgasanteil ist in Bild 2 anhand eines pV-Diagramms dargestellt. Dabei wird die Verringerung sowohl der Drossel- als auch der Kompressionsverluste mit steigendem Restgasanteil deutlich. Drossel- bzw. Kompressionsverluste sind in der Teillast entscheidend für die Höhe der Ladungswechselarbeit, da die Ausschiebearbeit hier eine untergeordnete Rolle spielt.

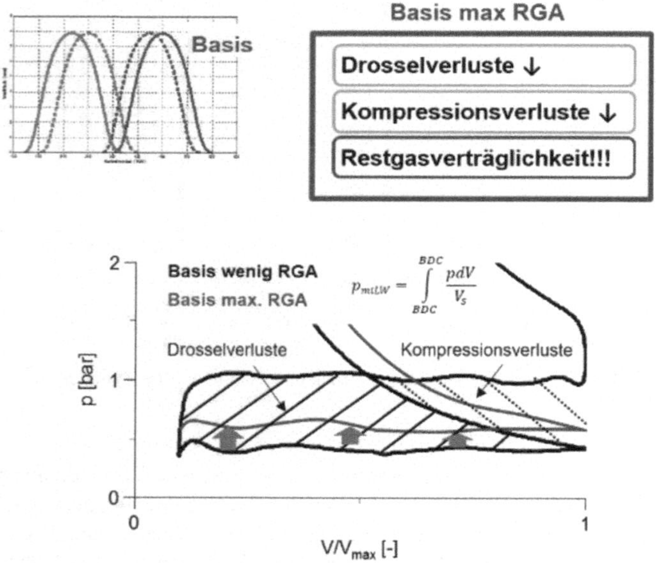

Bild 2: Einfluss von Restgasanteil auf die Ladungswechselarbeit

Die Restgasverträglichkeit (Verbrennungsstabilität) des Brennverfahren begrenzt jedoch das Entdrosselungspotential. Grundlage für eine hohe Restgasverträglichkeit ist ein schnell-ablaufender reproduzierbarer Verbrennungsprozess. Dadurch kann der Zündzeitpunkt zur Realisierung einer definierten Verbrennungsschwerpunktlage möglichst spät an das Ende der Kompression hin zu großen Zylinderladungstemperaturen eingestellt werden. Hohe Temperaturen sind Voraussetzung für die Entflammung eines Gemisches mit großem Restgasanteil.

Das FES / SES Verfahren hingegen ermöglicht in der Teillast eine größere Entdrosselung des Ladungswechsels. In Bild 3 ist dies für die FES Methode anhand des abgebildeten pV-Diagramms sichtbar. Es ist ebenfalls zu erkennen, dass im Vergleich zur Restgasentdrosselung bei deutlicher Abnahme der Drosselverluste die Kompressionsverluste ansteigen. Deshalb kann im Falle des FES / SES die Ladungswechselarbeit nie vollständig eliminiert werden. Für bestmöglichen Teillastwirkungsgrad ist es zwingend erforderlich, das FES Verfahren sowie das SES Verfahren mit einer hohen Restgasverträglichkeit zu kombinieren, um die Kompressionsverluste so gering wie möglich zu halten [4].

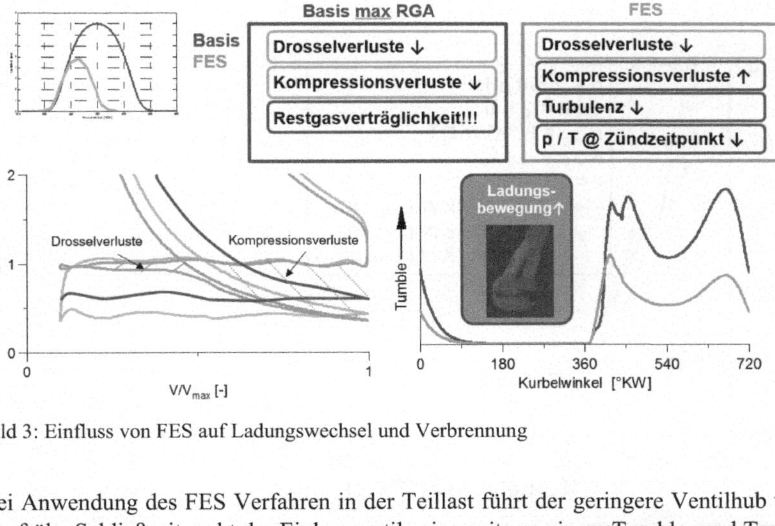

Bild 3: Einfluss von FES auf Ladungswechsel und Verbrennung

Bei Anwendung des FES Verfahren in der Teillast führt der geringere Ventilhub und der frühe Schließzeitpunkt der Einlassventile einerseits zu einem Tumble- und Turbulenzverlust, andererseits infolge der Zwischenexpansion zu einem Temperaturverlust, mit negativen Auswirkungen für Verbrennung und Restgasverträglichkeit.

Die Folgen sind eine deutlich längere Brenndauer, unvollständige Umsetzung des Kraftstoffes sowie ein erhöhter Vorzündbedarf. Durch Frühverlagerung des Zündzeitpunktes für konstante Verbrennungsschwerpunktlagen, ändern sich die thermischen

Randbedingungen für die Entflammung hin zu niedrigeren Drücken und Temperaturen im Zylinder, was zu einer weiteren Zunahme des Vorzündbedarfs führt. Die Folge ist ein reduzierter Hochdruckwirkungsgrad und eine signifikant verringerte Restgasverträglichkeit mit reduziertem Entdrosselungspotential. Im Extremfall werden die Vorteile der Entdrosselung vollständig durch einen verlangsamten und unvollständigen Verbrennungsprozess sowie gesunkene Restgasverträglichkeit kompensiert.

Die negativen Auswirkungen des FES Verfahrens auf die Turbulenz (TKE) durch den reduzierten Ventilhub sowie der verlängerten Dissipationszeit bis zum Zündzeitpunkt (ZZP) infolge des frühen Schließzeitpunktes müssen mit einer deutlichen Steigerung der Ladungsbewegung (Tumble) kompensiert werden.

Über die Wirkung des TKE-Verlustes hinaus müssen die negativen Auswirkungen des reduzierten Temperatur- und Druckniveaus auf die Entflammbarkeit und damit die Restgasverträglichkeit beachtet werden. Gleiches gilt auch für das SES Verfahren.

Die negativen Auswirkungen des FES Verfahrens auf die Temperatur zum Zündzeitpunkt können mit Anhebung der geometrischen Verdichtung zum Teil kompensiert werden [4].

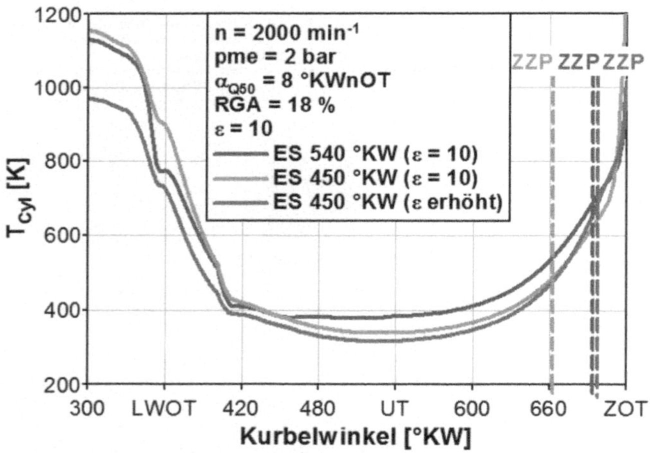

Bild 4: Einfluss von FES und geometrischen Verdichtung auf die Temperatur im Zylinder

In Bild 4 sind sowohl die Temperaturabsenkung bei FES als auch die Erhöhung der Zylinderinnentemperatur mit steigender geometrischen Verdichtung dargestellt. Es wird deutlich, dass mit Anhebung der geometrischen Verdichtung dem Temperaturverlust entgegengewirkt werden kann. Dadurch können die Entflammungsbedingungen zum Zündzeitpunkt verbessert und eine Erhöhung der Restgasverträglichkeit realisiert werden. Zum Erreichen des größtmöglichen Entdrosselungspotentials bei hoher Verbrennungsstabilität im Teillastbetrieb ist deshalb in jedem Fall die Kombination von turbulenzsteigernden Maßnahmen mit einer Anhebung des geometrischen Verdichtungsverhältnisses zu empfehlen.

3 Anforderungen an das Ladungsbewegungskonzept

Das Ladungsbewegungskonzept beschreibt sämtliche Maßnahmen, die zur Erzeugung von Tumble- und Drall-Bewegungen im Brennraum dienen. Dazu gehören die Einlasskanäle, die Maskierung der Einlassventile, die Kanalabschaltung sowie Drall- und Tumble-Klappen.

3.1 Miller (FES)

Dem reduzierten Ventilhub beim Miller-Brennverfahren muss besondere Beachtung bei der Auslegung von Ladungsbewegungskonzepten zu teil werden. Bei der Auslegung von Brennräumen kommt daher die Technologie der Maskierung der Einlassventile mehr und mehr zum Einsatz. Wichtige Parameter der Maskierung sind in Bild 5 dargestellt.

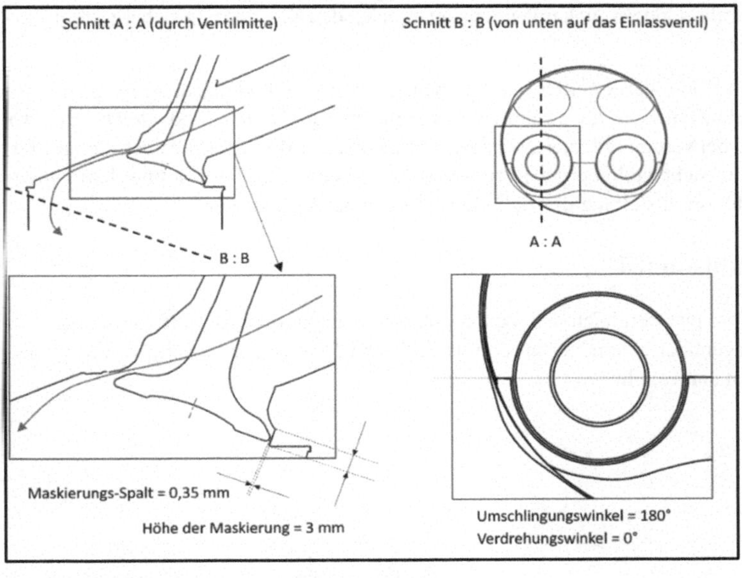

Bild 5: Parameter der Maskierung der Einlassventile

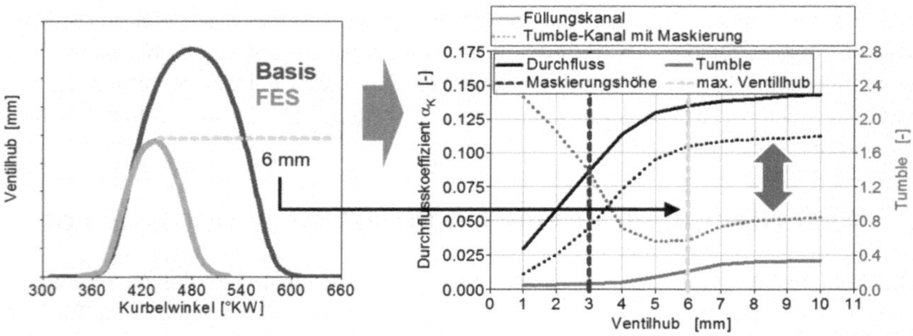

Bild 6: Ventilhubverläufe konventionell gedrosseltes Verfahren / FES Verfahren und dazugehörige Strömungskennzahlen (αK und T_{Vol})

Bild 6 veranschaulicht auf der linken Seite die Ventilhubverläufe eines konventionell gedrosselten Verfahrens (Vollhub) und eines FES Verfahrens. Das rechte Diagramm des Bild 6 zeigt die Strömungskennzahlen Durchfluss und Tumble [5]. Dargestellt ist ein Vergleich von einem Füllungs-Kanal und einen Tumble-Kanal mit Maskierung der Einlassventile. Anhand der Höhe des Ventilhubes (grün) lässt sich erkennen, dass die erforderliche Erhöhung der Ladungsbewegung nicht nur mit Hilfe der Maskierung der Einlassventile, sondern auch mit einem entsprechenden Kanaldesign sichergestellt werden muss.

Mit dem in Bild 6 dargestellten Tumble Konzept wird die Ladungsbewegung im Form der Tumble-Zahl T_{Vol} im gesamten Ventilhub-Bereich erhöht und gleichzeitig der Durchflussbeiwert α_K reduziert. Dies stellt einen Zielkonflikt zwischen der Ladungsbewegung zur Sicherstellung der Restgasverträglichkeit in der Teillast und dem Durchfluss für die Bereitstellung der Zylinderfüllung in der Volllast dar.

3.2 Atkinson (SES)

Im Bild 7 ist ein Vergleich des Ventilhubs bzw. Massenstromverlauf eines SES Verfahrens gegenüber einem Verfahren mit Vollhub inklusive der jeweiligen Strömungskennzahlen dargestellt.

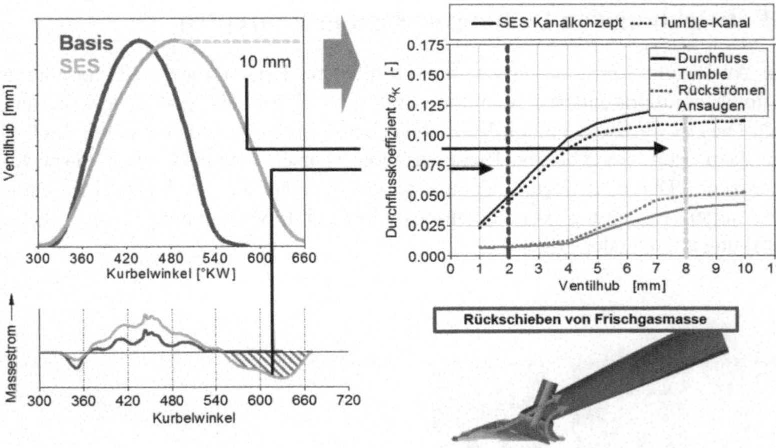

Bild 7: Ventilhubverlauf, zugehöriger Massestrom und Ladungsbewegungskonzept für SES

Analog zum FES besteht auch bei der SES Ladungswechselstrategie die Notwendigkeit der Sicherstellung einer erhöhten Restgasverträglichkeit durch die Bereitstellung einer intensiven Tumble-Bewegung. Bei SES wird bis zum unteren Totpunkt (UT) Frischluft angesaugt und folgend die überschüssige Zylinderladung bis zum Schließen der Einlassventile durch die Aufwärtsbewegung des Kolbens ausgeschoben. Das Ausschieben der Zylinderladung nach UT findet bei sehr kleinen Ventilhüben statt. Ein erhöhter Durchfluss im unteren Ventilhubbereich in Rückströmrichtung ist für das SES Verfahren deshalb besonders vorteilhaft. Ursache dafür ist, dass die Strömungsverluste bei einer konstanten auszuschiebenden Zylindermasse spätere Schließzeitpunkte verlangen, die wiederum bei sehr geringen Lastpunkten zu einer Kollision mit dem Zündzeitpunkt führen. Ein verlustarmes Ausschieben vergrößert somit den Anwendungsbereich des SES Verfahrens und den möglichen Grad der Entdrosselung Die Notwendigkeit einer erhöhten Ladungsbewegung bei mittleren und hohen Ventilhüben sowie ein möglichst hoher Durchfluss beim Zurückschieben bei kleinen bis mittleren Ventilhüben stellen bei der Auslegung des Ladungsbewegungskonzepts einen Zielkonflikt dar. Das bedeutet, dass es nicht nur bei der Kombination unterschiedlicher Ladungswechselstrategien, wie z.B. FES und SES, und zwischen Teil- und Volllast, sondern auch einem Betriebszustand unterschiedliche Anforderungen an das Kanalkonzept gibt. Beim SES kann auf die Maskierung zugunsten des Durchflusses verzichtet werden, beim FES Verfahren kann bei kleinen Ventilhüben auf Durchfluss zugunsten des Tumble verzichtet werden.

3.3 Entwicklung von Ladungsbewegungskonzepten

Bei der Auslegung von Ladungswechselkonzepten für konventionellen Ottomotoren wird oftmals ein repräsentativer Ventilhub (z.B. h_{EV} = 8 mm) als Auslegungskriterium gewählt. Dies ist für Konzepte mit Vollhub auch als zielführend zu betrachten. Im Gegensatz dazu erfordern moderne Brennverfahren speziell angepasste Ladungsbewegungskonzepte. Deren Auslegung ist eine iterativ durchgeführte multikriterielle Optimierung unter Beachtung von Ladungswechsel und Verbrennung sowie deren Rückwirkung aufeinander.

Bild 8: Entwicklungsprozess für Ladungsbewegungskonzepte moderner Brennverfahren

Der in Bild 8 beschriebene Prozess stellt eine Erweiterung der Umfänge des konventionellen Entwicklungsprozesses [6] auf die Anforderungen von Miller und Atkinson Brennverfahren dar. Der erweiterte Ansatz beachtet zum einen die thermodynamischen Anforderungen des Konzeptansatzes (FES oder SES) als auch die Einflüsse auf Ladungswechsel und Verbrennung. Der Prozess verfolgt konsequent den Weg der Kanaloptimierung auf Basis messtechnisch validierter CFD Rechnungen mit der endgültigen Definition der Zielvariante ausschließlich auf messtechnischer Basis.

4 Lösung des Zielkonfliktes

Grundlage für das im Rahmen dieser Arbeit beschriebene Motor-Konzept bildet ein variables Ladungsbewegungskonzept mit unterschiedlich gestalteten Einlasskanälen kombiniert mit der Möglichkeit der Stilllegung eines Einlassventils pro Zylinder. Dieses Ladungsbewegungskonzept verfügt über einen hinsichtlich Durchfluss optimierten Einlasskanal und über einen Tumble-Kanal inklusive Maskierung des zugehörigen Einlassventils.

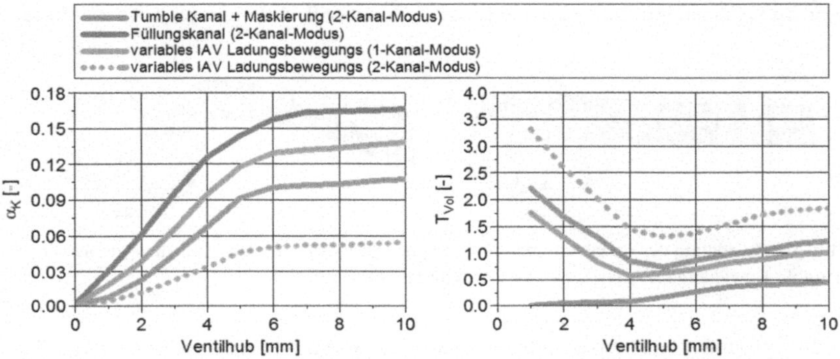

Bild 9: Charakterisierung des variablen IAV-Ladungsbewegungskonzepts anhand der Strömungskennzahlen

In Bild 9 sind unterschiedliche Ladungsbewegungskonzepte anhand der beiden Strömungskennzahlen α_K und T_{Vol} abgebildet. Es handelt sich dabei um zwei konventionelle symmetrische Kanalkonzepte, ein Füllungskanalkonzept (blau) mit entsprechend großen Durchflusskoeffizient und ein Tumble-Kanalkonzept mit Maskierung der Einlasskanäle (orange) mit erhöhter Tumble-Zahl. Des Weiteren sind die Strömungskennzahlen des variablen Ladungsbewegungskonzepts (grün) veranschaulicht. Es sind dafür die beiden Modi der konventionelle 2-Kanal-Modus (durchgezogene Linie) und der 1-Kanal-Modus (gepunktete Linie) aufgezeigt. Im 2-Kanal-Modus zeigt sich eine deutliche Steigerung des Durchflusskoeffizienten im Vergleich zum symmetrischen Tumble-Kanalkonzept, bei nahezu identischer Tumble-Zahl. Darüber hinaus ist zu erkennen, dass der 1-Kanal-Modus eine deutlich gesteigerte Tumble-Zahl im Vergleich zum symmetrischen Tumble-Kanalkonzept hat, jedoch der Durchflusskoeffizient sehr gering ist. Die Unterdrückung der entstehenden Drallkomponente ist sowohl für den 1-Kanal-Modus als auch für den 2-Kanal-Modus ein wichtiges Auslegungskriterium. Insbesondere für den 1-Kanal-Modus stellt diese Anforderung hohe Ansprüche an die Auslegung des Ladungsbewegungskonzepts dar.

Konzept A: optimiert für 2-Kanal-Modus Konzept B: optimiert für 1-Kanal-Modus

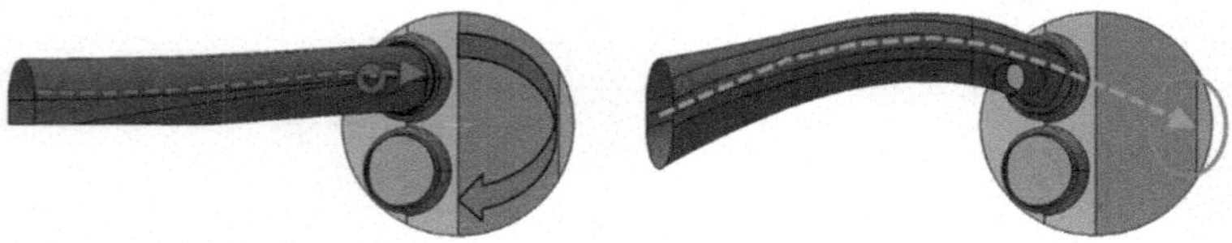

Bild 10: Auslegung des variablen Ladungsbewegungskonzepts mit dem Ziel einer intensiven Tumble-Bewegung und gleichzeitiger Vermeidung von Drall

In Bild 10 sind zwei unterschiedliche Kanalkonzepte im 1-Kanal-Modus zu sehen. Konzept A zeigt das Kanal-Design eines Tumble-Kanals, dessen Form auf die Entstehung einer Tumble-Bewegung im 2-Kanal-Modus optimiert ist. Im 1-Kanal-Modus jedoch entsteht infolge des tangentialen Auftreffens der Strömung auf die Zylinderwand eine Mischform aus Tumble und Drall. Konzept B stellt ein Kanalkonzept dar, welches für die Entstehung von Tumble bei gleichzeitiger Vermeidung von Drall optimiert ist. Zentrale Aufgabe bei der Auslegung der Kanalform und der Maskierung des zugehörigen Einlassventils ist die Vermeidung der intensiven tangentialen Interaktion der Strömung mit der Zylinderwand. Die Strömung ist nahezu orthogonal auf die Brennraumwand ausgerichtet. Herausforderung dabei ist auch im 2-Kanal-Modus, also bei Aktivierung des hinsichtlich Durchfluss optimierten Kanals, eine intensive Tumble-Bewegung bei gleichzeitiger Vermeidung des Drall bereitzustellen.

In der Nennleistung, im LET und der oberen Teillast findet der 2-Kanal-Betrieb Anwendung. Das trotz des hohen Durchflussbeiwertes erreichte Tumbleniveau unterstützt das Miller-Brennverfahren mit Turbulenz. Der große Durchflusskoeffizient gestattet die Reduzierung der Nockenbreite zur Darstellung einer definierten Leistung. Dies ermöglicht einen stärkeren Miller-Grad in der Teillast und erhöht somit das Potential hinsichtlich Entdrosselung bzw. Kraftstoffverbrauch. Außerdem reduziert der intensivere Miller-Grad in der Volllast die Klopfintensität, was für eine Erhöhung der Verdichtung genutzt werden kann. Im unteren Teillast-Bereich wird der Füllungskanal durch die Stilllegung des zugehörigen Einlassventils deaktiviert. Die Reduzierung des Einlassquerschnitts hat nun in Kombination mit dem schmalen Einlassnocken einen positiven Effekt auf Ladungswechsel und Verbrennung.

5 Ergebnisse

Als Basismotor für die Potentialbewertung des Konzeptes diente ein turboaufgeladener 1.0l 3- Zylinder Motor mit Direkteinspritzung. Zur Sicherung der Ergebnisqualität der Bewertung der Potentiale von Ventiltriebsvariabilitäten im Zusammenhang mit unterschiedlichen Ladungsbewegungskonzepten kam eine 1-D Ladungswechselsimulation mit erweiterten Modellansätzen zum Einsatz.

5.1 Effekte der Kanalschaltung

Bild 11 zeigt die Ansaugprozesse unter Verwendung eines konventionellen bzw. eines FES Ventilhubes im klassischen 2-Kanal-Modus (durchgezogene Linie) und für die Kanalabschaltung (gepunktete Linie) im Teillastbetriebspunkt. Dargestellt sind der Einlassventilhub, der vom Einlassventilhub bestimmte effektive Durchflussbeiwert $\alpha_{K\,effektiv}$, die Druckdifferenz über den Einlassventilen und der Saugrohrdruck.

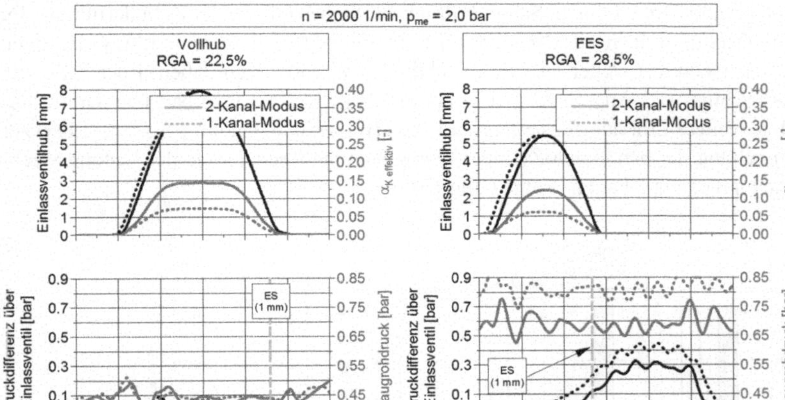

Bild 11: Ansaugvorgänge im 1-Kanal- und 2-Kanal-Modus für einen konventionell gedrosselten Modus (links) sowie FES-Modus (rechts) bei jeweils konstanten RGA

Bei dem im Bild 11 abgebildeten FES-Modus handelt es sich um einen teilentdrosselten Zustand ($p_{Saug} \approx 0{,}70$ bar) mit dem Potential einer weiteren Anhebung des Saugrohrdrucks. Der Vollhub-Modus hingegen ist nur geringfügig durch interne Restgasrückführung entdrosselt und hat aufgrund des geringeren Saugrohrdrucks von $p_{Saug} \approx 0{,}45$ bar theoretisch größeres Potential zur Entdrosselung.

Aufgrund der kürzere Einlasssteuerbreite und dem reduzierten Einlassquerschnitt im Falle FES muss für den gleichen Lastpunkt der Saugrohrdruck um ca. 0,25 bar auf 0,7 bar angehoben werden Bei den gezeigten Untersuchungen wurde jeweils der Restgasgehalt zwischen den beiden Modi 1-Kanal- und 2-Kanal-Modus mit Hilfe einer Frühverstellung des Öffnens der Einlassventile kompensiert. Der Einlass Schluss wurde dabei konstant gehalten. Die Abschaltung eines Ventils führt in beiden Fällen zu einer Verkleinerung des effektiven Durchflussbeiwertes. Im Vollhub-Modus zeigt sich, dass es dabei weder im 2-Kanal-Modus noch im 1-Kanal-Modus zu einer erkennbaren Drosselung (Druckdifferenz) über dem Einlassventil während des Ansaugvorgangs kommt. Wie zu erkennen ist, stellt sich die gleiche Zylinderfüllung mit identischen Saugrohrdruck ein. Der Vollhub-Modus hat also im Falle Kanalschaltung unter den hier dargestellten Bedingungen kein Potential zur Erhöhung des Saugrohdrucks und erzielt damit auch keine Reduzierung der Ladungswechselarbeit. Im FES-Modus hingegen ist bereits im 2-Kanal-Modus eine Erhöhung der Druckdifferenz während des Ansaugens im Vergleich zum Vollhub-Modus zu sehen. Diese ergibt sich aus der Reduzierung des effektiven Einlassquerschnittes (reduzierter Einlassventilhub und verkürzte Öffnungsdauer) während der Saugphase und dem erhöhtem Saugrohrdruck zur Sicherstellung der Zylinderfüllung. Im 1-Kanal-Modus steigen die Drosselverluste durch weitere Reduzierung des effektiven Einlassquerschnittes weiter an. Die Druckdifferenz erhöht sich dabei in der Nähe des Einlass Schluss von $\Delta p_{EV\_2Kanal} \approx 0{,}14$ bar auf $\Delta p_{EV\_1kanal@} \approx 0{,}28$ bar. Die daraus notwendige weitere Erhöhung des Saugrohrdrucks ($p_{Saug} = 0{,}70$ bar auf $p_{Saug} = 0{,}81$ bar) zur Sicherstellung der benötigten Zylinderfüllung hat eine Reduzierung der Ladungswechselarbeit um ca. 0,03 bar zur Folge (Bild 12).

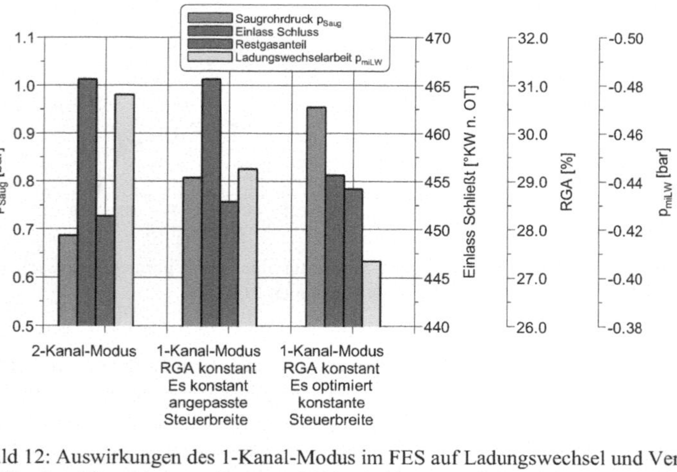

Bild 12: Auswirkungen des 1-Kanal-Modus im FES auf Ladungswechsel und Verbrennung im Teillastbetriebspunkt $p_{me} = 2$bar, $n = 2000\ min^{-1}$ im Vergleich zum 2-Kanal-Modus

Neben ergänzenden Größen, wie Saugrohrdruck p_{Saug}, Schließzeitpunkt der Einlassventile, Restgasanteil RGA und Ladungswechselarbeit p_{miLW} sind auch die Konfigurationen FES im 1-Kanal-Modus im Vergleich zum 2-Kanal-Modus mit identischer Steuerbreite und früherem Einlass Schluss dargestellt.

Ergänzend sind alle drei Modi auch anhand derer Ladungswechselschleife in einem pV-Diagramm [Bild 13] abgebildet. Es lässt sich erkennen, dass der 1-Kanal-Modus mit identischen Einlass Schluss, trotz der größeren Druckdifferenz (Drosselung) über dem Einlassventil, infolge der Reduzierung des Einlassquerschnitts eine geringere Ladungswechselarbeit (Bild 12) aufweist. Ursache ist die Anhebung des Saugrohrdrucks um 0,12 bar und die dadurch verkleinerte Ladungswechselschleife. Der 1-Kanal-Modus mit identische Steuerbreite zum 2-Kanal- Modus erfordert eine Frühverstellung der Einlassnockenwelle von 10°KW zur Realisierung eines annähernd gleichen Restgasgehalt im Vergleich zu den anderen Modi. Diese Frühverstellung hat eine weitere Entdrosselung durch früheren Einlass Schluss zur Folge und erhöht den Saugrohrdruck auf $p_{Saug} = 950$ mbar. Die Ladungswechselarbeit wird dadurch nochmal um 14% auf $p_{miLW} \approx 0{,}41$ bar reduziert.

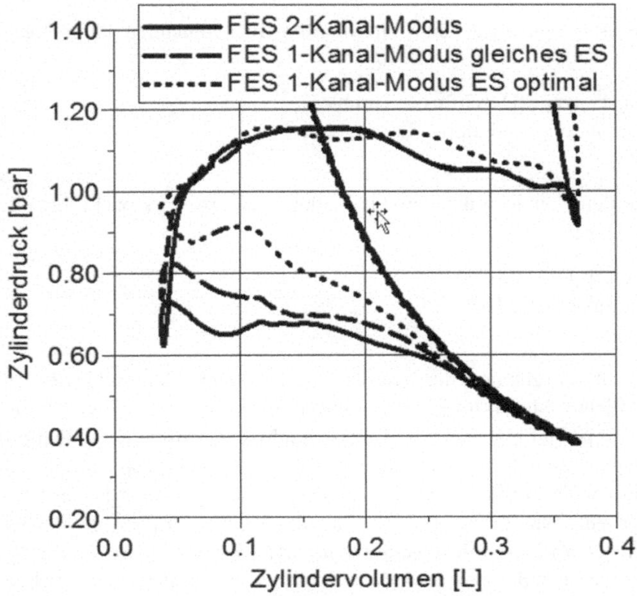

Bild 13: Vergleich p-V Diagramm 1-Kanal-Modus im FES / 2 Kanal Modus
$p_{me} = 2$bar, $n = 2000$ min^{-1}

Im Bild 13 ist erkennbar, dass die schrittweise Erhöhung des Saugrohrdrucks zwischen den Modi schon zu Beginn des Ansaugvorgangs wirkt und trotz der gesteigerten Ansaugarbeit infolge der Zunahme der Druckdifferenz über dem Einlassventil zu einer Verkleinerung der Ladungswechselschleife führt.

5.2 Nennleistung

Als Betriebspunkt wurde der Nennleistungspunkt bei einer Drehzahl von $n = 5000\ min^{-1}$ und einer Last von 22 bar Mitteldruck gewählt. Als Ausgangsbasis dient ein Downsizingkonzept mit einer Verdichtung von CR = 10, konventioneller Einlasssteuerbreite von 200 °KW bei 1mm Ventilhub und einem Ladungsbewegungskonzept mit dem bereits beschriebenen Füllungskanal (Bild 8). Für dieses Konzept ergibt sich bei genannten Betriebspunkt eine Verbrennungsschwerpunktlage von 22°KWnOT und einem Abgaslambda von $\lambda= 0{,}95$.

Das Ziel dieser Studie ist die Darstellung des Potential einer asymmetrischen Kanalauslegung die einen frühen Einlass Schluss in der Volllast bestmöglich unterstützt und somit eine Anhebung des geometrischen Verdichtungsverhältnisses ermöglicht.

Ausgehend vom Basiskonzept wurde eine Optimierung mit folgenden Parametern durchgeführt

- Ladungsbewegungskonzept (Durchfluss / Tumble)
- geometrisches Verdichtungsverhältnis
- Einlasssteuerbreite

Des Weiteren sind für den Nennleistungspunkt ($n= 5000\ min^{-1}$, $p_{me} =22$ bar) folgende Randbedingungen definiert:

- Maximaler Saugrohrdruck = 3,0 bar
- Maximale Abgastemperatur = 1030 °C
- Ziel Abgaslambda = 1

In Bild 14 sind die erzielten Ergebnisse der Nennleistung dargestellt. Abgebildet ist der Vergleich unterschiedlicher Motorkonzepte hinsichtlich Verbrennungsschwerpunktlage α_{QS}, Saugrohrdruck p_{Saug}, Lambda λ und Einlass Schluss. Als beste Kombination stellt sich hierbei eine geometrische Verdichtung von CR = 13, eine Einlasssteuerbreite von 130°KW (bei 1mm Ventilhub) und dem IAV Konzeptansatz asymmetrischer Einlasskanäle dar. Der erhöhte Durchfluss des IAV Kanalkonzeptes im 2-Kanal-Modus ermöglicht gegenüber der Variante-mit reinem Tumble-Kanal eine weitere Erhöhung des FES Grades (kleinere Steuerbreite) unter Einhaltung des maximalen Saugrohrdruckes. Das führt zu deutlich früheren Verbrennungsschwerpunktlagen. Dadurch kann auch unter Einhaltung der maximalen Abgastemperatur bei CR=13 ein Abgaslambda = 1 eingehalten werden.

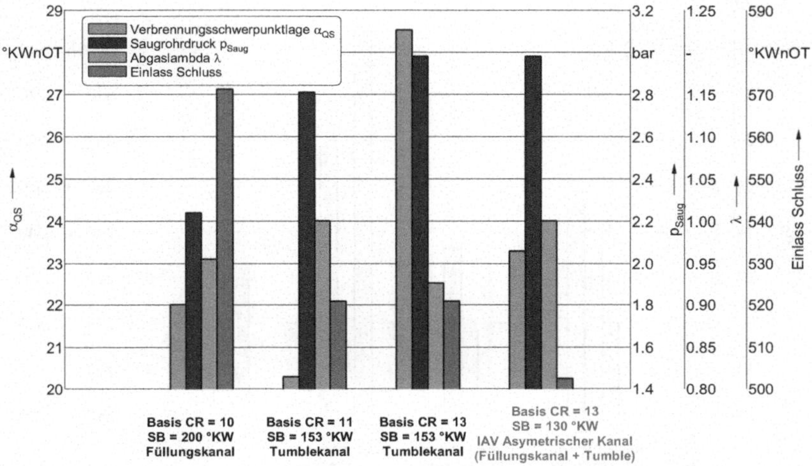

Bild 14: Volllastpotentiale unterschiedlicher Konzepte bei n = 5000 min^{-1}, p_{me} = 22 bar

Folglich ergibt sich aus diesen Gründen eine Absenkung des effektiven Kraftstoffverbrauches in der Nennleistung auf 255 g/kWh (Bild 15) was einer Verbrauchsverbesserung von ca. 8,7 % gegenüber der Basis entspricht.

In Bild 15 ist weiterhin zu erkennen, dass bei dem ausgewählten Konzept die benötigte Frischgasmasse im Vergleich zu den anderen Konzepten am geringsten ist. Dies ist mit der Wirkungsgradsteigerung durch die erhöhte Verdichtung und dem erhöhten FES Grad (Einlass Schluss bei ca. 500 °KW), der zu moderarten Verbrennungsschwerpunktlagen führt, zu erklären. Dadurch bedarf es keiner weiteren Ladedrucksteigerung im Vergleich zum Konzept mit Tumble-Kanal und größerer Steuerbreite (153°KW).

Die thermodynamischen Aspekte im Low End Torque Bereich werden in dem Beitrag nicht näher betrachtet. Um mit der erhöhten Verdichtung auch bei kleinen Drehzahlen realistische Verbrennungsschwerpunktlagen in der Volllast zu erreichen ist dort ebenfalls eine Ventilsteuerstrategie mit Frühem Einlass Schluss notwendig. Als herausfordernd ist dabei die Bereitstellung des Ladedruckes zu sehen, wobei dafür unterschiedliche technologische Ansätze vorhanden sind, auf die in dieser Studie aber nicht näher eingegangen wird.

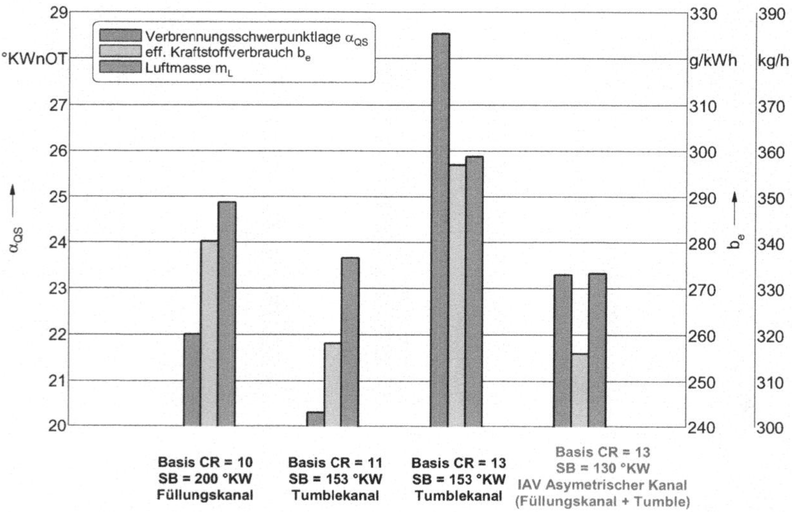

Bild 15: Volllastpotentiale unterschiedlicher Konzepte bei n = 5000 min-1, pme = 22 bar

5.3 Teillast

Im Bild 16 sind die Ergebnisse für einen Lastschnitt von Mitteldruck p_{me} = 1 bar bis p_{me} = 4 bar bei einer Drehzahl von n = 2000 min^{-1} dargestellt.

Die abgebildeten Verbrauchsänderungen sind im Vergleich zum Basiskonzept CR = 10 mit konventioneller Steuerbreite (200°KW) dargestellt.

Für den Lastbereich von p_{me} = 1bar bis p_{me} = 4 bar ergeben sich Verbrauchsvorteile gegenüber dem Basiskonzept von 6,5 % bis zu 10,8 %. Diese resultieren einerseits aus dem verbesserten Hochdruckprozess infolge der Erhöhung des Verdichtungsverhältnisses und andererseits aus der Verbesserung des Niederdruckprozesses durch Entdrosselung.

Die Anwendung des 1-Kanal-Modus bewirkt eine Steigerung der Restgasverträglichkeit infolge des erhöhten Ladungsbewegungs-Niveau bis hin zu Restgasanteilen von 30%. Des Weiteren wurde eine Zunahme des Saugrohrdrucks bis hin zur Vollentdrosselung ab einer Last von p_{me} = 2 bar aufgrund der größeren Druckdifferenz über dem Einlassventil und eine Intensivierung des FES-Grades erreicht. Als Vergleich sind die thermodynamischen Größen der Basis im Bild 15 schraffiert dargestellt.

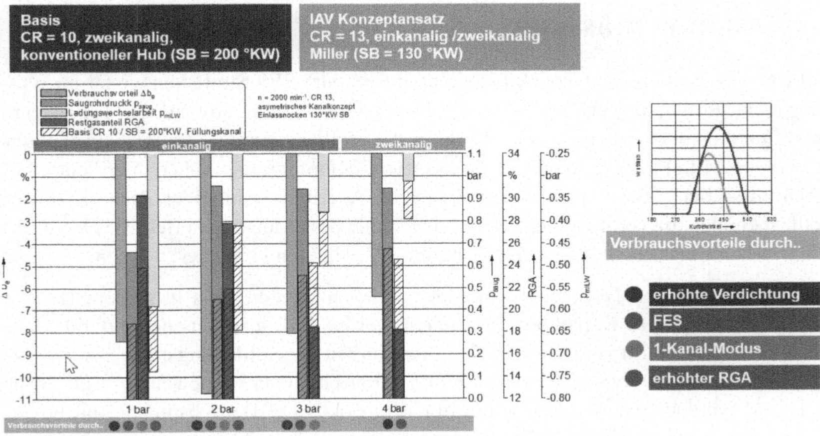

Bild 16: Potentiale des IAV Konzeptes in der Teillast bei n = 2000 min^{-1}

Die gewählte Steuerbreite von 130°KW führt in Kombination mit dem 1-Kanal-Modus zur Anhebung des Saugrohrdruckes bis hin zu Vollentdrosselung und folglich zur Reduzierung der Ladungswechselarbeit um bis zu 0,23 bar bei p_{me} = 2 bar. Ab p_{me} =3 bar Mitteldruck lässt sich mit den gewählten Ventiltriebskonzept aufgrund der Vollentdrossselung nicht mehr der gewünschte maximale Restgasanteil einstellen. Ab p_{me} = 4 bar Mitteldruck ist bei der gewählten Steuerbreite des Einlassnockens von 130°KW eine Umschaltung auf 2-Kanal-Modus die verbrauchsoptimale Variante. Die Höhe der Verbrauchspotentiale je Lastpunkt und die Umschaltlinie zwischen 1- und 2-Kanal-Modus werden durch das Einlasskanalkonzept und die Einlassventilhubkurve definiert.

Ein weiterer positiver Effekt des 1-Kanal-Modus ist die mögliche Erhöhung des Millergrad (früherer Einlass Schluss). Durch die Halbierung der Ventilüberschneidungsfläche ergibt sich zunächst ein geringerer Restgasanteil. Stellt man den Restgasanteil ähnlich des 2-Kanal-Modus ein oder nutzt die gesteigerte Restgasverträglichkeit resultierend aus der 1-Kanal-Modus (Bild 16, p_{me} = 1 bar / 2 bar), erreicht man dies durch Erhöhung der Ventilüberschneidung, die wiederum einen früheren Einlass Schluss nach sich zieht. Somit wird das System weiter entdrosselt. Die damit verbundenen Potenziale liegen im Bereich von 2-3 %.

Reibungsvorteile die durch Abschalten eines Ventils auftreten und zu weiteren Verbrauchspotenzialen führen sind in dieser Betrachtung nicht enthalten.

6 Zusammenfassung

Aktuelle Downsizing Konzepte können durch FES oder SES Strategien weiter im Wirkungsgrad gesteigert werden. Dabei werden diese Verfahren sowohl zur Teillastentdrosselung als auch zur Klopfminderung in der Volllast genutzt. An Betriebspunkten mit hohem Mitteldruck ermöglicht die reduzierte Klopfneigung höhere Verdichtungsverhältnisse bei gleichzeitiger Vermeidung der Anfettung zum Bauteilschutz. In der Teillast können die verbrennungsseitigen Nachteile des reduzierten effektiven Verdichtungsverhältnisses ebenfalls mit Hilfe erhöhter Verdichtung reduziert werden.

Zusätzlich muss der Turbulenzverlust ausgeglichen werden, was in diesem Beitrag durch ein optimiertes Kanalkonzept erreicht wurde. Auf der Basis des individuellen Designs der beiden Einlasskanäle in Kombination mit der Stilllegung eines Einlassventils konnte in der unteren Teillast im 1-Kanal-Modus die Ladungsbewegung signifikant gesteigert werden. Gleichzeitig wurde mit dem Fokus auf Betriebspunkte mit hohen Mitteldrücken ein verbesserter Durchflussbeiwert im 2-Kanal-Modus realisiert.

In Kombination mit einer Verdichtungserhöhung um drei Einheiten ergaben sich ausgehend vom ausgewählten Basiskonzept Verbrauchspotenziale an den Betriebspunkten p_{me}=1-4 bar von bis zu 10,8 %. Gleichzeitig konnte ein Millergrad erreicht werden der Lambda=1 im gesamten Motorkennfeld bei einer geometrischen Verdichtung von CR =13 ermöglicht.

Referenzen

[1] Dipl.-Ing. F. Eichler, Dr. W. Demmelbauer-Ebner, Dr. J. Theobald, Dr. B. Stiebels, Dr. H. Hoffmeyer, Dipl.-Ing. (FH) M. Kreft, Volkswagen AG, *„Der neue EA211 TSI®evo von Volkswagen“* Wiener Motorensymposium 2016

[2] Dr.-Ing. Ralf Budack, Dr.-Ing. Rainer Wurms, Dr.-Ing. Günther Mendl, Dr.-Ing. Thomas Heiduk *„Der neue 2,0-l-R4-TFSI-Motor von Audi“,* MTZ 05/2016

[3] N. Elsner, M. Günther, T. Spannaus IAV GmbH Dr. M. Scheidt, Dr. Ch. Brands, Dipl.-Ing. M. Lang (Schaeffler Technologies GmbH & Co. KG) *„Brennverfahrensaspekte bei Realisierung einer Miller-/Atkinson-Strategie am Downsizing-Konzept“* ATZ Ladungswechseltagung 2014

[4] M. Günther, M. Sens – IAV GmbH Prof. Dr.-Ing. Steffen Zwahr – WHZ *„Potenziale des variablen Verdichtungsverhältnisses am voll gemillerten Ottomotor“* MTZ 04 / 2016

[5] Dingel, O.; Kahrstedt, J.; Seidel, T.; Zülch, S.; *„Dreidimensionale Messung der Ladungsbewegung mit Doppler Global Velocimetry“* MTZ 02/2003

[6] W. Berg, U. Hofman – IAV GmbH *„Toolbasierte Auslegung und Optimierung der Ladungswechselorgane eines Zylinderkopfes“* ATZ Ladungswechseltagung 2016

Potenziale der 1D- / 3D-Kopplung in der Brennverfahrensentwicklung

Dr.-Ing. Björn Franzke[a]

Dr.-Ing. Bastian Morcinkowski[a]

Dr.-Ing. Philipp Adomeit[a]

Dipl.-Ing. Patrick Hoppe[b]

M.Sc. Stefania Esposito[b]

a: FEV Europe GmbH

b: Lehrstuhl für Verbrennungskraftmaschinen, RWTH Aachen University

J. Liebl (Hrsg.), *Ladungswechsel im Verbrennungsmotor 2017*, Proceedings,
https://doi.org/10.1007/978-3-658-22671-8_2

Einleitung

Die Vorhersage des Brennverlaufs ist in der 1D Motorprozessrechnung ein wesentlicher Schlüssel zur Erlangung einer hohen Ergebnisgüte in der Auslegephase eines Verbrennungsmotors. Zum einen besteht die Möglichkeit, auf Brennverläufe aus Messungen an ähnlichen Motorkonzepten oder Einzylindermotoren zurückzugreifen (Abb. 1, links). Bei dieser Vorgehensweise kann jedoch im laufenden Entwicklungsprozess nicht flexibel auf Änderungen des Brennverfahrens reagiert werden, so dass die Vorhersagequalität mitunter nicht den Ansprüchen genügt. Als alternativer Ansatz existieren prädiktive Verbrennungsmodelle wie beispielsweise das Konzept des „En-trainment-Modells“ [1], die jedoch ohne umfangreiche Kalibration an Messdaten keine zufriedenstellende Modellgüte aufweisen (Abb. 1, Mitte). Derartige Messdaten liegen jedoch i. d. R. in der Konzept- und Auslegephase nicht vor. Maßgeblich ursächlich für die unzureichende Vorhersagequalität ist die vereinfachte 0D-Betrachtung der turbulenten Strukturen im Brennraum, in Folge dessen die Berechnung der turbulenten Brenngeschwindigkeit einer großen Unsicherheit unterliegt.

Vor diesem Hintergrund hat FEV ein neues Verbrennungsmodell entwickelt, in dem Informationen zu charakteristischen Turbulenzgrößen aus der 3D CFD Simulation der Brennraumströmung in die 1D Motorprozessrechnung überführt werden (Abb. 1, rechts). Dadurch kann auf eine Turbulenzmodellierung innerhalb der 1D Simulation verzichtet werden. Entsprechende Submodelle für Brennverzug und Brenndauer nutzen die Turbulenzgrößen in Kombination mit dem thermodynamischen Zustand im Brennraum, so dass ein vollständiger Brennverlauf berechnet wird. Das Verbrennungsmodell verfügt über die Flexibilität, die Einflüsse von Zündwinkel, Verbrennungsluftverhältnis und Restgasgehalt auf den Brennverlauf direkt widerzugeben.

Ferner besteht die Möglichkeit weitere Submodelle, wie ein multidimensionales Klopfmodell, ein Modell zur Berechnung zyklischer Schwankungen oder ein Entflammungsmodell einzubinden. Dadurch lassen sich sämtliche Anforderungen an einen Brennverfahrensentwicklungsprozess abdecken. Die zuverlässige Vorhersage des Brennverlaufs ist darüber hinaus ein wichtiger Baustein im Hinblick auf eine optimale Auslegung des Aufladesystems, der Ventilerhebungen und Steuerzeiten sowie des Kühlkonzeptes.

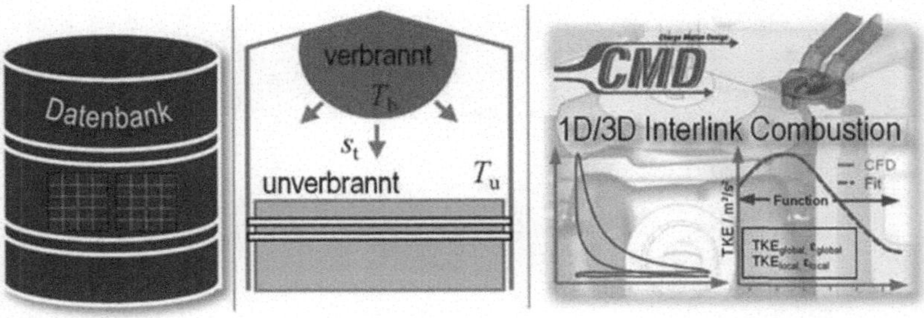

Abb. 1: Ansätze zur Bestimmung des Brennverlaufs in der 1D Motorprozessrechnung

Vorhersage des Brennverlaufs

Im nachfolgenden Kapitel wird zunächst der grundlegende Ansatz des Verbrennungsmodells vorgestellt. Im Weiteren folgen detaillierte Erläuterungen zu den einzelnen Teilmodellen sowie abschließend ein Vergleich zwischen Prüfstandsmessungen und Simulationsergebnissen.

Vorstellung des Grundkonzeptes

Die Kernidee des Verbrennungsmodells ist der Transfer von Informationen über den Zustand turbulenter Größen aus der 3D CFD Brennraumströmungssimulation in die 1D Motorprozessrechnung und deren Nutzung zur Prädiktion des ottomotorischen Brennverlaufs. In Abb. 2 ist das Grundkonzept der 1D/3D Kopplung anhand des Datenflusses dargestellt. Zunächst erfolgt die Durchführung von 3D CFD Simulationen der Brennraumströmung in ausgewählten Betriebspunkten, welche über das gesamte Motorkennfeld verteilt sind. Der zeitliche Verlauf charakteristischer Turbulenzgrößen wie der turbulenten kinetischen Energie (TKE) und der Dissipationsrate (ε) lässt sich sowohl global als auch lokal im Nahbereich der Zündkerze anhand von mathematischen Funktionen mit hoher Genauigkeit beschreiben. Die erforderlichen Koeffizienten der Funktionen werden als Funktion von Motordrehzahl und Saugrohrdruck in Form von Kennfeldern in der 1D Simulation hinterlegt.

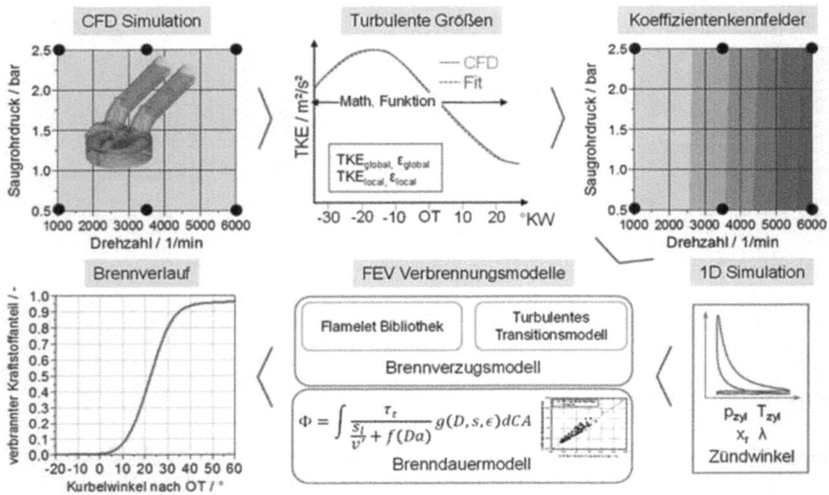

Abb. 2: Darstellung des Grundkonzeptes des 1D/3D Verbrennungsmodells

Auf diese Weise ist die Charakteristik der Turbulenz in einem weiten Zündwinkelbereich fixiert, so dass innerhalb der 1D Simulation auf eine Berechnung mittels vereinfachter Turbulenzmodellen verzichtet werden kann. Die globalen und lokalen Turbulenzgrößen sind Eingangsparameter der in die 1D Simulation implementierten Verbrennungsmodelle. Konkret handelt es sich um Modelle zur Berechnung des Brennverzugs (0 – 5 % Umsatz) sowie der Brenndauer (5 – 50 % bzw. 5 – 75 % Umsatz). Diese sind bereits seit mehreren Jahren etablierter Bestandteil des FEV internen „Charge Motion Design" (CMD) Prozesses zur Auslegung und Optimierung der 3D Brennraumströmung [2], [3]. In die Verbrennungsmodelle gehen der thermodynamische Brennraumzustand – beschrieben durch die Größen Druck, Temperatur, Lambda und Restgasanteil – ein, welcher aus der laufenden 1D Simulation entnommen wird. Auf diese Weise erfolgt eine direkte Kopplung der thermodynamischen Prozessführung mit dem 3D Strömungsfeld und dessen Einfluss auf den Brennverlauf.

Mit Kenntnis des Brennverzugs und der Brenndauer lässt sich der gesamte Brennverlauf $U(\alpha)$ als Funktion des Kurbelwinkels in Abhängigkeit des gewählten Zündwinkels mit Hilfe eines sequentiellen Wiebe-Ansatzes approximieren, siehe Gleichung 1.

$$U(\alpha) = \eta_v\{x_{50}\,[1 - exp(A(\alpha - B)^{E_1+1})] + (1 - x_{50})[1 - exp(C(\alpha - D)^{E_2+1})]\} \quad (1)$$

Mit den Termen:

$$A = \left[\frac{BD_{5-75}}{(\ln(0.25))^{\frac{1}{E_1+1}} - (\ln(0.95))^{\frac{1}{E_1+1}}}\right]^{-(E_1+1)} \tag{2}$$

$$B = 0.50 - \frac{BD_{5-75}\,(\ln(0.5))^{\frac{1}{E_1+1}}}{(\ln(0.25))^{\frac{1}{E_1+1}} - (\ln(0.95))^{\frac{1}{E_1+1}}} \tag{3}$$

$$C = \left[\frac{BD_{5-75}}{(\ln(0.25))^{\frac{1}{E_2+1}} - (\ln(0.95))^{\frac{1}{E_2+1}}}\right]^{-(E_2+1)} \tag{4}$$

$$D = 0.50 - \frac{BD_{5-75}\,(\ln(0.5))^{\frac{1}{E_2+1}}}{(\ln(0.25))^{\frac{1}{E_2+1}} - (\ln(0.95))^{\frac{1}{E_2+1}}} \tag{5}$$

$$x_{50} = \begin{cases} 1 \text{ für } U(\alpha) \leq 0.5 \\ 0 \text{ für } U(\alpha) > 0.5 \end{cases} \tag{6}$$

Dabei wird anhand des Exponenten E zwischen der ersten und der zweiten Hälfte der Verbrennung differenziert. Auf diese Weise kann beispielsweise eine präzise Abbildung der frühen Verbrennungsphase sichergestellt werden, welche nicht zuletzt im Hinblick auf die Modellierung zyklischer Schwankungen von wesentlicher Bedeutung ist. In Abbildung 3 wird der Vorteil des sequentiellen Fitting-Ansatzes ersichtlich. Mit der Reduktion auf einen einzigen Parametersatz (gestrichelter Verlauf) sind signifikante Abweichungen entweder in der frühen Verbrennungsphase oder jenseits des 60 % Umsatzpunktes unvermeidbar. Dagegen ermöglicht der sequentielle Ansatz auf Grund der größeren Variabilität eine sehr gute Übereinstimmung in beiden Hälften der Verbrennung.

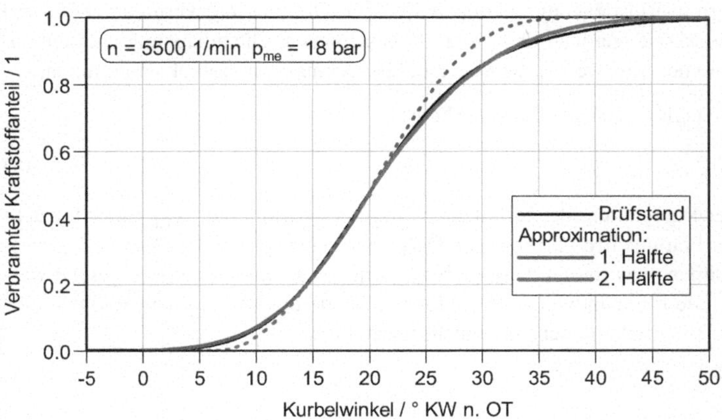

Abb. 3: Approximation des Brennverlaufs mit einem sequentiellen Wiebe-Ansatz

Die dargestellte Methodik erfordert zu Beginn die Bereitstellung von Turbulenzdaten aus wenigen 3D CFD Simulationen. Für den Fall, dass zu diesem Zeitpunkt noch keine ausgeführte Konstruktion von Brennraum, Kolben und Einlasskanal existiert, besteht ferner die Option Koeffizientenkennfelder zu nutzen, welche generisch in Abhängigkeit des einlassseitigen Durchflusskoeffizienten erzeugt werden. Auf diese Weise können bereits in einer frühen Entwicklungsphase Anforderungen an das Brennverfahren mit Blick auf das erforderliche Ladungsbewegungsniveaus formuliert werden.

Modellierung des Brennverzugs

Der Brennverzug wird als Zeit zwischen dem Zündzeitpunkt und dem 5 % Umsatzpunkt definiert. Zu dieser Zeit hat die Flamme in der Regel schon ungefähr 15 % des Brennraumvolumens erfasst. Zu diesem Zeitpunkt kann von einer ausgebildeten turbulenten Flamme gesprochen werden. Deshalb wird für die Abschätzung des 5 % Umsatzpunktes ein Ansatz benötigt, der zum einen die laminare, frühe Entflammungsphase berücksichtigt. Zum anderen muss der Übergang zur turbulenten Flammenausbreitung und schließlich zur voll-turbulenten Flamme korrekt abgebildet werden.

Im Rahmen dieser Studie soll ein vereinfachtes und damit rechenzeitoptimiertes Modell vorgestellt werden. Dem Modell zur Berechnung der Flammenkernausbreitung liegt die Energiebilanz am frühen Flammenkern zu Grunde:

$$\frac{dT_k}{dt} = \frac{dm_k}{dt}\frac{T_{ad}-T_k}{m_k} + \frac{\eta_{eff}\dot{Q}_{in}}{m_k c_p} + \frac{1}{\rho_b c_p}\frac{dp}{dt} \tag{7}$$

Der Effekt aus Energieeintrag durch den Funken und Energieverlust an die Wand wird dabei über einen Effektivitätskoeffizienten η_{eff} berücksichtigt, weil Zündleistung $\dot{Q}_{in}$ und Wandwärmeverlustleistung gekoppelt sind [4]. Die Flammenkerntemperatur und die verbrannte Masse werden mit T_k und m_k beschrieben. Die adiabate Flammentemperatur T_{ad} und der Stoffwert c_p werden einer Berechnungsbibliothek entnommen.

Die Kontinuitätsgleichung des Flammenkerns

$$\frac{dm_k}{dt} = 4\,\pi r_k^2\,\rho_u\,s_{T,k} \tag{8}$$

beruht auf der Berechnung der turbulenten Brenngeschwindigkeit $s_{T,k}$ unter Berücksichtigung der Flammenfrontkrümmung. Dabei wird eine sphärische Flammenausbreitung angenommen, was für den Umsatz bis 5 % in guter Näherung vorausgesetzt werden kann [2]. Die Berechnung des Brennfortschritts beruht also auf dem Radius r_k als geometrische Beschreibung der Flammenausbreitung:

$$r_k = \sqrt[3]{\frac{3\,m_k}{4\,\Pi\,\rho_b}} \tag{9}$$

Die Berechnung der turbulenten Brenngeschwindigkeit (s. Gl. 10) basiert auf der Theorie von Peters [5], wird aber ergänzt um die Betrachtung des laminar-turbulenten Umschlags (s. Gl. 11). Dafür werden alle in der Berechnung der Brenngeschwindigkeit vorkommenden turbulenten Kennzahlen (turbulente Fluktuation v', turbulente Länge l_t und Damköhlerzahl Da mithilfe einer skalierten turbulenten kinetischen Energie k_k berechnet. Dieser Umschlag spielt insbesondere in der frühen Entflammung eine große Rolle, da in sehr frühen Phasen der Verbrennung der Flammenkern noch zu klein ist, um durch turbulente Strukturen signifikant beeinflusst zu werden.

$$\frac{s_\mathrm{T}-s_\mathrm{L}}{v'} = -\frac{a_4 b_3^2}{2b_1} Da\, l_\mathrm{t} \sqrt{\left(\frac{a_4 b_3^2}{2b_1}\, Da\, l_\mathrm{t}\right)^2 + a_4\, b_3^2\, Da\, l_\mathrm{t}} \tag{10}$$

$$k_\mathrm{k} = \frac{3}{2} v'^2 = \min\left[1, \left(\frac{2\, r_\mathrm{k}}{l_\mathrm{t}}\right)^{2/3}\right] k \tag{11}$$

Modellierung der Brenndauer

Eine Korrelation zur Bestimmung der Brenndauer kann für voll ausgebildete turbulente Flammen vorgenommen werden. Bei Berücksichtigung von geometrischen Eingangsparametern können auch nicht-sphärische Flammen berechnet werden. Die Brenndauerkorrelation wird für die 5 – 75 % Brenndauer auf Basis von Brennverlaufsanalysen verschiedener Messdaten vorgenommen. Diese gemessenen Brenndauern werden messpunktindividuell mit einer korrespondierenden turbulenten charakteristischen Kennzahl korreliert. Die turbulente charakteristische Kennzahl ist eine Kombination aus Turbulenz-, Mischungs- und Thermodynamikkennzahl:

$$\alpha_{5-75\%} = \mathrm{f}\left(t_\mathrm{t}\left[c_1 \frac{s_\mathrm{L}}{v'} + \mathrm{g}(c_2\, Da)\right]^{-1}\right) \tag{12}$$

Die Größen t_t und v' und Eingangsgrößen zur Berechnung der Damköhlerzahl Da werden üblicherweise auf Basis von CFD-Simulation ermittelt. Die laminare Brenngeschwindigkeit wird einer Flamelet-Bibliothek entnommen. Weitere Eingangsgrößen sind geometrische, thermodynamische und globale Mischungsgrößen, die aus CFD oder Mittelwertmodellen resultieren können. Die Modellkonstanten c_1 und c_2 wurden durch Fehlerquadratminimierung der Korrelation ermittelt.

Abbildung 4 zeigt, dass die gute Korrelationsqualität zwischen den Kennzahlen und Messdaten verschiedener Motoren und Betriebszustände die Kriterien für eine Anwendung in der prädiktiven Brennverlaufsberechnung erfüllt.

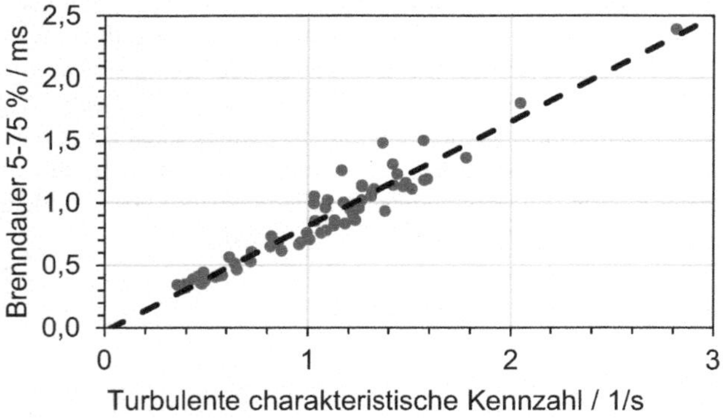

Abb. 4: Korrelation zwischen numerisch ermittelten turbulenten charakteristischen Kennzahlen und gemessenen Brenndauern

Vergleich zwischen Prüfstand und Simulation

Der Abgleich des Verbrennungsmodells erfolgt an zwei Versuchsträgern. Motor A ist als Miller-Konzept mit einem erhöhten Verdichtungsverhältnis von 12 ausgeführt und verfügt über einen zweistufig variablen Ventilhub. Zusätzlich ist der Versuchsträger mit einer Tumble-Klappe zur Steuerung der Ladungsbewegung ausgerüstet. Motor B hat als klassisches Downsizing-Konzept ein moderates Verdichtungsverhältnis von 10 und ist ebenfalls mit einer diskreten Umschaltung zweier Ventilhübe ausgestattet.

Tabelle 1: Technische Daten der Versuchsträger

	Motor A	Motor B
Zylinderanzahl	4	3
Hub/Bohrungsverhältnis / 1	1.15	1.1
Hubvolumen / L	2.0	1.0
Verdichtungsverhältnis / 1	12.0	10.0
Variabler Ventilhub	ja	ja
Tumble-Klappe	ja	nein

Abbildung 5 zeigt die relative Abweichung der simulierten Brenndauer (BD0-50) gegenüber der Brenndauer, ermittelt aus dem gemessen Druckverlauf, für eine Lastschnitt bei einer Drehzahl von $n = 2000$ 1/min und im Bereich der Nennleistung. Motor A hat als Miller-Konzept ein geringeres Mitteldruckniveau, sodass für die jeweils höchsten Mitteldrücke nur für Motor B ein Vergleich erstellt werden kann. Für die simulierte Brenndauer (BD0-50) ergeben sich dabei maximale Abweichungen von ca. 10 %. Der Großteil der dargestellten Betriebspunkte weißt dabei eine deutlich geringere Abweichung auf (mittlere Abweichung 6.6 %).

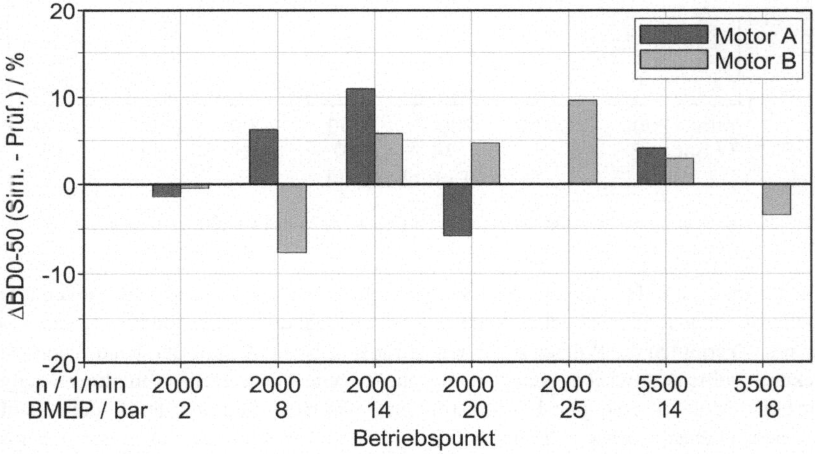

Abb. 5: Abweichung der simulierten Brenndauer (BD0-50) zu Prüfstandsmessungen

Die entsprechende Abweichung der Brenndauer (BD0-75) ist in Abbildung 6 dargestellt. Mit zunehmender Brenndauer fällt die relative Abweichung der Simulation mit bis zu 15 % höher aus (mittlere Abweichung 7.8 %), erlaubt aber dennoch eine hinreichende Prädiktion des Verbrennungsvorgangs, wie ein Vergleich der resultierenden Brennfunktionen und Druckverläufe zeigt.

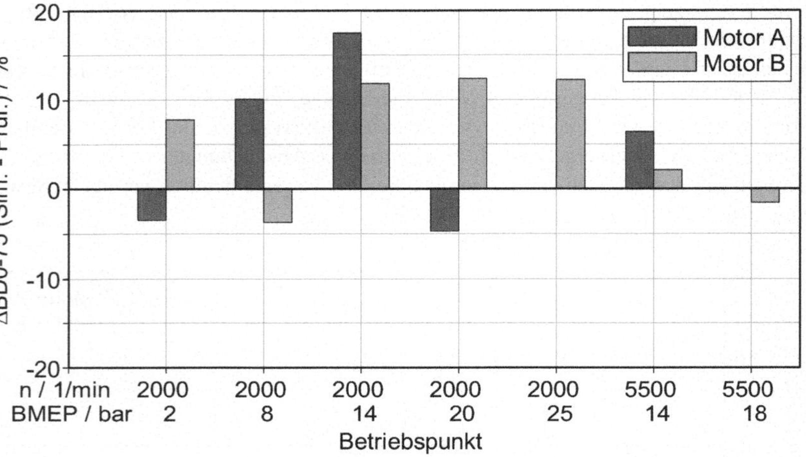

Abb. 6: Abweichung der simulierten Brenndauer (BD0-75) zu Prüfstandsmessungen

Nachfolgend sind dazu die aus dem Verbrennungsmodell stammenden Brennverläufe sowie die zugehörigen Druckverläufe der 1D Ladungswechselrechnung den entsprechenden Verläufen der Prüfstandmessungen für Betriebspunkte im Bereich des unteren Eckdrehmoments sowie des Nennleistungspunkts gegenübergestellt. Abbildung 7 zeigt für beide Motoren eine gute Übereinstimmung von Brennfunktion und Druckverlauf bei einer Drehzahl von $n = 2000$ 1/min und $p_{me} = 20$ bar. Für Motor A ergibt sich aus dem Verbrennungsmodell ein lediglich geringfügig schnellerer Brennstoffumsatz. Motor B zeigt ein gegenteiliges Verhalten. Hier bewirkt der ca. 2° KW längere prädizierte Brennverzug eine leicht langsamere Wärmefreisetzung.

Der Betriebspunkt im Bereich der Nennleistung bei einer Drehzahl von $n = 5500$ 1/min und $p_{me} = 14$ bar, dargestellt in Abbildung 8, zeigt ebenfalls die sehr gute Vorhersagequalität des Verbrennmodells. Zudem zeigt der Brennverlauf deutlich die Notwendigkeit des vorangehend vorgestellten sequentiellen Wiebe-Ansatzes, um den verzögerten Ausbrand bei hohen Drehzahlen abzubilden.

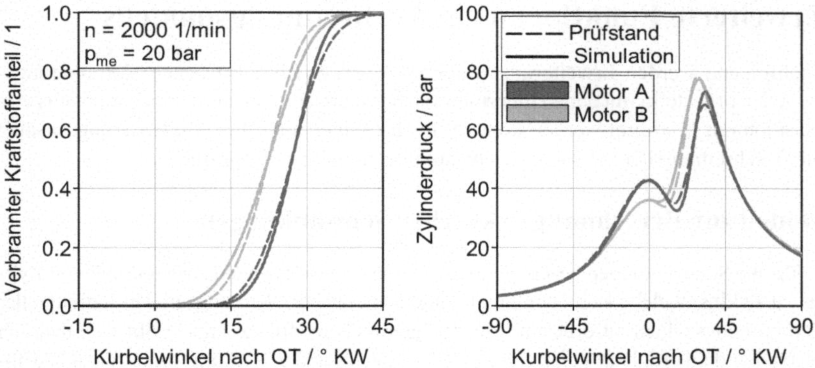

Abb. 7: Simulations- und Prüfstandsdaten bei n = 2000 1/min und p_{me} = 20 bar

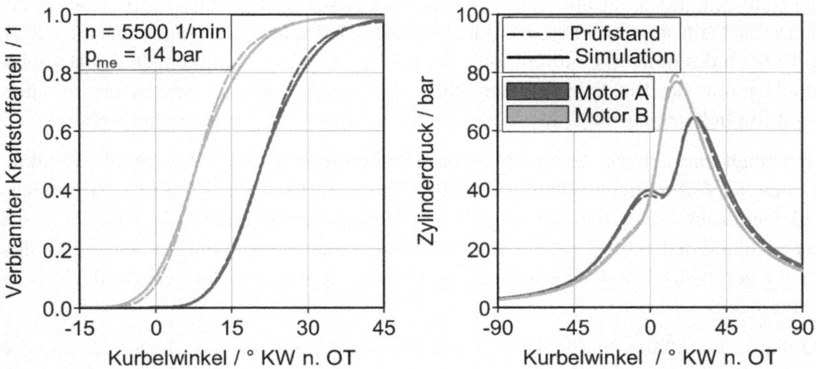

Abb. 8: Simulations- und Prüfstandsdaten bei n = 5500 1/min und p_{me} = 14 bar

Mit dem vorgestellten Verbrennungsmodell können somit Brennverzug und Brenndauer sowie der resultierenden Brennfunktion mit hinreichender Genauigkeit bereits in einer frühen Auslegungsphase für die 1D Ladungswechselrechnung ermittelt werden.

Erweiterte Funktionen des Verbrennungsmodells

Nachfolgend werden Erweiterungen des vorhergehend beschriebenen Verbrennungsmodells vorgestellt, mit denen innermotorische Begrenzungen des Betriebsbereichs von Ottomotoren bestimmt werden können. Im Einzelnen sind dies Modellierungsansätze zur Beschreibung der zyklischen Schwankungen und der Klopfgrenze.

Modell zur Berechnung zyklischer Schwankungen

Zyklische Schwankungen beschreiben die Variation des Zylinderdruckverlaufs von Zyklus zu Zyklus, welche sich ebenfalls in unterschiedlichen Wirkungsgraden individueller Verbrennungszyklen ausdrücken. Für den gemittelten Motorzyklus ergibt sich dadurch gegenüber dem effizientesten Zyklus eine Verringerung des Wirkungsgrads, die umso höher ausfällt, je größer die zyklischen Schwankungen des Druckverlaufs sind.

Neben der Reduktion des mittleren Motorwirkungsgrads resultieren daraus Drehmomentschwankungen, die aus Komfortgründen begrenzt werden müssen. Im Bereich der niedrigen Teillast und Ladungsverdünnung sowie bei späten Verbrennungslagen, z. B. im Bereich des unteren Eckdrehmoments, kann dies zu Einschränkungen des Betriebsbereichs bzw. der Einstellparameter führen. Die Kenntnis dieser Begrenzungen unterstützt folglich den Auslegungsprozess bereits in einer frühen Entwicklungsphase.

Ursächlich für zyklische Schwankungen in Ottomotoren sind im Wesentlichen Fluktuationen im Verbrennungsablauf, verursacht durch stochastische Effekte in Strömungsfeld, Gemischbildung und Zündung [6], [7]. Dabei ist insbesondere die frühe Phase der Verbrennung maßgeblich für die Stärke der zyklischen Schwankungen [8]. Die Modellierung der zyklischen Schwankungen fokussiert sich somit auf die erste Hälfte der Verbrennung.

Der entwickelte Modellierungsansatz beruht auf der Annahme, dass die Schwankungen von Brennverzug 0-5 % und Brenndauer 5-50 % näherungsweise normalverteilt um einen Mittelwert streuen. Die Berechnung der Standardabweichung des Brennverzugs ($\sigma_{\mathrm{BD0\text{-}5}}$) erfolgt als Funktion des mittleren Brennverzugs (BD0-5) und des Quotienten von Flammendurchmessers ($2r_k$) zu integralem Längenmaß (l_t):

$$\sigma_{\mathrm{BD0\text{-}5}} = p_0 + p_1 \cdot \overline{\mathrm{BD0\text{-}5}} + p_2 \cdot \min\left[1, \left(\frac{2r_\mathrm{k}}{l_\mathrm{t}}\right)\right] + p_3 \cdot \overline{\mathrm{BD0\text{-}5}} \cdot \min\left[1, \left(\frac{2r_\mathrm{k}}{l_\mathrm{t}}\right)\right] \quad (13)$$

Das Verhältnis aus $2r_\mathrm{k}$ und l_t beschreibt die Entwicklung der laminaren Flammenfront des initialen Flammenkerns zur turbulenten Flamme. Mit Erreichen eines Wertes von eins kann von einer vollständig turbulent ausgebildeten Flamme ausgegangen werden. Da dieser Zustand betriebspunktabhängig auch erst nach einem Brennstoffumsatz von

5 % erreicht werden kann, findet dies auch bei der Bestimmung der Standardabweichung der Brenndauer ($\sigma_{BD5\text{-}50}$) Berücksichtigung. Die Berechnung erfolgt damit analog zu $\sigma_{BD0\text{-}5}$:

$$\sigma_{BD5\text{-}50} = q_0 + q_1 \cdot \overline{BD5\text{-}50} + q_2 \cdot \min\left[1, \left(\frac{2r_k}{l_t}\right)\right] + q_3 \cdot \overline{BD5\text{-}50} \cdot \min\left[1, \left(\frac{2r_k}{l_t}\right)\right] \quad (14)$$

In Abbildung 10 sind für die Standardabweichung des Brennverzugs ($\sigma_{BD0\text{-}5}$) und der Brenndauer ($\sigma_{BD5\text{-}50}$) die Modellwerte über den Prüfstandsdaten verschiedener Motoren und Betriebszustände dargestellt mit Bestimmtheitsmaßen von $R^2 = 0.84$ bzw. $R^2 = 0.92$. Es zeigt sich eine gute Korrelationsgüte des Modellansatzes.

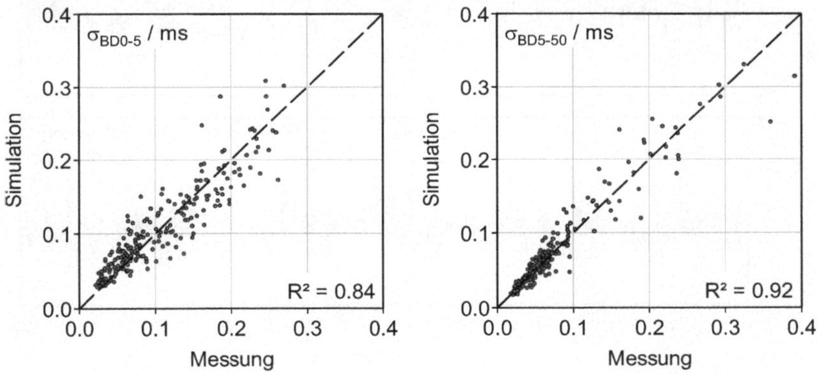

Abb. 10: Vergleich zwischen Messung und Simulation – Standardabweichung von Brennverzug ($\sigma_{BD0\text{-}5}$) und Brenndauer ($\sigma_{BD5\text{-}50}$)

Brennverzug und -dauer der individuellen Zyklen ergeben sich schlussendlich mit den Werten für den mittleren Zyklus, die mit dem oben vorgestellten Verbrennungsmodell berechnet werden können sowie dem Produkt aus Standardabweichung und der normalverteilten Zufallszahl N bzw. M:

$$BD0\text{-}5 = \overline{BD0\text{-}5} + N \cdot \sigma_{BD0\text{-}5} \quad (15)$$

$$BD5\text{-}50 = \overline{BD5\text{-}50} + M \cdot \sigma_{BD5\text{-}50} \quad (16)$$

Abbildung 11 stellt exemplarisch die resultierenden Verläufe von Brennverzug (BD0-5), Brenndauer (BD5-50) sowie des Kurbelwinkels bei 50 % Kraftstoffumsatz (MFB50) im Betriebspunkt $n = 2000$ 1/min und $p_{me} = 20$ bar des Motors A für 500 simulierte Zyklen den Messwerten des Prüfstands gegenüber.

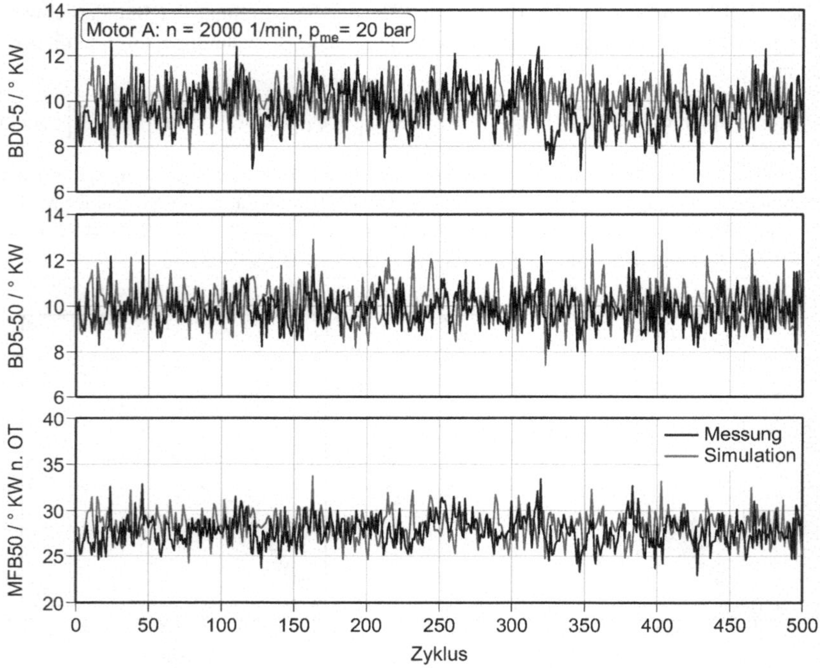

Abb. 11: Vergleich zwischen Messung und Simulation – Brennverzug (BD0-5), Brenndauer (BD5-50) und Schwerpunktlage der Verbrennung (MFB50)

Für alle drei Größen zeigt sich eine gute Übereinstimmung sowohl des Mittelwertes als auch der Schwankungsbreite zu Prüfstandsdaten und bestätigen damit die gute Korrelationsgüte der Schwankungsterme.

Neben dem Verlauf des indizierten Mitteldrucks (p_{mi}) ist in Abbildung 12 der Variationskoeffizient (COV p_{mi}), der die Standardabweichung des p_{mi} auf den Mittelwert bezieht, dargestellt. Dieser ist ein Maß für die Höhe der zyklischen Schwankungen und erlaubt eine Bewertung der Simulationsgüte des Modells.

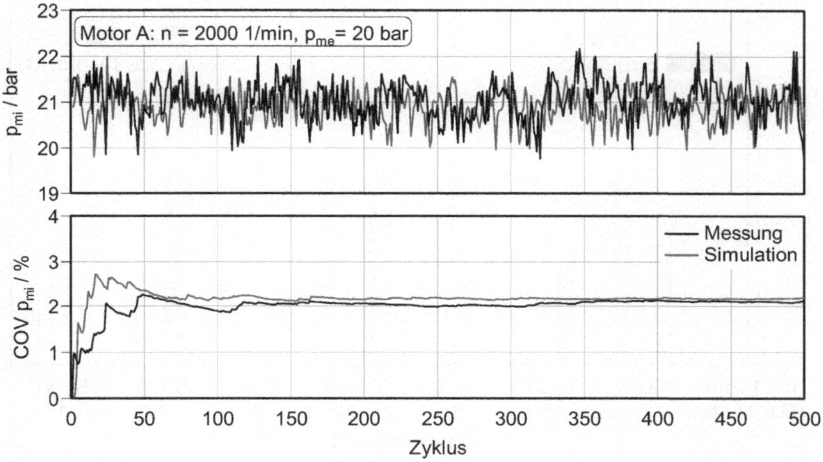

Abb. 12: Vergleich zwischen Messung und Simulation – Indizierter Mitteldruck (p_{mi}) und Variationskoeffizient des indizierten Mitteldrucks

Durch das stochastische Verhalten der zyklischen Schwankungen ergeben sich zunächst starke Änderungen des Variationskoeffizienten (COV p_{mi}). Dieser nähert sich erst mit zunehmender Laufzeit dem Konvergenzwert an. Dieser liegt für Prüfstandsmessung bei ca. 2.2 %. Die Simulation zeigt dabei nur eine geringe Abweichung zu den Messdaten.

Abbildung 13 zeigt im Vergleich Variationskoeffizienten (COV p_{mi}) für Simulation und Messdaten in einen Lastschnitt bei n = 2000 1/min und für den Nennleistungsbereich nach einer Laufzeit von 500 Zyklen. Die maximale Abweichung von 0.5 %-Punkten, bei einer mittleren Abweichung von 0.2 %-Punkten weist auf eine hohe Modellgüte hin.

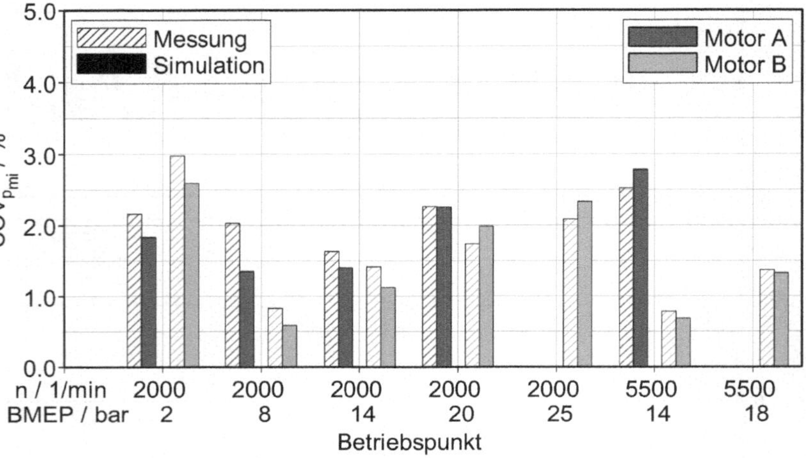

Abb. 13: Absolute Abweichung des Variationskoeffizienten für den indizierten Mitteldruck

Multidimensionales Klopfmodell

Die unkontrollierte Selbstzündung unverbrannten Luft-Kraftstoff-Gemisches nach dem Zündzeitpunkt wird als „Klopfen" bezeichnet und ist, bedingt durch die Gefahr der thermischen und mechanischen Überlast, stets im Motorbetrieb zu vermeiden. In der 1D Motorprozessrechnung finden zumeist empirische Klopfmodelle ihre Verwendung, die unter Analyse des thermodynamischen Zustands der unverbrannten Zone (Endgas) die Klopfneigung anhand eines Zündverzugsintegrals bewerten [9].

$$I(t) = \int_0^1 \frac{1}{\tau} dt \quad \text{mit} \quad \tau = f(p, T, ROZ) \tag{17}$$

Derartige Ansätze berücksichtigen i. d. R. lediglich den Niedertemperaturbereich der Selbstzündung. Ferner werden Einflüsse auf die Zündverzugszeit in Folge von Ladungsverdünnung vernachlässigt. Neuere Ansätze wie das „Kinetics Fit" – Model berechnen die Zündverzugszeit in Abhängigkeit des Temperaturbereichs, so dass auch das sogenannte NTC[1]-Verhalten abgebildet werden kann. Einflüsse von Ladungsverdünnung werden über einen empirischen Term modelliert [10]. Die genannten Ansätze haben alle gemeinsam, dass sie auf ein Zwei-Zonen-Temperaturmodell des Brennraums zurückgreifen. Dadurch können dreidimensionale Effekte wie die Inhomogenität der Endgastemperatur

1 NTC = Negative Temperature Coefficient

nicht erfasst werden. Da die Temperatur die bedeutendste Einflussgröße auf die Reaktionskinetik im Endgas darstellt, soll an dieser Stelle ein neuer Ansatz vorgestellt werden, welcher die Temperaturschichtung im Brennraum berücksichtigt.

Bei diesem multidimensionalen Ansatz wird der Brennraum in Orbitale gleicher Masse unterteilt, so dass die Temperatur in einem beliebigen Orbital „i" anhand folgender Gleichung beschrieben werden kann:

$$T_{u,\mathrm{i}}(\alpha) = \bar{T}_{u,\mathrm{1D}}(\alpha) + \frac{\Delta T_\mathrm{i}(\alpha)}{\bar{T}_\mathrm{CFD}(\alpha)} \cdot \bar{T}_{u,\mathrm{1D}}(\alpha) + \frac{k_\mathrm{crit} \cdot \sigma_{T,\mathrm{i}}(\alpha)}{\bar{T}_\mathrm{CFD}(\alpha)} \cdot \bar{T}_{u,\mathrm{1D}}(\alpha) \tag{18}$$

Damit setzt sich die klopfrelevante Temperatur eines Massenorbitals $T_{u,i}(\alpha)$ aus dem Wert des Zwei-Zonen-Ansatzes $\bar{T}_{u,1D}(\alpha)$ sowie den Orbital-individuellen Termen hinsichtlich Temperaturabweichung $\frac{\Delta T_\mathrm{i}(\alpha)}{\bar{T}_\mathrm{CFD}(\alpha)}$ und Schichtung $\frac{k_\mathrm{crit} \cdot \sigma_{T,\mathrm{i}}(\alpha)}{\bar{T}_\mathrm{CFD}(\alpha)}$ zusammen. Die individuellen Temperaturabweichungen ΔT_i sowie die Temperaturstandardabweichungen je Orbital $\sigma_{T,\mathrm{i}}$ stammen aus einer Auswertung der 3D Simulation der Brennraumströmung mit Kraftstoffeinspritzung und werden auf den Mittelwert der Zylinderendgastemperatur $\bar{T}_\mathrm{CFD}(\alpha)$ normiert. Die Normierung ermöglicht dabei eine Berücksichtigung der Zunahme der Temperaturinhomogenität in den äußeren Orbitalen als Folge der Verdichtung des Endgases auf Grund der fortschreitenden Verbrennung. Die Schichtung von Temperatur und Luftverhältnis im Brennraum ist in Abb. 14 am Beispiel eines n = 2000 1/min, p_{me} = 20 bar Betriebspunktes von Motor B dargestellt:

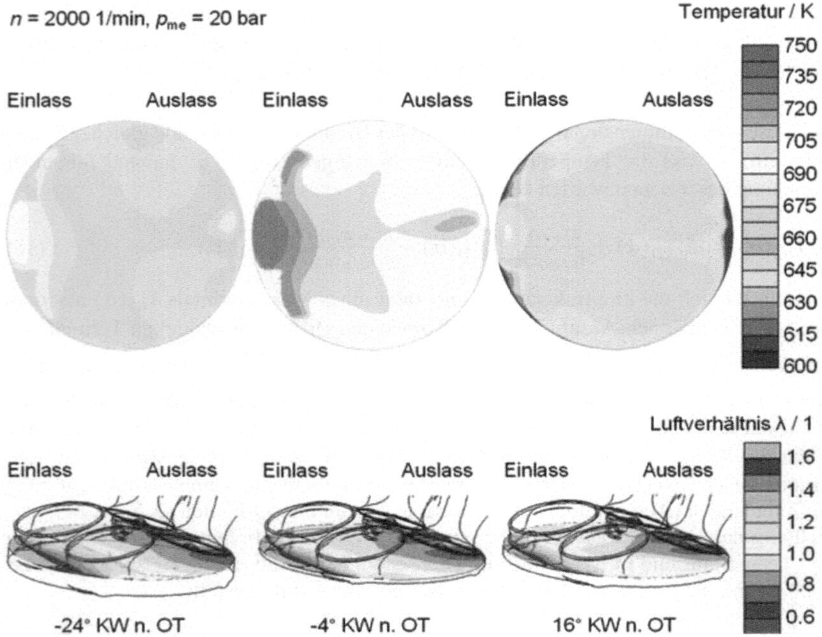

Abb. 14: Verteilung von Temperatur und Luftverhältnis im Brennraum [11]

Untersuchungen haben gezeigt, dass der Einfluss der Inhomogenität des Luftverhältnisses auf die Zündverzugszeit als nachranging angesehen werden, so dass aus dreidimensionaler Betrachtungsweise die Temperaturverteilung als wesentlicher Parameter zur Klopfmodellierung auszuwählen ist [11].

Weiterführende Details des Klopfmodells sind in der Abbildung 15 dargestellt. Die räumliche Einteilung des Brennraums in verschiedene Orbitale ermöglicht eine örtlich aufgelöste Berechnung des Zündverzugsintegrals. Dabei werden in Abhängigkeit des Verbrennungsfortschritts „verbrannte" Orbitale anhand des Vorfaktors z deaktiviert. Gewöhnlich tritt die Selbstzündung im Endgas im Bereich des maximalen Zylinderdrucks und somit nach dem 70 % Umsatzpunkt auf. Folglich ist auch ein analoger Anteil an Orbitalen bereits deaktiviert, so dass sich die Analyse im Wesentlichen auf die äußeren Orbitale fokussiert. Die Zündverzugszeiten τ sind unter Verwendung eines semi-detaillierten Reaktionsmechanismus berechnet worden [12]. In der Motorprozessrechnung sind sie als multidimensionales Kennfeld als Funktion von Temperatur, Druck, Restgasgehalt, Lambda und Oktanzahl hinterlegt, so dass auch eine NTC-Charakteristik präzise abgebildet wird.

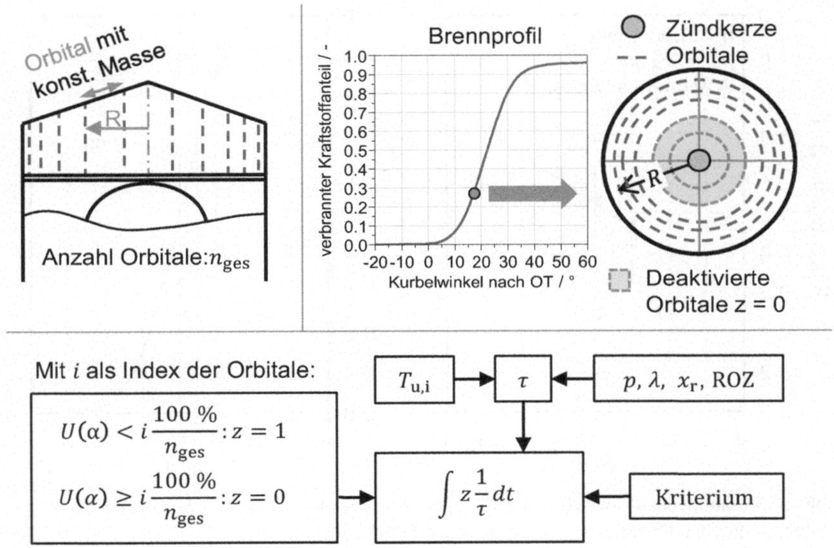

Abb. 15: Grundprinzip des multidimensionalen Klopfmodells

Von essentieller Bedeutung ist die Definition eines geeigneten Klopfkriteriums, um einen validen Zusammenhang zwischen der rein mathematischen Betrachtung des Integrals und der gemessenen Klopfgrenze am Motorprüfstand zu ziehen. Ferner soll der Einfluss der zyklischen Schwankungen Berücksichtigung finden, da an der Klopfgrenze der mittlere Brenn- bzw. Zylinderdruckverlauf i. d. R. keine Merkmale einer klopfenden Verbrennung aufweist.

In der Abbildung 16 ist im linken Diagramm der Wert des Klopfintegrals I(α) in Abhängigkeit des Vorfaktors der Temperaturstandardabweichung (k) dargestellt. Als wichtige Randbedingungen sind zu nennen, dass es sich um eine Auswertung des wandnahen Orbitals für den Fall des zyklusgemittelten Brennverlaufs handelt. Der Zusammenhang zwischen Faktor k und dem Klopfintegral lässt sich in sehr guter Näherung als Gerade beschreiben. Definitionsgemäß liegt eine klopfende Verbrennung dann vor, wenn die Bedingung I(α) = 1 erfüllt ist, so dass in diesem Beispiel ein Wert von k_{krit} = -0.5 bestimmt werden kann.

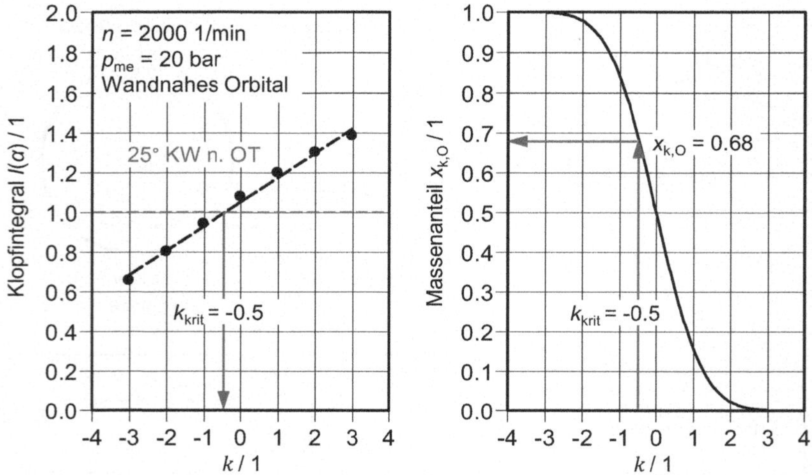

Abb. 16: Zusammenhang zwischen Klopfintegral, Massenanteil und Faktor *k* für den Fall des zyklusgenmittelten Brennverlaufs im wandnahen Orbital [11]

Im rechten Diagramm der Abbildung lässt sich der Faktor *k* unter Annahme einer Normalverteilung in einen analogen Anteil der klopfenden Masse ($x_{k,O}$) überführen. Dieser Massenanteil ist für die Berücksichtigung des Einflusses der zyklischen Schwankungen auf die Klopfgrenze von Bedeutung, welche in Abbildung 17 dargestellt sind. Erwartungsgemäß liegt ein Trend zur Zunahme des klopfenden Massenanteils in Richtung früherer Verbrennungsschwerpunktlagen α_{50} vor, jedoch erfüllt das Bestimmtheitsmaß mit $R^2 = 0.75$ nicht die Anforderungen an eine ausreichende Korrelationsgüte. Dagegen erweist sich die Korrelation zwischen klopfendem Massenanteil und Brennverzug mit einem $R^2 = 0.96$ von sehr hoher Güte, so dass sich daraus ein eindeutiges Klopfkriterium ableiten lässt:

Der Zündwinkel ist so einzustellen, dass für den Zyklus mit einem um $3\sigma_{BD05}$ verkürzten Brennverzug der klopfende Massenanteil $x_{k,O} = 0.88$ beträgt. Dies entspricht einem Wert von $k_{krit} = -1.15$ (vgl. Abb. 16). Es liegt somit Klopfen vor, wenn mit diesem Brennverlauf im wandnahen Orbital das Klopfintegral I(α) unter Verwendung der Endgastemperatur gemäß Gl. 18 einen Wert von eins erreicht.

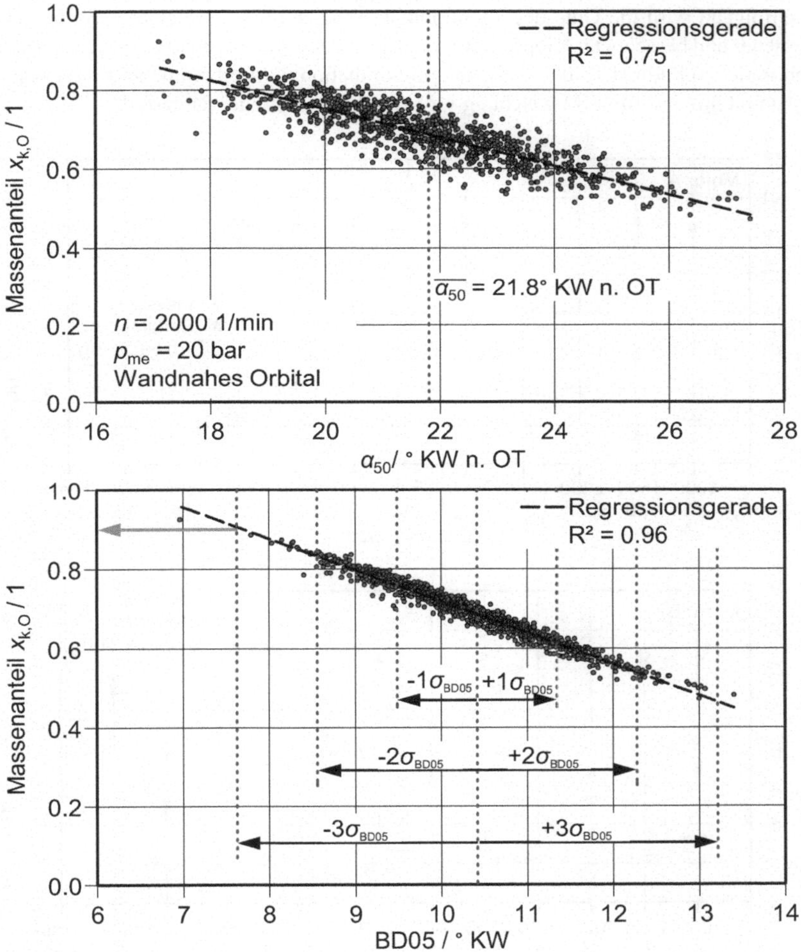

Abb. 17: Auswertung zyklischer Schwankungen des Brennverlaufs in Bezug auf den klopfenden Massenanteil $x_{k,o}$ [11]

Detaillierte Untersuchungen in verschiedenen Betriebspunkten sowie an unterschiedlichen Motoren haben gezeigt, dass das vorgestellte Klopfkriterium in Kombination mit dem Modell der zyklischen Schwankungen unabhängig von Last, Drehzahl und Verbrennungsschwerpunktlage anwendbar ist.

Nachfolgend wird die Güte des Klopfmodells anhand eines Vergleichs zwischen gemessener und berechneter Klopfgrenze mit dem vorgestellten Kriterium bewertet. Dazu sind in der Abbildung 18 für Messung und Simulation die Verbrennungsschwerpunktlagen und ihre jeweilige Abweichung für beide Versuchsträger dargestellt.

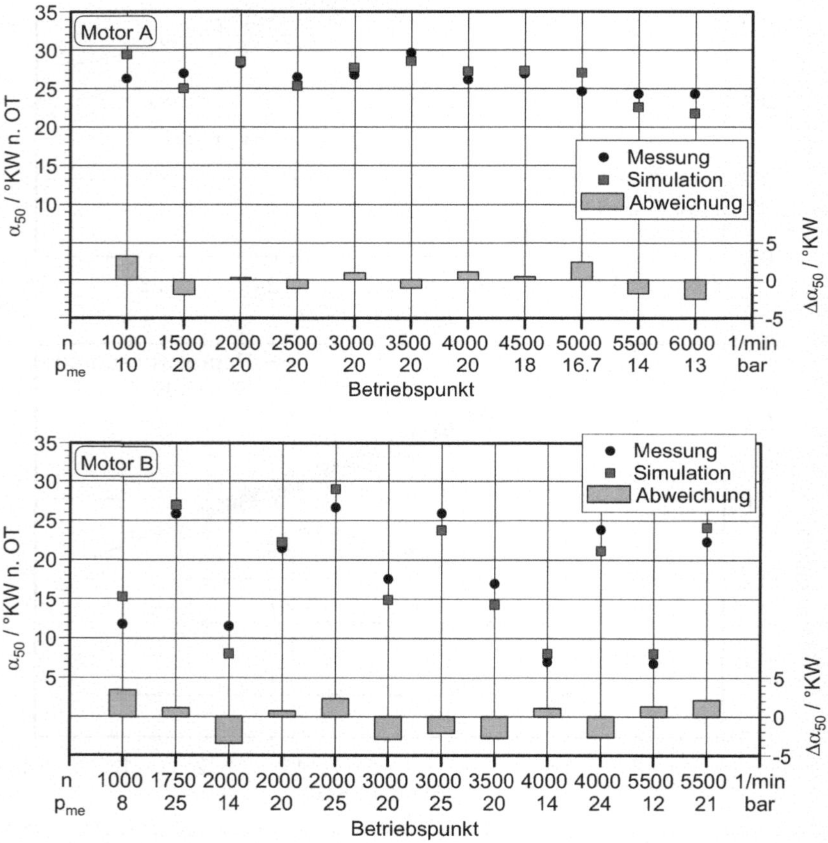

Abb. 18: Vergleich von gemessener und berechneter Verbrennungsschwerpunktlage unter Anwendung des multidimensionalen Klopfmodells [11]

Als mittlere Abweichung in der Schwerpunktlage ergibt sich für den Motor A ein Wert von 1.5 °KW bzw. 2.1 °KW für den Motor B. Damit ist der Nachweis einer hohen Modellgüte ohne das Erfordernis einer spezifischen Modellkalibration erbracht.

Zusammenfassung und Ausblick

Die prädiktive Verbrennungsmodellierung stellt eine der größten Herausforderungen der 1D Motorprozessrechnung dar. In diesem Beitrag wird ein neuer Ansatz der 1D/3D Kopplung vorgestellt, bei dem wesentliche turbulente Größen anhand mathematischer Funktionen von der 3D CFD Simulation der Brennraumströmung in die 1D Ladungswechselsimulation transferiert werden. Implementierte Verbrennungsmodelle nutzen diese Größen sowie den thermodynamischen Zustand im Brennraum als Eingabeparameter und ermöglichen präzise Vorhersagen hinsichtlich des Brennverzugs 0-5 % und der Brenndauer 5-75 %. Der vollständige Brennverlauf wird schließlich unter Verwendung eines sequentiellen Wiebe-Ansatzes approximiert.

Auf diesem Weg erfolgt eine Prädiktion des zyklusgemittelten Brennverlaufs, so dass die Brennverfahrensentwicklung bzgl. der Gestaltung und Auslegung von Einlasskanal und Brennraum direkt mit der Motorprozessrechnung in vorteilhafterweise gekoppelt ist. Die mittlere Abweichung in den Brenndauern 0-50 % und 0-75 % beträgt lediglich 6.6 bzw. 7.8 %

Als erweiterte Funktionen des Verbrennungsmodells stehen ein Modell zur Berechnung der zyklischen Schwankungen sowie ein multidimensionales Klopfmodell zur Verfügung. Erstgenanntes ermöglicht die Vorhersage der Standardabweichung des indizierten Mitteldrucks mit einer mittleren Abweichung von 0.2 %-Punkten im Variationskoeffizient des indizierten Mitteldrucks. Da insbesondere Zyklen mit verkürztem Brennverzug tendenziell zu klopfender Verbrennung führen, stellt die Kombination mit dem multidimensionalen Klopfmodell einen zielführenden Ansatz zur Bestimmung der Klopfgrenze dar. Das multidimensionale Klopfmodell berücksichtigt die Einflüsse der 3D Temperaturschichtung im Brennraum und nutzt des Weiteren tabellarische Zündverzugszeiten als Funktion des thermodynamischen Brennraumzustands. Mit dem vorgestellten Klopfkriterium kann eine Vorhersagegüte der Verbrennungsschwerpunktlage mit einer mittleren Abweichung von 1.5 – 2 °KW erzielt werden.

Damit stellt das 1D/3D Verbrennungsmodell ein wertvolles Werkzeug zur effizienten Optimierung in der Konzept- und Layoutphase der Brennverfahrensentwicklung dar, welches zusätzlich zuverlässige Aussagen hinsichtlich der Intensität zyklischer Schwankungen sowie der Bestimmung der Klopfgrenze liefert.

Zukünftige Erweiterungen des 1D/3D Verbrennungsmodells fokussieren sich auf die Emissionsmodellierung, in der ebenfalls durch die Interaktion von 1D und 3D Methodik eine Steigerung der Vorhersagequalität zu erwarten ist. Des Weiteren ist der Einsatz des Modells in der virtuellen Kalibration ein Schwerpunkt aktueller Forschung.

Literatur

[1] Tabaczynski, R.; Ferguson, C.; Radhakrishnan, K., A Turbulent Entrainment Model for Spark-Ignition Engine Combustion, SAE Technical Paper 770647, 1977

[2] Wiese, W.; Pischinger, S.; Adomeit, P.; Ewald, J., Prediction of Combustion Delay and –Duration of Homogeneous Charge Gasoline Engines based on In-Cylinder Flow Simulation, SAE Technical Paper 2009-01-1796, 2009

[3] Wiese, W. Vorhersage von Brennverzug und -dauer bei Ottomotoren auf Basis der Brennraumströmung, Dissertation, RWTH-Aachen, 2009

[4] Herweg, R.; Maly, R. R., A Fundamental Model for Flame Kernel Formation in S.I. Engines, SAE Paper 922243, 1992

[5] Peters, N., Turbulent Combustion, Cambridge University Press, 2000

[6] Medina, A.; Curto-Risso, P.; Hernández, A.; Guzmán-Vargas, L.; Angulo-Brown, F.; Sen, A., Quasi-Dimensional Simulation of Spark Ignition Engines, Springer London, London, 2014

[7] Sztenderowicz, M.; Heywood, J., Cycle-to-Cycle IMEP Fluctuations in a Stoichiometrically-Fueled S.I. Engine at Low Speed and Load, SAE Paper 902143, 1990

[8] Keck, J.; Heywood, J.; Noske, G., Early Flame Development and Burning Rates in Spark Ignition Engines and Their Cyclic Variability, SAE Technical Paper 870164, 1987

[9] Livengood, J. C.; Wu, P. C., Correlation of Autoignition Phenomena in Internal Combustion Engines and Rapid Compression Machines, Fifth Symposium (Int.) on Combustion, S. 347–356, 1955

[10] Hoppe, P., Modellerweiterungen für die prädiktive 0D/1D-Simulation von Ottomotoren, Dissertation (unveröffentlicht), RWTH Aachen, 2017

[11] Schernus, C.; Nebbia, C.; Di Matteo, F.; Thewes, M., Application of the New Kinetic Knock Model to A Downsized TGDI Engine, GT Conference Frankfurt, 2013

[12] Cai, L.; Pitsch, H., Optimized chemical mechanism for combustion of gasoline surrogate fuels. In: Combustion and Flame 162 Nr. 5, S. 1623–1637, 2015

A New Model for Predicting the Knock Boundary with EGR at Full Load

(Ein neues Modell zur Vorhersage der Klopfgrenze bei Volllast-AGR)

Alexander Fandakov[1], Michael Bargende[1], Michael Grill[2], Max Mally[3], André Casal Kulzer[4]

[1] Institute of Internal Combustion Engines and Automotive Engineering (IVK), University of Stuttgart

[2] FKFS –Research Institute of Automotive Engineering and Vehicle Engines Stuttgart

[3] Institute for Combustion Engines (VKA), RWTH Aachen University

[4] Dr. Ing. h.c. F. Porsche AG

J. Liebl (Hrsg.), *Ladungswechsel im Verbrennungsmotor 2017*, Proceedings,
https://doi.org/10.1007/978-3-658-22671-8_3

1 Introduction

The ongoing trend of enforcing lower fuel consumption and tightening emission standards, combined with ever-increasing customer demands and severe competition on the global market is the main driving force for further improvement of the internal combustion engine regarding its efficiency and emissions. The most significant operation limit of spark ignition (SI) engines still prohibiting the accomplishment of these goals is the occurrence of knock, although this phenomenon has been observed for the first time almost 100 years ago. High compression ratios, which are desired for further improving efficiency, result in increased cylinder pressures and temperatures that, in turn, promote the occurrence of knock. The main theory behind this phenomenon is that detonation is being caused by auto-ignition and, thus, resulting in extremely rapid heat release in the end gas ahead of the propagating turbulent flame. This causes very high cylinder pressures and temperatures that can potentially lead to total engine failure [1]. Thus, the auto-ignition phenomenon is a major obstacle in increasing the indicated engine efficiency [1, 2]. This is particularly important for turbocharged and downsized SI engines because of the higher inlet and, hence, cylinder pressures. In this case, an enrichment of the mixture is typically deployed at full load for inhibiting engine knock, with the main idea being that the excess fuel cools down the unburnt mixture thanks to its high heat capacity. However, this causes significantly higher fuel consumption as well as an increase in engine emissions. Alternatively, external recirculation of cooled exhaust gas (EGR) can be used to replace the mixture enrichment and generally, to achieve higher full load indicated efficiency.

Nowadays 0D/1D simulations are being widely used in the engine development process. Thanks to the high prediction quality of the models and the low computational times, this is a powerful tool used to reduce development costs by partially eliminating the need for cost-intensive test bench investigations. The existing models for predicting knock in 0D/1D SI engine simulations however are known for their poor performance and the great effort needed for their calibration. Hence, the reliable prediction of knock occurrence is a challenging task, especially if the entire engine map has to be considered. This fact results in significant restrictions on the development of full load EGR combustion systems with the help of 0D/1D simulations.

2 General engine knock modeling approach

The 0D/1D knock models that have been developed in the past 50 years are generally based on the evaluation of an integral[1] representing the pre-reaction state of the unburnt mixture. Livengood and Wu originally formulated this correlation in 1955 [3]. They

1 Known as knock integral, pre-reaction state integral and Livengood-Wu integral

proved that the ignition delay time of an air-fuel mixture in motored and firing SI engines can be estimated by evaluating an integral representing the degree of chemical reaction progress and thus the pre-reaction state of the mixture, equation (1).

$$1 = \int_{t=0}^{t=t_e} \frac{1}{\tau} dt \tag{1}$$

t	elapsed time [s]
t_e	time at end of integration [s]
τ	ignition delay of the mixture at the current boundary conditions [s]

Hence, it is possible to predict when auto-ignition of a mixture in a firing engine will occur (end of integration t_e), if the ignition delay times τ are known at every integration step. These can be measured in a rapid compression machine or a shock tube. Subsequently, an Arrhenius-type equation, equation (2), can be calibrated by estimating the empirical constants C, C_1 and C_2 and then used for their calculation.

$$\tau = C \cdot p^{C_1} \cdot e^{C_2/T} \tag{2}$$

τ	ignition delay of the air-fuel mixture [s]
p	current pressure [bar]
T	current temperature [K]
C, C_1, C_2	empirical constants [-]

The integration process performed in equation (1) represents the process of concentration of chain carriers building up, until a pre-defined critical concentration has been reached and exceeded, resulting in an auto-ignition of the air-fuel mixture. The value of the pre-defined critical concentration is constant and thus independent of changes in the boundary conditions, such as e.g. an engine speed increase. The integration step in equation (1) should be chosen small enough, so that a constant speed of the chemical reactions during one integration step can be assumed (although it generally changes, as the mixture is being compressed and expanded in an engine).

Knock modeling approaches commonly used in the 0D/1D simulation today are all based on the correlation in equation (1). They evaluate the change in the pre-reaction state I_k of an air-fuel mixture between inlet valve close (IVC) / 90°CA before Firing Top Dead Center (FTDC) and knock onset (KO) or a constant Mass-Fraction-Burnt point (usually between MFB75 and MFB85) respectively, as shown in equation (3) [12]. As soon as the pre-reaction state calculated in equation (3) exceeds a constant predefined value, the so-called critical pre-reaction state $I_{k,crit}$, knock onset has been reached. The $I_{k,crit}$ value at knock onset corresponds to the critical concentration of chain carriers in the original Livengood-Wu correlation that results in auto-ignition.

$$I_k = \frac{1}{n} \cdot \frac{1}{C} \int_{\alpha=\alpha_{IVC}/90°CA\,bFTDC}^{\alpha=\alpha_{KO/const.MFB}} \frac{1}{\tau} d\alpha \qquad (3)$$

I_k	pre-reaction state of the air-fuel mixture [-]
n	engine speed [min^{-1}]
C	empirical constant [-]
α	crank angle [°]
τ	ignition delay of the mixture at the current boundary conditions [s]

Hence, it is obvious that the only difference between equations (1) and (3) is the integration domain. Again, the ignition delay times needed for the integration process can be calculated with equation (2), after the empirical constants have been estimated. This is commonly done by fitting to measurement data, so that the critical pre-reaction state $I_{k,crit}$ is reached at the measured knock onset. Generally, the mean values of the unburnt zone's parameters estimated with an appropriate two-zone modeling approach, e.g. the Entrainment model [4, 15], are used as knock model inputs.

Many different expansions of the commonly used knock modeling approach in equation (3) have been developed based on measurement data. By adding corresponding terms to equation (2), they also account for influences of various boundary conditions on the ignition delay of the air-fuel mixture, such as the air-fuel equivalence ratio (AFR) and the exhaust gas fraction [13]. Alternatively, detailed kinetic reaction mechanisms for gasoline fuels that have been intensively developed in the recent years can be used to calculate the ignition delay times of air-fuel mixtures at various boundary conditions and hence to estimate the values of the empirical constants and to expand equation (2). This method has the main advantage of being able to cover a much wider range of boundary conditions than a parameter estimation performed with measurement data from a test bench. Of course, this is true only if the used kinetic reaction mechanism has been validated for all boundary condition variations of interest. Another significant advantage of the ignition delay calculation with detailed mechanisms is that no engine-specific effects affect the estimated constants.

3 Knock modeling approach performance investigation

The performance of the commonly used knock modeling approach was evaluated by estimating the pre-reaction state of the unburnt mixture of measured knocking single working cycles at knock onset, equation (3). The measurement data used for the evaluation was obtained in the course of experimental investigations performed on a homogeneously operated direct injection spark ignition single-cylinder research engine.

3.1 Experimental setup

The used engine features external boosting, low-pressure exhaust gas recirculation and a tumble generation device. The tumble generation device has been used at 50 % actuation during the experimental investigations. Information about the level of charge motion and the flow performance can be found in [22]. Table 1 summarizes further technical data of the engine.

Table 1. Engine specifications

Stroke (s)	90.5	mm	Valve train	DOHC (4V), double	-
Bore (D)	75	mm	Exhaust valve opening[2]	13 (bBDC)	° CA
s / D	1.207	1	Exhaust valve closing[2]	10 (bTDC)	° CA
Engine displacement	399	cm^3	Intake valve opening[2]	15 (aTDC)	° CA
Connection rod length	152	mm	Intake valve closing[2]	30 (aBDC)	° CA
Piston-pin offset (thrust side)	0.5	mm	Injection system	Bosch HDEV 5.2 DI solenoid multi-hole	-
Compression ratio	10.9	1	Fuel pressure	200	bar

The layout of the cylinder head and combustion chamber dome is shown in Figure 1. The engine features a central injector, which is located between the intake valves. A spark plug with a heat value of eight according to NGK is mounted between the exhaust valves. In order to perform testing under realistic boundary conditions the engine is equipped with an exhaust throttle to simulate the back pressure of the turbine. During boosted operation, the average exhaust back pressure is controlled to be equal to the

2 Referred to 1 mm lift

intake pressure. The extraction point of the low pressure EGR system is downstream of the throttle. The EGR inlet is located upstream of the external charging system (three-stage roots blower). In order to avoid condensation of water in the EGR cooler and the intake system, the outlet temperature of the EGR cooler was set to 70°C. The EGR rate is measured via CO_2 measurement in the exhaust and the intake system. Based on the measured concentrations and mass flows, the EGR rate can be calculated with equation (4). The exhaust gas composition was measured via a flame ionization detector (HC), a paramagnetic oxygen analyzer (O_2), an infrared gas analyzer (CO and CO_2), a chemi-luminescence analyzer (NO_x) and a TSI EEPS™ (PN).

$$x_{EGR}=\frac{1}{1+\frac{Y_{CO_2,Exh}-Y_{CO_2,Int}}{Y_{CO_2,Int}-Y_{CO_2,Air}}\cdot\frac{\dot{m}_{Exh}}{\dot{m}_{Air}}\cdot\frac{M_{Air}}{M_{Exh}}} \tag{4}$$

x_{EGR}	EGR mass fraction [-]
$\dot{m}_X$	mass flow of the component X [kg/h]
M_X	mole mass of the component X [kg/kmol]
Y_X	volume fraction of the component X [-]

Furthermore, the engine has been equipped with a conventional catalyst from a gasoline passenger car in order to enable the operation with catalyzed exhaust gas. Due to the high volume of the catalyst and thus low space velocities, a high conversion rate could be achieved. During catalyst operation, the components in the exhaust gas were measured upstream and downstream of the catalyst. To investigate the influence of single reactive components of EGR on the combustion, an external dosing system has been added prior to the charging system. High accuracy mass flow controllers were used to dose the single components into the intake system.

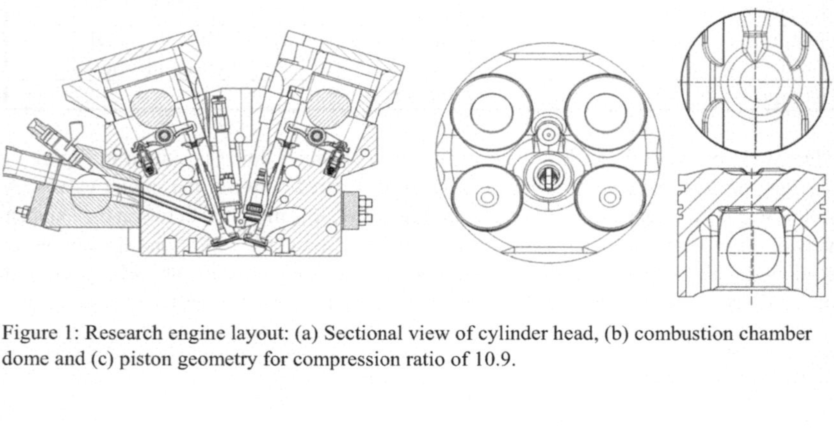

Figure 1: Research engine layout: (a) Sectional view of cylinder head, (b) combustion chamber dome and (c) piston geometry for compression ratio of 10.9.

Spark sweeps in the area of the knock limited spark advance have been carried out at different speeds, EGR rates and AFRs at a constant indicated mean pressure of 16 bar. Variations of inlet temperature were performed too. The constant valve timing was set up so that as little internal EGR as possible was present in cylinder. The injection timing and pattern were kept the same at all operating points and the fuel used was RON95 E10 gasoline. The knock limited spark advance (KLSA) was defined at a knock frequency range between 4 and 10%. The characteristic number of knocking combustion was set to be the Knock Peak-to-Peak (KPP) value of the high-pass filtered pressure trace, where the knock limit was defined as engine speed divided by 1000 in bar. Based on KLSA, a spark timing sweep from 1° CA retarded to 1° CA advanced spark timing was conducted. Thus, the measurement data contains operating points from slight to severe knock occurrence. Furthermore, the knock onset of each knocking cycle was detected as the location of the minimum of the third derivative of the filtered cylinder pressure, as proposed in [20]. 200 000 single cycles were evaluated in total. Generally, the measurement data showed that despite the slower burning velocity with EGR, an earlier center of combustion and hence higher full load efficiency could be achieved.

3.2 Approach application to measured single cycles

In order to obtain the data needed for the performance evaluation of the commonly used knock modeling approach, Pressure Trace Analysis (PTA) of the single working cycles was performed, yielding the mean temperature of the unburnt mixture. Subsequently, the pre-reaction state of the unburnt mixture at the measured knock onsets was obtained, Figure 2. To this end, the ignition delay times needed at each integration step were obtained with a three-domain modeling approach already presented by the authors in [14] and [15].

By neglecting the time span between auto-ignition and the occurrence of oscillations in the measured cylinder pressure resulting from knock, it can be assumed that that the measured knock onset is also the time of auto-ignition in the unburnt mixture. As discussed in section 2, this assumption implies that the calculated pre-reaction states at knock onset have to be equal to the critical pre-reaction state for the investigated engine and hence all of the same magnitude. However, Figure 2 clearly shows significant changes of the values over all investigated boundary condition variations. Hence, the knock integral is not capable of accurately estimating the progress of the chemical reactions leading to auto-ignition at in-cylinder conditions, resulting in poor knock prediction performance.

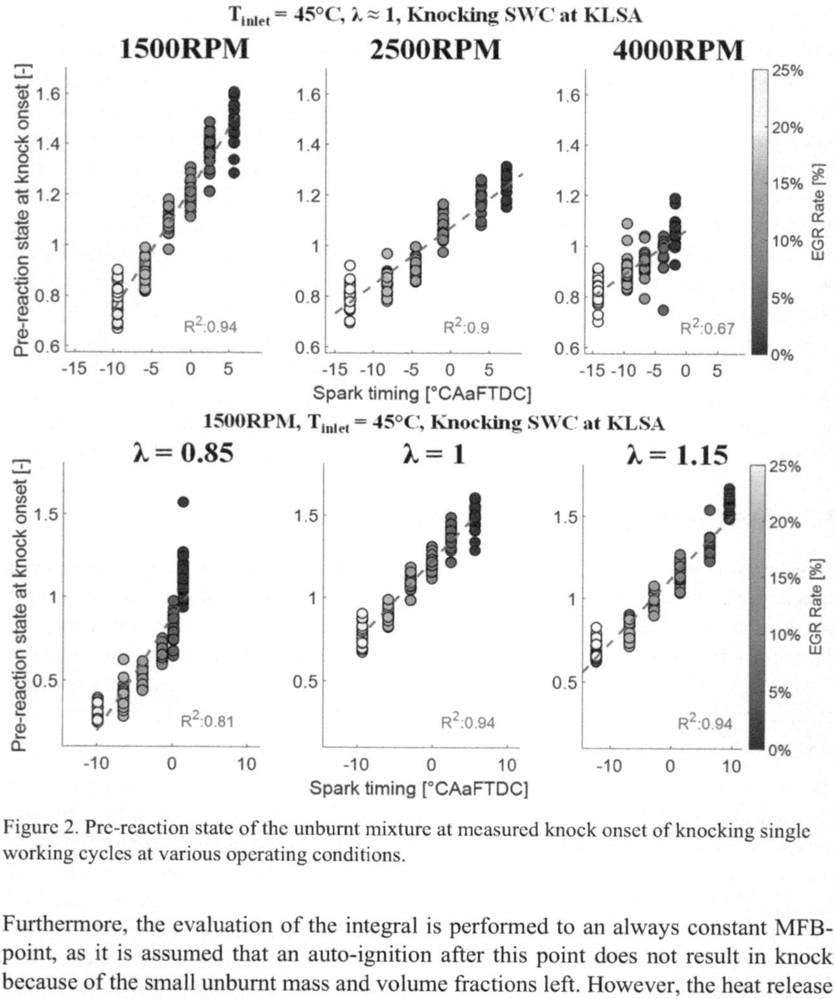

Figure 2. Pre-reaction state of the unburnt mixture at measured knock onset of knocking single working cycles at various operating conditions.

Furthermore, the evaluation of the integral is performed to an always constant MFB-point, as it is assumed that an auto-ignition after this point does not result in knock because of the small unburnt mass and volume fractions left. However, the heat release and thus the MFB at the measured knock onset changes significantly with the boundary conditions, Figure 3. Hence, the assumed constant end-of-integration point will also result in a prediction error. Overall, this performance investigation clearly shows that neither the measured knock onset nor the knock boundary can be reliably predicted with the commonly used knock integral.

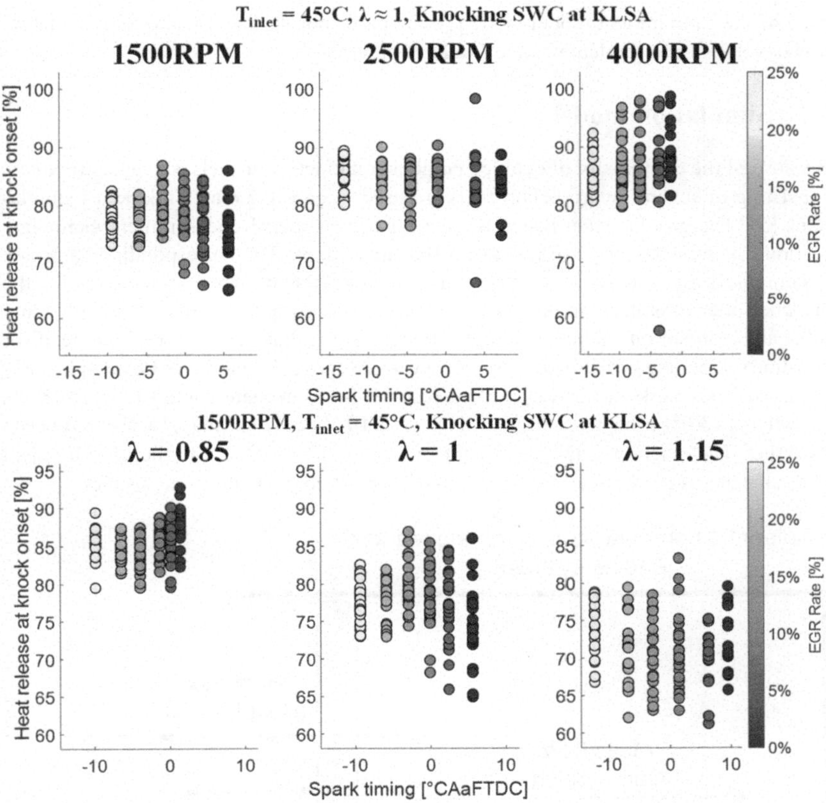

Figure 3. Heat release at measured knock onset of knocking single working cycles at various operating conditions.

4 In-cylinder reaction kinetic simulations

Detailed kinetic reaction mechanisms cannot be integrated in 0D/1D simulations, as this would have a significant negative impact on the typically short computational times. Hence, a simplified approach reproducing the behavior of the chemical processes as accurately as possible is needed for modeling knock. In order to better understand how the chemistry behaves at in-cylinder conditions and to investigate in detail the auto-ignition prediction performance of the commonly used simplified chemistry approach – the knock integral, equations (1) and (3) – a simulation model representing the unburnt zone of the Entrainment model [4, 15] (or a small spot in it, as the model is scalable) was developed and implemented in Matlab/Cantera.

4.1 Simulation model

Because of the complexity of detailed combustion kinetics of fuels, surrogate mixtures consisting of several hydrocarbon fuels are used in gasoline reaction kinetics simulations [5]. The gasoline fuel that was used for the test bench measurement campaign, section 3.1, was chosen as base fuel for the simulations. The corresponding surrogate is composed of iso-octane, n-heptane, toluene and ethanol. Thus, it accounts for the presence of ethanol in common gasoline fuels in Europe (up to 10 vol. %). The blending rules are founded on the investigation findings in [6] that demonstrated the need for non-linear blending of iso-octane, n-heptane and toluene. Ethanol was blended linearly on molar basis as described in [7]. This resulted in a surrogate composition of 45.7% iso-octane, 13.6% n-heptane, 30.5% toluene and 10.3% ethanol (mass %) for the chosen base fuel. The reaction kinetics mechanism used in this work is a further development of the mechanism presented in [5] and consists of almost 500 different species.

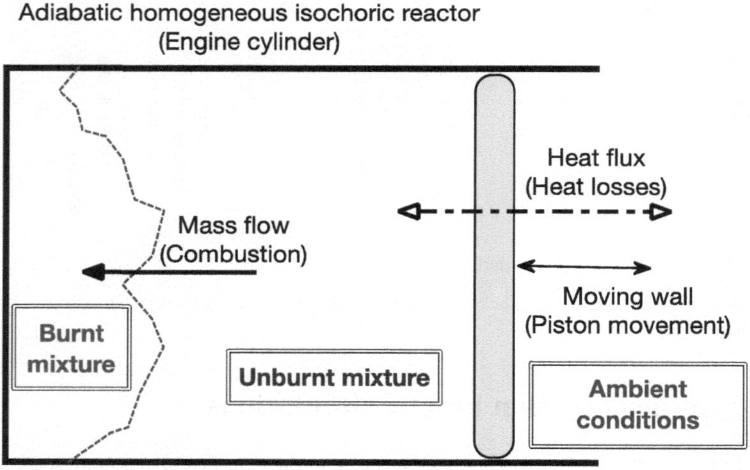

Figure 4. Model for reaction kinetic simulations at in-cylinder conditions.

The developed simulation model is based on an adiabatic reactor containing the surrogate-air-exhaust gas mass, Figure 4. In addition, a moving wall was installed to compress and expand the mixture and hence reproduce the piston movement. Furthermore, the wall has heat transport properties that were used to recreate the wall heat losses calculated by the corresponding model as part of the performed PTA, section 3.2 [4, 8]. As a mass flow from the unburnt into the burnt zone is used in the Entrainment model to represent the combustion [4, 9], the same technique was chosen for the simulation model in this work. Blow-by losses were also considered by evaluating the mass flow rate through an orifice resulting from a pressure gradient [4]. The exhaust gas composition can be calculated from the surrogate component fractions and the AFR by assuming post-catalyst extraction. Thus, the initial conditions needed at simulation start are the mixture composition (surrogate component fractions, AFR and EGR rate) as well as the initial volume (piston position), pressure and temperature. The simulations yield if the mixture auto-ignites and when as well as the production and consumption of species causing changes in temperature and pressure. The model was validated by comparing simulated temperature profiles with PTA results in the compression stroke, where no heat release takes place. The curves showed very good agreement.

4.2 Investigation findings

By simulating the knocking single working cycles measured at the test bench, it was found out that the local auto-ignition in the unburnt mixture resulting in knock can occur in two stages. This phenomenon has already been observed in various studies in the context of gasoline Homogeneous Charge Compression Ignition (gHCCI) [10], but has not been extensively investigated in the context of engine knock. The temperature profiles shown in Figure 5 illustrate the two-stage ignition behavior. As the first ignition stage occurs in the unburnt mixture while the combustion is taking place, the low-temperature heat release is not visible in the heat release rate. The phenomenon is related to the negative temperature coefficient zone of the base fuel clearly visible in Figure 6, where the rate and extent of the hydrocarbon oxidation reactions, which at first increase rapidly with temperature, begin to fall with further rise in the temperature, causing an increase in the ignition delay times in this temperature region [11].

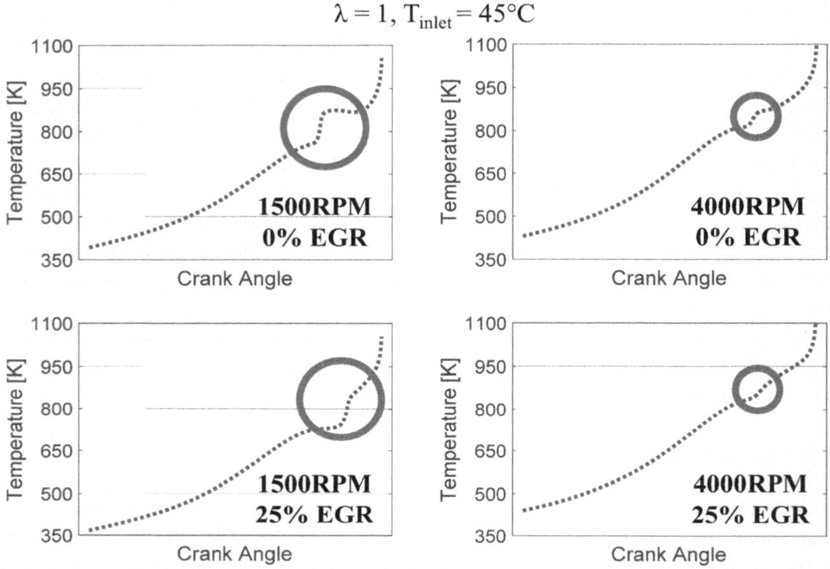

Figure 5. Simulated temperature profiles of different working cycles with auto-ignition in two stages depending on the boundary conditions.

Obviously, the amount of heat released during the low-temperature (or the first stage of) ignition depends on the boundary conditions, e.g. engine speed and EGR rate as shown in Figure 5. Increasing engine speeds and high EGR rates cause the temperature rise resulting from the low-temperature ignition to decline. Generally, two-stage ignition behavior characterizes iso-octane and n-heptane [10]. As these two hydrocarbons, together with toluene and ethanol, compose the surrogate fuel, they also cause the observed low-temperature heat release. The resulting temperature increase influences the following chemical reactions and thus the ignition delay of the mixture significantly [10].

The boundary condition region where two-stage ignition of the base fuel-air mixture investigated in this study occurs is illustrated in Figure 6. The existence of an ignition delay time of the low-temperature ignition primarily depends on temperature and pressure and defines the two-stage ignition region of a given surrogate composition. Hence, the influence of EGR and the AFR on the region's size can be neglected. Furthermore, Figure 6 clearly shows that, at high temperatures, the two-stage ignition phenomenon does not occur at all. This observation is relevant for both knock and gHCCI operation with high internal EGR rates, as these lead to high temperatures of the unburnt mixture.

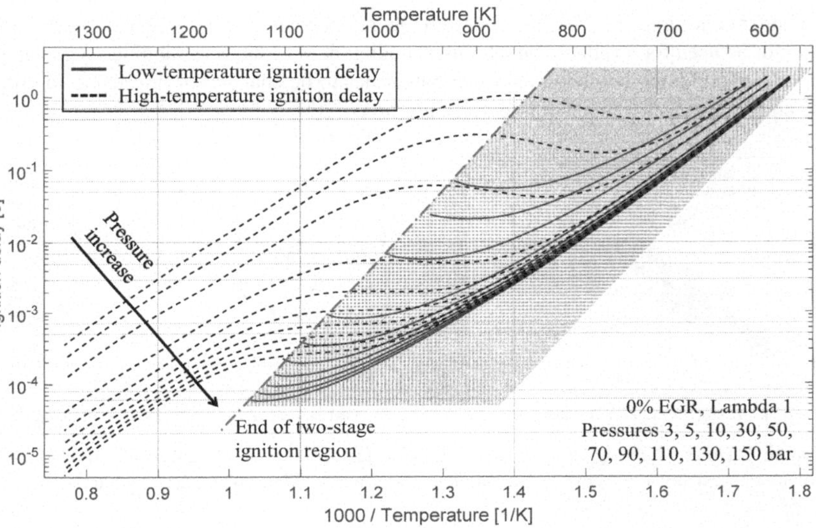

Figure 6. Two-stage ignition region and ignition delay times of the low- and high-temperature ignition regimes (base gasoline surrogate).

4.3 Knock integral auto-ignition prediction performance

Because of the significant influence of the low-temperature heat release on the mixture's auto-ignition behavior, the question arises, if the commonly used knock integral can consider this effect and thus predict the time of mixture auto-ignition accurately in case the mixture ignites in two-stages. Figure 7 shows a comparison between the crank angles of knock onset (mixture auto-ignition) simulated with the detailed reaction kinetics mechanism at in-cylinder conditions and those predicted by a knock integral, equation (3), at various boundary conditions. The ignition delay times used as integral inputs were obtained with a three-domain modeling approach already presented by the authors in [14] and [15], similarly to the investigations performed in section 3.2.

Obviously, the occurrence of two-stage ignition results in partially huge errors and hence poor performance of the auto-ignition prediction performed with the commonly used knock integral. For some working cycles, no auto-ignition was predicted at all. Hence, the knock integral cannot account for the low-temperature ignition and its influence on the mixture's ignition delay. These results clearly show that the theoretical approach commonly used for modeling knock in 0D/1D SI engine simulations is not capable of reproducing the behavior of the detailed reaction kinetics mechanism at in-cylinder conditions. Hence, it is not a suitable replacement for the "real chemistry" and cannot be used for a reliable knock onset prediction in SI engines running on gasoline. The general knock modeling approach rather has to be changed or improved, in order to consider the occurrence of two-stage ignition.

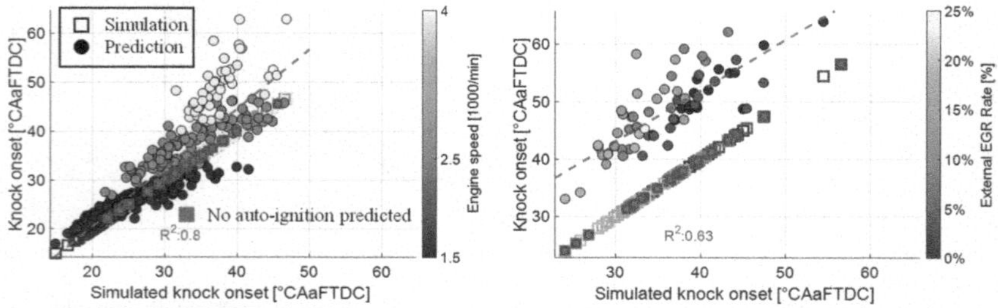

$\lambda = 1$, $T_{inlet} = 45°C$, EGR = 0-25%, base fuel

2500RPM, $\lambda = 1$, $T_{inlet} = 55°C$, RON100E5 Gasoline

Figure 7. Times of auto-ignition simulated with the detailed mechanism and predicted by a knock integral at various boundary conditions. For some working cycles, the knock integral predicted no auto-ignition at all.

5 New knock model for the 0D/1D engine simulation

5.1 Two-stage auto-ignition prediction approach

An approach for modeling knock that accounts for a low-temperature heat release possibly taking place requires the development of suitable models for the three main parameters characterizing the two-stage ignition phenomenon. These are the ignition delay times of both ignition stages, Figure 6, as well as the temperature increase resulting from the low-temperature ignition. The authors of this study have already presented suitable models for these parameters in [15]. These consider influences of all relevant boundary conditions, such as pressure, temperature, AFR, EGR and fuel composition. Subsequently, the three submodels can be coupled in a new auto-ignition prediction approach that considers the possible occurrence of low-temperature ignition and its influence on the auto-ignition delay of the unburnt mixture, Figure 8 [15]:

$$1 = \int_{0}^{t_1} \frac{dt}{\tau_{low}(BC)} \xrightarrow[\text{Progress of aggregate reaction}]{\text{Temperature increase } T_{incr} \;\; \text{Pressure increase } p_{incr}} 1 = \int_{t_1}^{t_2} \frac{dt}{\tau_{high}(BC, T_{incr}(BC), p_{incr}(T_{incr}))} \tag{5}$$

t_1 time at end of low-temperature ignition integration [s]

t_2 time at end of high-temperature ignition integration [s]

t time [s]

τ_{low} low-temperature ignition delay [s]

τ_{high} high-temperature ignition delay [s]

T_{incr} temperature increase resulting from low-temperature ignition [K]

p_{incr} pressure increase resulting from low-temperature ignition [bar]

BC boundary conditions, e.g. EGR [%], AFR [-], pressure [bar], etc.

As the purpose of the knock integral is to predict if and when a pre-defined pre-reaction state of the mixture will be exceeded, resulting in an auto-ignition in a firing engine, the occurrence of each of the ignition events can be predicted by a single knock integral similar to the correlation in equation (1). The inputs of the two coupled integrals in equation (5) are the values of the ignition delay for the corresponding ignition stage as a function of the current boundary conditions, which are calculated by the corresponding models presented in [15].

The predicted time of low-temperature ignition t_1 is both upper limit of the first integral and bottom limit of the second integral, equation (5). Hence, the second integral representing the high-temperature ignition starts as soon as the first integral has reached 1 and the low-temperature ignition has occurred. The temperature increase T_{incr} resulting from the first ignition stage, as well as the corresponding pressure increase p_{incr}, then have to be added to the respective unburnt mixture values at each integration step of the second integral, Figure 8. Thus, the influence of the low-temperature ignition on the ignition delay of the mixture is considered. Mixture auto-ignition is defined as the point where the high-temperature ignition integral reaches 1, a value that is independent of the boundary conditions and corresponds to the constant pre-reaction state of the mixture that has to be reached and exceed for auto-ignition to occur, equation (1).

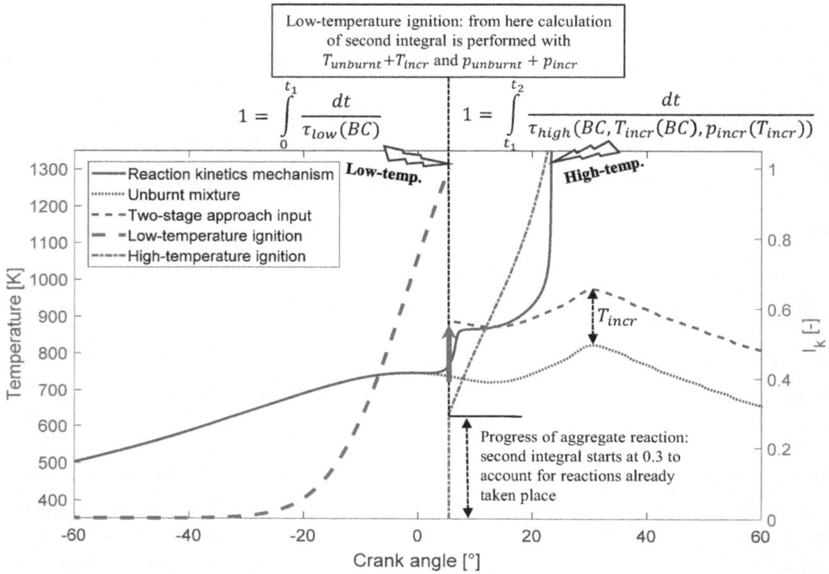

Figure 8. Auto-ignition prediction for one working cycle considering the occurrence of low-temperature ignition with the newly developed two-stage approach.

Furthermore, the progress of the aggregate auto-ignition reaction after the first ignition stage was taken into consideration by setting the starting value of the high-temperature ignition integral to 0.3 [15]. This accounts for the fact that at the starting point of the high-temperature reactions (and the corresponding integral in equation (5)), the pre-reaction state is not zero. This is because chemical reactions have already taken place and many intermediate species have been produced, which influences the following reactions significantly. Generally, the integration is performed in the time domain with a small, constant step size that was set to 10^{-7} seconds. Obviously, for the working cycle shown in Figure 8, the time of mixture auto-ignition could be predicted very accurately, as the locations where the detailed reaction mechanism auto-ignites and the high-temperature ignition integral reaches 1 coincide.

The new two-stage auto-ignition prediction approach has been extensively validated at various boundary conditions [15]. Some validation results comparing the times of auto-ignition (in °CA) simulated with the detailed reaction mechanism at in-cylinder conditions with those estimated with the newly developed two-stage approach can be seen in Figure 9. Additionally, the prediction accuracy was validated for 20 different fuels with

RONs between 91 and 102 as well as ethanol contents between 0 and 20 vol. %. It is important to remark that neither the critical pre-reaction state (equaling 1), nor the pre-reaction state after the low-temperature ignition (equaling 0.3) were changed within the performed variations of boundary conditions. Hence, the reliable and accurate prediction of the mixture's auto-ignition is ensured, even if the two-stage approach is fully decoupled from the detailed chemistry. Consequently, temperature curves from calorific simulations, PTA calculations or combustion simulations can be used as knock model inputs, without any recalibration of the auto-ignition model constants. However, a correctly predicted local auto-ignition, defined as the point where the value of the second integral in equation (5) reaches 1, does not necessarily result in knock [16]. Hence, a criterion for occurrence of knock as a result from the auto-ignition is still needed.

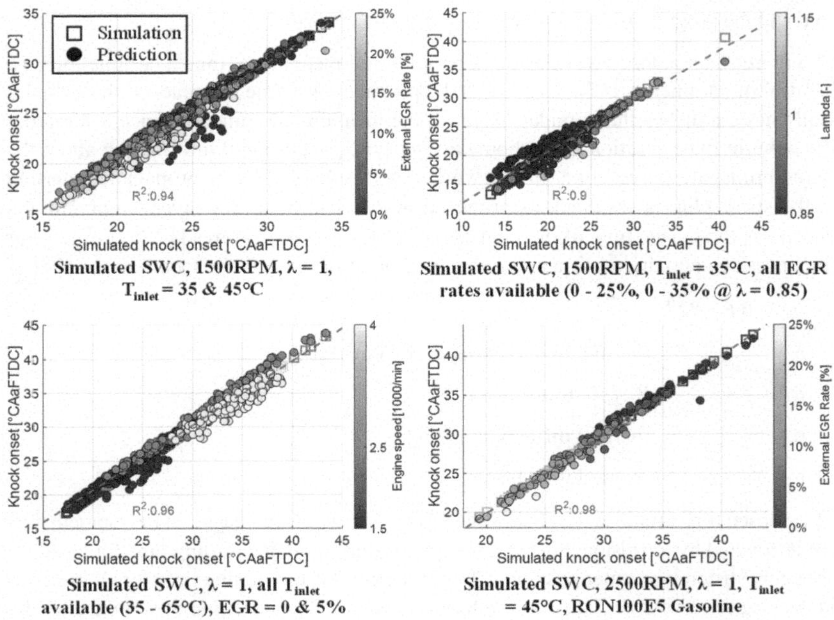

Figure 9. Times of auto-ignition simulated with the detailed mechanism and predicted by the newly developed two-stage approach at various boundary conditions.

5.2 Knock occurrence criterion

As already discussed in section 3.2, a constant end-of-integration point, as assumed in the commonly used knock modeling approach, will lead to huge prediction errors because the MFB-point of knock onset changes significantly with the boundary conditions, Figure 3. Hence, a working cycle individual "latest MFB-point where knock can occur" has to be determined as a function of the boundary conditions. At this point, using an empirical fit over different boundary conditions will cause problems as soon as an engine configuration that has not been considered during the model development is simulated or the wall heat transfer model approach is changed. Hence, instead of an empirical fit, a knock occurrence criterion based on the unburnt mass fraction in the thermal boundary layer at the time of auto-ignition was developed. For this purpose, the thermal boundary layer has to be modeled and the progress of its volume over time to be estimated.

The thermal boundary layer develops on liner and piston over time as a function of a handful of parameters [17]. As soon as the propagating flame has reached the cylinder walls, it demolishes the boundary layer at the locations of contact. Hence, estimating the unburnt mass fraction in the boundary layer requires spatial information about the flame propagation over time. In this work, a hemispherical flame propagation starting at the spark plug is assumed, as proposed in [9]. The boundary layer temperature is chosen as the mean value of the unburnt and the wall temperatures [17, 19]. The layer thickness at a certain location and a specified point of time can be expressed as [17]

$$\delta_t = 0.6 \cdot Re^{0.2} \cdot \sqrt{\alpha t} \tag{6}$$

δ_t	thermal boundary layer thickness [m]
Re	Reynolds number [-]
α	thermal diffusivity [m²/s]
t	elapsed time [s]

The elapsed time t for locations below the FTDC piston position begins at the moment they are uncovered by the piston. Since there is uncertainty about the starting time for locations above the piston top-center position, FTDC is defined as the starting time for all locations in the clearance volume. Equation (6) further involves the calculation of some thermodynamic properties of the gas such as the gas viscosity, thermal conductivity and the Prandtl number. The values of these parameters were evaluated at the boundary layer temperature with the correlations proposed in [18]. The local gas velocity needed for the calculation of the Reynolds number was evaluated by assuming a one-dimensional axial gas flow with velocity varying linearly from zero at the cylinder head to the piston velocity up at the piston crown [17]. Consequently, the boundary layer volume and hence the fraction of unburnt mass in the boundary layer at a specified point of time can be calculated with

$$x_{u,bl} = \left(\frac{T_{bl}}{T_u} \cdot \left(\frac{1}{V_{u,bl}} - 1 \right) + 1 \right)^{-1} \tag{7}$$

$x_{u,bl}$	unburnt mass fraction in boundary layer [-]
T_{bl}	boundary layer temperature [K]
T_u	unburnt mixture temperature [K]
$V_{u,bl}$	unburnt volume fraction in boundary layer [-]

Generally, as the temperature within the boundary is lower than the unburnt temperature, the effective mass fraction in the boundary layer is higher than the volume fraction. A threshold for the unburnt mass fraction at auto-ignition is the only calibration parameter of the knock model and it does not change with the operating conditions. It is assumed that, if the unburnt mass fraction in the boundary layer at auto-ignition is higher than the pre-defined threshold calibrated at the measured knock boundary, no knock can occur. This is because a significant amount of the unburnt mixture has a temperature that equals the one of the boundary layer and hence is much lower than the mean unburnt temperature [19]. The knock onset criterion proposed here considers a handful of cylinder parameters, such as the top dead center clearance, bore, stroke, spark plug position and the piston diameter, meaning that the knock model accounts for differences in the engine geometry.

The calculation of the thermal boundary layer development is performed for every working cycle. In this way, the current boundary conditions are accounted for, as they influence the boundary layer development significantly. Hence, the criterion proposed here yields a working cycle individual latest MFB-point where knock can occur.

5.3 Short discussion on the knock model inputs

Because of the mixture and temperature inhomogeneities in the unburnt mass, generally the question arises, if and how these should be considered. The temperature is by far the most critical knock model input, as it has an exponential influence on the ignition delay times of both ignition stages, equation (2). Hence, small differences in the temperature values can cause significant changes in the auto-ignition behavior predicted by the two-stage approach in equation (5). Extensive investigations were performed to evaluate if the temperature and mixture inhomogeneities have to be accounted for in order to reliably predict the knock boundary with the knock onset criterion presented in section 5.2. The analysis involved the calculation of working cycle individual temperature offsets representing a hot spot [21], needed so that the second integral in equation (5) reaches one at the measured knock onset, as well as the detailed investigations of the unburnt mixture stratification with 3D CFD simulations.

Generally, the higher the unburnt temperature level is, the earlier the auto-ignition will occur, and therefore the smaller the unburnt mass fraction in the boundary layer will be at auto-ignition. Thus, inaccuracies in other simulation models or the values of their calibration parameters (e.g. cylinder wall temperatures or wall heat transfer errors) are reflected in the knock model calibration parameter and can be compensated for by adjusting its value in the course of the knock model calibration. Consequently, the performed investigations showed that the knock occurrence criterion based on the unburnt mass fraction in the boundary layer yields accurate prediction results, even if the calculations are performed with the mean unburnt temperature and the global AFR. This can result in perhaps unrealistic thresholds for the percentage of unburnt mass in the boundary layer at KLSA of about 10 – 15%, depending on the boundary conditions and the chosen simulation models. However, in this way a submodel for the mixture and temperature inhomogeneities is not necessarily needed for the reliable prediction of the knock boundary – a fact that eliminates the need for any empirical submodels, as no quasi-dimensional models for the simulation of inhomogeneities currently exist. Hence, unlike all commonly used knock models that involve the evaluation of numerous empirical fits of measurement data and thus contain engine-specific effects and require sophisticated recalibrations, the new model can be applied to different engines without any limitations.

5.4 Knock model validation

The performance of the newly developed knock model was evaluated extensively at different boundary conditions on three different engines. The validation process involved the comparison of the measured MFB50-points at the knock boundary with the ones predicted by the knock model in the course of 0D/1D engine simulations. For this purpose, all measured operating points were simulated with 0D/1D and three pressure analysis models of the investigated engines. All simulation models (e.g. combustion, turbulence etc.) were calibrated so that they reproduce the behavior of each engine as accurately as possible. Thus, the simulations yield temperature and pressure curves as well as heat release rates similar to those estimated from the test bench data. The single knock model calibration parameter was estimated at one operating point for each of the investigated engines respectively and subsequently kept constant during the validation process. Two main goals were set for the validation:

- to ensure that the model responds correctly to changes in the engine configuration and operating conditions represented by the direction of the shift of the MFB50-points at the knock boundary, as well as
- to achieve an error in the predicted MFB50-point at the knock boundary of 2°CA or less with the constant threshold for the unburnt mass fraction in the cool boundary layer at KLSA, section 5.2, calibrated at the measured knock boundary.

Furthermore, because the knock model does not include any empirical submodels that could contain engine-specific effects, it is expected that the quality of knock boundary prediction does not vary significantly between different engines, provided that the calibration quality of the rest of the simulation models is equal.

Engine 1

The first engine the knock model performance was evaluated on is the single-cylinder used for the model development, section 3.1. The performance of the knock boundary prediction is demonstrated in Figure 10. The operating points shown include variations of engine speed, EGR rate, inlet temperature and the AFR. Overall, the prediction performance of the new knock model is very good and the effects of all boundary conditions on the KLSA are predicted correctly. The calculated MFB50-points at the knock boundary are within the defined limits of 2°CA. The high prediction quality makes possible the investigation of different combustion systems, engine configurations and operating conditions as well as their influence on knock occurrence, burn duration and hence the indicated efficiency. Clearly, the high heat capacity of the cooled exhaust gas allows for earlier MFB50-points at the knock boundary with EGR and hence higher indicated efficiency, although the burn duration increases with EGR because of the lower laminar flame speed. Moreover, the third plot in Figure 10 demonstrates that EGR can be used to replace the mixture enrichment at full load, resulting in a significant indicated efficiency gain.

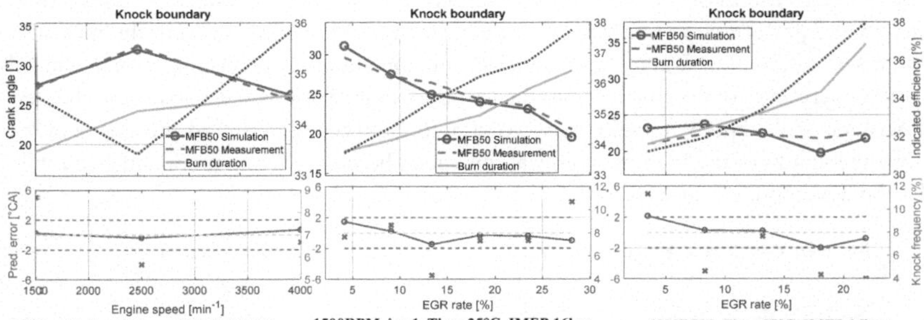

EGR = 5%, λ = 1, Tin = 45°C, IMEP 16bar **1500RPM, λ = 1, Tin = 35°C, IMEP 16bar** **4000RPM, Tin = 55°C, IMEP 16bar; Full road enrichment replacement: λ = 0.85 → 1 with EGR = 0 → 20%**

Figure 10. Knock model validation, engine 1.

Engine 2

The second investigated engine is a single-cylinder configuration that differs significantly from engine 1, as it has different injection system and piston, a higher compression ratio of 11.84 and as well as a tumble runner design. The corresponding model validation results can be found in Figure 11. Here, a load increase was evaluated. Again, the prediction quality is very high, despite the significant change in the unburnt temperature level with engine load. Hence, the model is capable of reliably predicting the influence of different loads (and thus compression ratios, as this parameter affects the knock model inputs in a similar way) on the knock behavior.

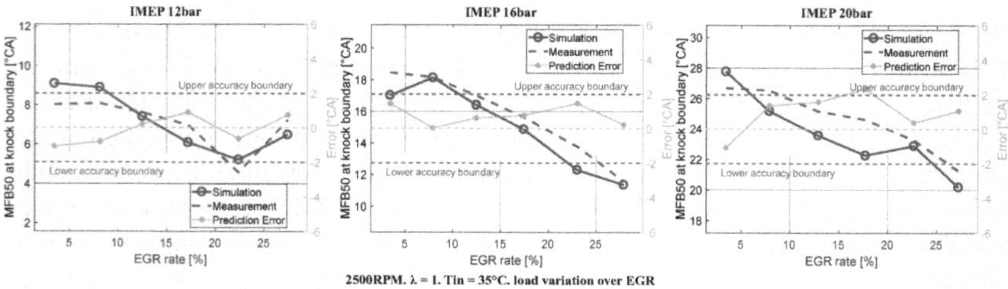

Figure 11. Knock model validation, engine 2.

Engine 3

The third engine the knock model performance was evaluated on is a three-cylinder with an EGR cooler with cooling limited power. Thus, at higher EGR rates, the inlet temperature could not be maintained constant, Figure 11´2 left. This on the other hand led to a decrease in the effective mean pressure at the knock boundary. The investigations were performed at a very high engine speed of 5500RPM. In sum, the measurement series shown in Figure 12 contains significant simultaneous changes in a handful of the operating conditions. Despite the complex interrelations these result in, the performance of the knock model is very good, with both the direction of the shift and the absolute values of the MFB50-points at the knock boundary being predicted accurately by the new model, Figure 12 right.

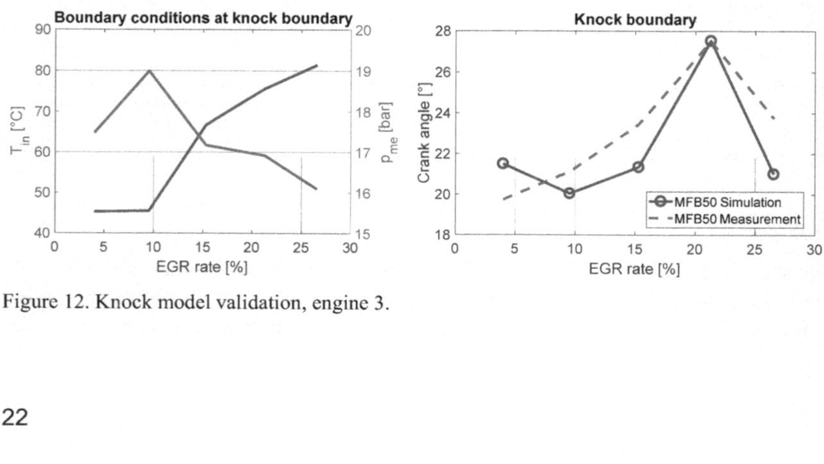

Figure 12. Knock model validation, engine 3.

Overall, the performed model validation has shown that the model considers changes in the engine configuration and operating conditions correctly by accurately predicting the direction of the shift of the MFB50-points and their absolute values at KLSA. Thus, it has been demonstrated that an excellent knock prediction performance can be achieved with the mean values of the unburnt mixture's parameters being used as model inputs. Moreover, the model has been successfully validated on three different engines at various operating conditions with no significant variations in the knock boundary prediction quality. This is possible thanks to the lack of any empirical submodels, the very accurate two-stage auto-ignition prediction approach and the working cycle individual knock occurrence criterion that takes into account the cylinder geometry, flame propagation as well as the in-cylinder boundary conditions.

6 Summary and conclusions

By developing a model reproducing the unburnt zone of the Entrainment model and simulating thousands of working cycles with a detailed reaction kinetics mechanism, it was found out that two-stage ignition can occur in the unburnt mixture in conventional SI engines, resulting in knock. The occurrence of this phenomenon influences the chemical reactions after the low-temperature ignition and thus the ignition delay of the mixture dramatically. Subsequently, a two-stage knock integral approach was proposed for the prediction of the time of auto-ignition. Furthermore, a criterion for knock occurring as a result from the auto-ignition based on the unburnt mass fraction in the cool thermal boundary layer was developed. Finally, the excellent prediction performance of the new knock model was demonstrated on three different engines. The newly developed knock model for the 0D/1D SI engine simulation contains no empirical submodels and has just one calibration parameter that does not change with the operating conditions. Therefore, the new model can be applied to different engines without any limitations, after a simple recalibration.

References

1. Heywood J. B., "Internal combustion engine fundamentals," McGraw-Hill, Inc., USA, 1988.
2. Kleinschmidt, W., "Zur Simulation des Betriebs von Ottomotoren an der Klopfgrenze," Association of German Engineers (VDI) Progress Reports, Series 12, Nr. 422, VDI, 2000.
3. Livengood, J. C. and Wu, P. C., "Correlation of autoignition phenomena in internal combustion engines and rapid compression machines," Symp. Int. Combust, 1955, 5: 347–356.
4. Grill, M., "Objektorientierte Prozessrechnung von Verbrennungsmotoren," Ph.D. Thesis, University of Stuttgart, 2006.
5. Cai, L. and Pitsch, H., "Optimized chemical mechanism for combustion of gasoline surrogate fuels," Combustion and Flame, 162, 2015, pp. 1623–1637.
6. Morgan, N., Smallbone, A., Bhave, A., Kraft, M. et al., "Mapping surrogate gasoline compositions into RON/MON space," Combustion and Flame, 157, 2010, pp. 1122–1131.
7. Anderson, J. E., Kramer, U., Mueller, S. A., Wallington, T. J., "Octane Numbers of Ethanol- and Methanol-Gasoline Blends Estimated from Molar Concentrations," Energy Fuels, 24, 2010, pp. 6576–6585.
8. Bargende, M., Heinle, M., Berner, H.-J., "Some Useful Additions to Calculate the Wall Heat Losses in Real Cycle Simulations," 13. Conference „The Working Process of the Internal Combustion Engine", Graz, 2011, pp. 45 –63.
9. Grill, M., Billinger, T. and Bargende, M., "Quasi-Dimensional Modeling of Spark Ignition Engine Combustion with Variable Valve Train," SAE Technical Paper 2006-01-1107, 2006.
10. Tanaka, S., Ayala, F., Keck, J. C., Heywood, J. B., "Two-stage ignition in HCCI combustion and HCCI control by fuels and additives," Combustion and Flame, 132, 2003, pp. 219–239.
11. Dechaux, J.C., Delfosse, L., "The negative temperature coefficient in the C_2 to C_{13} hydrocarbon oxidation. I. Morphological results", Combustion and Flame, 34, 1979, pp. 161–168.
12. Franzke, D., "Beitrag zur Ermittlung eines Klopfkriteriums der ottomotorischen Verbrennung und zur Vorausberechnung der Klopfgrenze," Ph.D. thesis, Technical University of Munich, 1991.

13. Chen, L., Li, T., Yin, T., Zheng, B., "A predictive model for knock onset in spark-ignition engines with cooled EGR," Energy Conversion and management, Vol 87, 2014, pp. 946-955.

14. Fandakov, A., Grill, M., Bargende, M., Kulzer, A. C., "Investigation of thermodynamic and chemical influences on knock for the working process calculation," 17th Stuttgart international symposium, Stuttgart, 2017.

15. Fandakov, A., Grill, M., Bargende, M., Kulzer, A. C., "Two-Stage Ignition Occurrence in the End Gas and Modeling Its Influence on Engine Knock," SAE Technical Paper 2017-24-0001, 2017.

16. König, G., Maly, R., Bradley, D., Lau, A. et al., "Role of Exothermic Centres on Knock Initiation and Knock Damage," SAE Technical Paper 902136, 1990, doi: 10.4271/902136.

17. Lyford-Pike, E. J., Heywood, J. B., "Thermal boundary layer thickness in the cylinder of a spark-ignition engine," Int. J. Heat Mass Transfer, 27 (10) (1984), pp. 1873-1878.

18. Mansouri, S. H., Heywood, J. B., "Correlations for the viscosity and Prandtl number of hydrocarbon-air combustion products," Combust. Sci. Technol. 23, pp. 251-256, 1980.

19. Steurs, K. F. H. M., "Cycle-resolved analysis and modeling of knock in a homogeneous charge spark ignition engine fueled by ethanol and iso-octane," Ph.D. Thesis, ETH Zurich, 2014.

20. Burgdorf, K. and Denbratt, I., "Comparison of Cylinder Pressure Based Knock Detection Methods," SAE Technical Paper 972932, 1997, doi:10.4271/972932.

21. Schießl, R., Schubert, A., and Maas, U., "Temperature Fluctuations in the Unburned Mixture: Indirect Visualisation Based on LIF and Numerical Simulations," SAE Technical Paper 2006-01-3338, 2006, doi:10.4271/2006-01-3338.

22. Jakob, M., Pischinger, S., Adomeit, P., Brunn, A., Ewald, J.: "Effect of Intake Port Design on the Flow Field Stability of a Gasoline DI Engine", SAE Technical Paper 2011-01-1284, 2011.

Acknowledgments

The model presented in this paper has been developed at the Institute of Internal Combustion Engines and Automotive Engineering (IVK) of the University of Stuttgart as part of the research tasks within the project "Knock with EGR at full load" defined and financed by the Research Association for Combustion Engines (FVV) e.V. (FVV Project 6301). The authors would like to thank the working group that accompanied the research work and all the companies involved for their support, the colleagues from the Institute for Combustion Engines and the Institute for Combustion Technology of the RWTH Aachen University for the collaboration, as well as the FVV for providing the financing.

Definitions, Acronyms, Abbreviations

AFR	Air-Fuel equivalence Ratio	**KLSA**	Knock Limited Spark Advance
BDC	Bottom Dead Center	**KO**	Knock Onset
CA	Crank Angle	**KPP**	Knock Peak-to-Peak
EGR	Exhaust Gas Recirculation	**MFB**	Mass Fraction Burned
FTDC	Firing Top Dead Center	**PTA**	Pressure Trace Analysis
gHCCI	gasoline Homogeneous Charge Compression Ignition	**RON**	Research Octane Number
HR	Heat Release	**SI**	Spark Ignition
IVC	Inlet Valve Close	**TDC**	Top Dead Center

Variable Ventiltriebe in Heavy-Duty-Motoren – ermittelte Potenziale mit Miller-Steuerzeiten

Dirk Weberskirch, Dominic Hyna, Thomas Malischewski,
Steffen Hirschmann, Tim Dressel

J. Liebl (Hrsg.), *Ladungswechsel im Verbrennungsmotor 2017*, Proceedings,
https://doi.org/10.1007/978-3-658-22671-8_4

1 Motivation

Die Entwicklung der Emissionsgesetzgebung für Nutzfahrzeugmotoren mit einer möglichen weiteren Herabsetzung der Grenzen für Stickoxide (NOx) und Partikel und die dabei zukünftig zusätzlich geforderte Einhaltung von CO2-Limits stellt die Entwickler vor große Herausforderungen.

Im FVV Vorhaben „Downsizing durch Luftpfadvariabilitäten am Nfz-Motor“ [1] wurden positive Einflüsse auf Emissionen und Verbrauch aufgezeigt. Weiterhin konnte durch Miller-Steuerzeiten, d.h. durch frühes Schließen der Einlassventile, ein hohes Downsizingpotenzial nachgewiesen werden. Simulationsrechnungen, die bei MAN Truck & Bus durchgeführt wurden, zeigten zusätzlich noch Potenziale im Hinblick auf Thermomangementmaßnahmen in unteren Teillastbereich [2]. In Abbildung 1 sind die Kennfeldbereiche dargestellt, in denen Millersteuerzeiten Vorteile gegenüber Standardsteuerzeiten haben sollten.

Dies war Grundlage genug, einen Versuchsmotor aufzubauen, mit dem die tatsächlich nutzbaren Potenziale in stationären und transienten Zyklen demonstriert werden sollten.

Die Ergebnisse werden im Folgenden dargelegt.

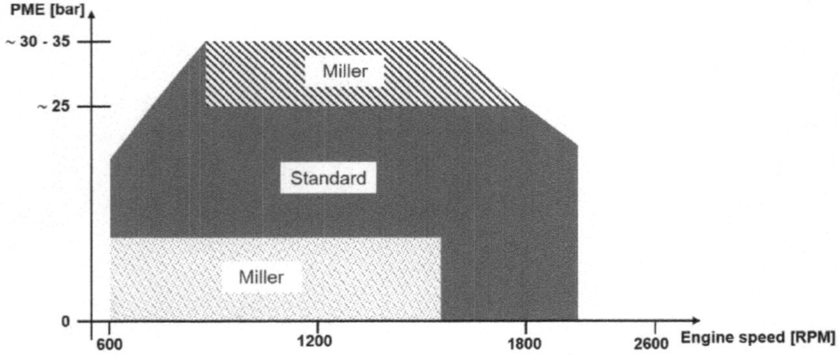

Abbildung 1
Potenzialbereiche im Kennfeld für Millersteuerzeiten

2 Versuchsmotor

Für den Aufbau eines schaltbaren Ventiltriebsystems wurde mit dem MAN D2676LF51 ein Motor ausgewählt, wie er typischerweise im Fernverkehr im Sattel- und Gliederzug aber auch im Baustellenbereich im Muldenkipper Verwendung findet. Der Motor entspricht der Abgasnorm EURO VI Stufe c und hat eine maximale Leistung von 368kW. Als Besonderheit im Wettbewerbsumfeld besitzt der Motortyp D26 eine zweistufige Aufladung mit Zwischenkühlung im Niedertemperaturkühlkreislauf. Er bietet damit eine optimale Grundlage für die Anpassung der Aufladung hinsichtlich des zu erwartenden erhöhten Luftaufwandes im Millerbetrieb an der Volllast. Zusätzlich hat der Motor noch eine gekühlte Abgasrückführung mit Rückschlagventilen, so dass auch bei positivem Spülgefälle noch nennenswerte Abgasrückführraten erzielt werden können.

Die weiteren Daten des Motors können der Tabelle 1 entnommen werden.

Tabelle 1
Basismotor MAN D2676LF51 EURO VIc

Bohrung	126 mm
Hub	166 mm
Anzahl Zylinder	6
Hubraum	12.419 cm^3
Verdichtungsverhältnis	1:21
Nennleistung	368 kW
Nennmoment	2500 Nm
Art der Aufladung	2 Stufen mit Zwischenkühlung

Um nicht nur stationäre Prüfläufe durchführen und bewerten zu können wurde in der Motorenvorentwicklung der MAN Truck & Bus AG zu Demonstrationszwecken ein neuer Zylinderkopf entwickelt, bei dem sich auf der Einlassseite die Nockenkontur umschalten läßt. Die im folgenden „Standard" genannten Steuerzeiten der Einlassnockenwelle wurde so gewählt, dass sich eine maximale Zylinderfüllung einstellt. Die im weiteren „Miller" genannten Steuerzeiten bewirken eine Absenkung des Liefergrades im Hauptfahrbereich bei 1200 1/min von etwa 20%.

3 Ergebnisse

3.1 Grundauslegung

Die Grundauslegung des Systems wurde noch ohne Verstellung des Ventiltriebs durchgeführt. Dabei wird bei Verwendung der Standard-Steuerzeiten auch die Abgasrückführung verwendet, bei Miller-Steuerzeiten nur im Bereich der Nennleistung. Das Niveau der Stickoxid-Rohemissionen wurde im Mittel über das gesamte Kennfeld auf

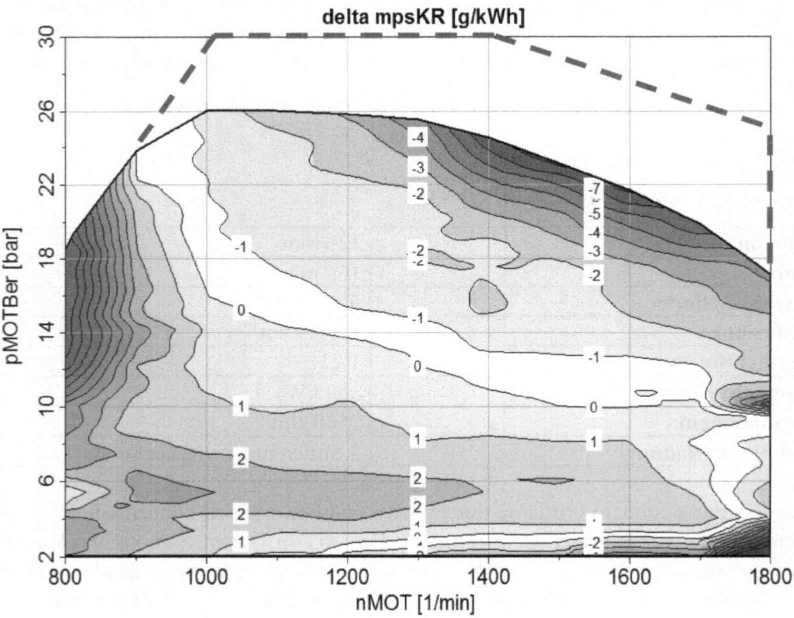

Abbildung 2
Differenzkennfeld Verbrauch: Miller – Standardsteuerzeiten

etwa 9 g/kWh eingestellt. Der Vergleich der beiden Steuerzeiten „Standard“ und „Miller“ zeigt eine deutliche Verringerung des spezifischen Verbrauchs bei frühem Einlass schließt im Bereich der Nennleistung, jedoch keine Verbesserung im Bereich des Low-End-Torques und sogar eine Verschlechterung des Verbrauchs in der Teillast (Abbildung 2). Der gestrichelt dargestellte Bereich des Kennfeldes zeigt die durch die Miller-Steuerzeiten möglich gewordene Erhöhung der Volllastkurve. Durch die Absenkung des Liefergrades und der optimalen Auswahl der Aufladegruppe für diesen Betriebsbereich konnte auf die Verwendung des Wastegates an der Volllast verzichtet werden Damit wird die Ladungswechselarbeit deutlich positiv. Deshalb sind bei vergleichbaren thermischen Randbedingungen und gleichem maximalen Verbrennungsdruck von 250 bar ist nun ein Mitteldruck von 30 bar statt vorher 26 bar möglich.

Dies erfolgt bei einer Steigerung der Abgastemperatur nach Turbine von mindestens 30K im Teilllastbereich bis zu 60K bei Low-End-Torque (Abbildung 3).

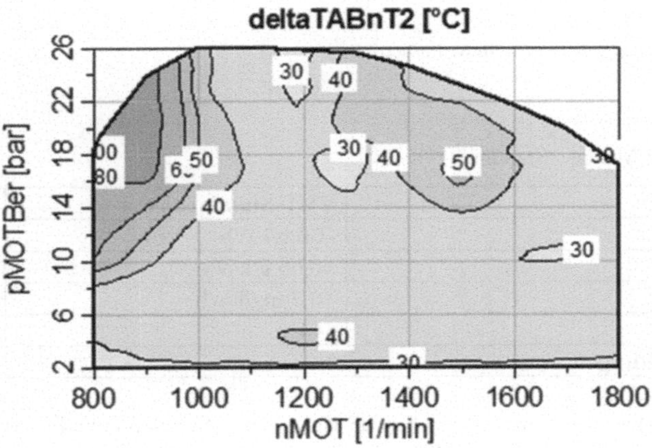

Abbildung 3
Differenzkennfeld Abgastemperatur nach Turbine: Miller – Standardsteuerzeiten

3.2 Stationäre Auslegung

Aus der Basisauslegung des Motors ergeben sich also Bereiche, in denen der Betrieb mit einem Nockenprofil mit maximalem Liefergrad Vorteile liefert, in anderen der Betrieb mit dem abgesenktem Liefergrad der Miller-Kontur. In Abbildung 4 sind diese Bereiche schematisch dargestellt. Die Schaltpunkte wurden im Kennfeld entsprechend ausgewählt, so dass im Schwachlastbereich und im oberen Teillastbereich bis zur Volllast der Motor mit Miller Steuerzeiten betrieben wurde und im mittleren Teillastbereich bis zum Low-End-Torque mit den Füllungssteuerzeiten. Im weiteren Verlauf wird diese Auslegung VVT (Variable Valve Timing) genannt. Die Ergebnisse im Worldwide Harmonised Steady-State Test Cycle (WHSC) zeigen nur eine geringen Verbrauchsvorteil von 1 g/kWh, was in etwa einem halben Prozent entspricht (Tabelle 2). Der Effekt auf das Ergebnis ist deshalb so gering, da die Testpunkte des WHSC überwiegend in den Bereichen liegen, in denen nicht mit frühem Einlassschluss gefahren wird.

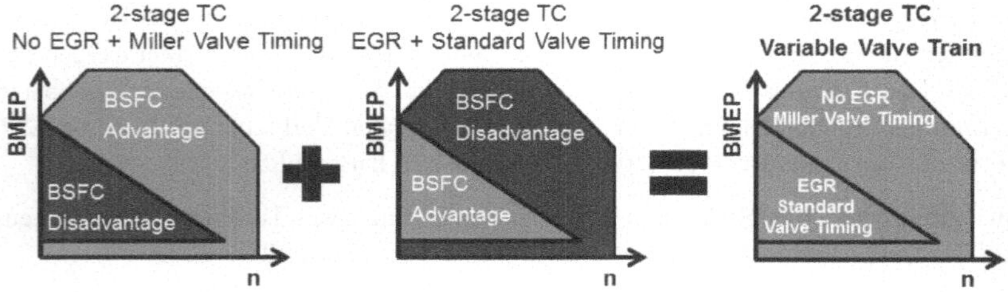

Abbildung 4
Schematische Darstellung der Schaltlogik für Millerbetrieb

Tabelle 2
Differenzen im WHSC: Miller – Standard

	VVT-Standard
Spez. Verbrauch	-1,0 g/kWh
NOx-Emission	+0,66 g/kWh
Ruß-Emission	+0,7 mg/kWh
Zeit in „Miller"	544 s
Einlassprofilumschaltungen	8

In anderen Stationärzyklen, wie zum Beispiel den US Heavy Duty Supplemental Emission Test (SET), beträgt Aufenthaltszeit im Millerbereich 1300 Sekunden und ist damit deutlich länger und deshalb ergeben sich auch größere Unterschiede im Verbrauch. In Abbildung 5 sind die Unterschiede für mehrere Leistungsauslegungen aufgezeigt.

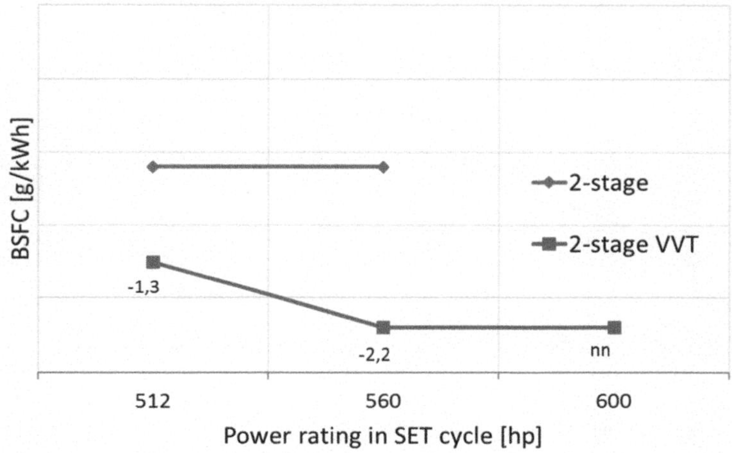

Abbildung 5
Verbrauch im SET1036 Zyklus (NOx= 9 ± 0,5 g/kWh) bei verschiedenen Leistungseinstellungen

3.3 Dynamische Auslegung

Zu Beginn der dynamischen Untersuchungen wurde die Schaltlogik festgelegt, um ein ausreichendes transientes Beschleunigungsverhalten des Motors zu ermöglichen. In Abbildund 6 ist beispielhaft ein Beschleunigungsvorgang aus 1000 1/min und 0% Last gezeigt. Verglichen mit der Standard-Nockenwellenkontur benötigt der Motor mit der Millerkontur über sieben Sekunden länger, um den Volllastpunkt bei gleicher Drehzahl zu erreichen. Mit variabler Ventiltriebslogik dauert die Beschleunigung nur unwesentlich länger (+0,5s) als bei dauerhafter Verwendung des Standardprofils. Hierbei wurde bei 0% Last auf das Millerprofil geschaltet. Sobald die Lastanforderung anliegt wird unmittelbar auf das Standard-Nockenprofil gewechselt um direkt nach dem Erreichen der Volllast wieder auf den Millernocken zurück zu schalten (Abbildung 6).

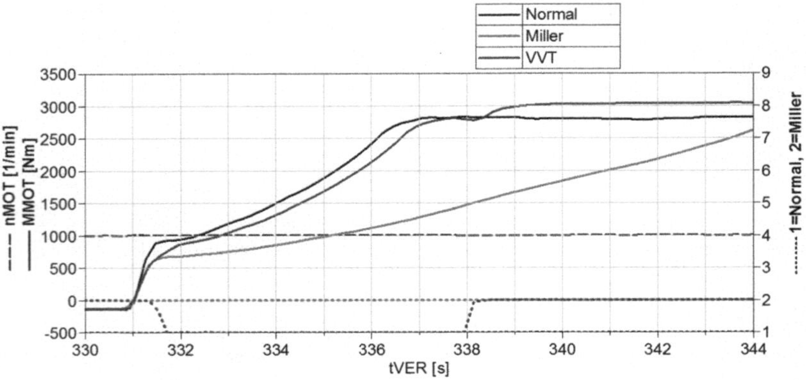

Abbildung 6
Lastsprung bei Drehzahl 1000 1/min von 0% auf 100%

Mit dieser Beschleunigungsstrategie und verschiedenen Betriebsbereichen für das frühe Schließen der Einlassventile wurde dann das Verhalten im warmen World Harmonised Transient Cycle (WHTC) untersucht. Verglichen wurden der Standardbetrieb mit dem Millerbetrieb nur bei Leerlauf und Schub, mit dem Millerbetrieb nur bei Leerlauf,

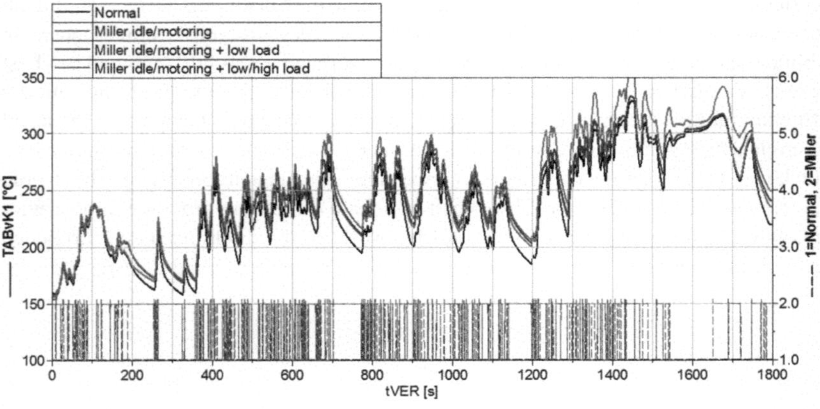

Abbildung 7
Temperaturverlauf vor Abgasnachbehandlung im WHTC

Schub und in der Schwachlast sowie abschließend mit dem Millerbetrieb bei Leerlauf, Schub und in den bereits im Stationärbetrieb dargestellten Lastbereichen. In Abbildung 7 sind die Temperaturverläufe der einzelnen Messung miteinander verglichen. Es ist gut zu erkennen, dass vor allem beim ausgedehnten Betrieb mit Miller über den gesamten Kennfeldbereich die Temperaturen vor Kat deutlich ansteigen. Im Mittel über den gesamten Zyklus steigt die Abgastemperatur vor dem Abgasnachbehandlungssystem um 19 K an. Der Verbrauch und die Stickoxidemissionen verändern sich dabei nur unwesentlich, die Rußwerte steigen um 14,2 mg/kWh. In Tabelle 3 sind die Differenzen der Zyklusergebnisse miteinander verglichen.

Tabelle 3
Vergleich verschiedener Schaltstrategien im WHTC

	Δ LL+Schub	**Δ LL+Schub+Sch'last**	**Δ VVT ges.**
Spez. Verbrauch	+0,2 g/kWh	+0,2 g/kWh	+0,1 g/kWh
NOx	-0,25 g/kWh	-0,37 g/kWh	+0,18 g/kWh
Ruß	+10,3 mg/kWh	+12,3 mg/kWh	+14,2 mg/kWh
Zeit in „Miller"	767 s	968 s	1176 s
Einlassprofilumschaltungen	194	216	246
Ø Abg.-Temp v. Kat	+8 K	+11 K	+19 K

Da die Anzahl von 246 Schaltungen während des Zyklus zu hoch ist, wurde daraufhin die Schaltlogik so verändert, dass nach einem Lastabwurf erst nach einer Wartezeit von fünf Sekunden wieder in Millerbetrieb geschaltet wurde. Damit wurde das andauernde Hin- uns Herschalten bei häufigen Lastwechseln unterbunden. Der Tabelle 4 ist zu entnehmen, dass damit im ausgedehnten Millerbetrieb die Anzahl der Schaltungen um mehr als 35% auf 158 Schaltungen reduziert werden konnte. Dabei ist die mittlere Temperatur des Abgases vor der Abgasnachbehandlung zur Ausgangsschaltlogik um 6 K gesunken. Der Verbrauch konnte jetzt aber um 0,8 g/kWh gesenkt werden und die Rußwerte stiegen nur um 6,2 mg/kWh.

Tabelle 4
Vergleich verschiedener Schaltstrategien im WHTC mit verringerter Schalthäufigkeit

	Δ LL+Schub	**Δ LL+Schub+Sch'last**	**Δ VVT ges.**
Spez. Verbrauch	-0,2 g/kWh	-0,5 g/kWh	-0,8 g/kWh
NOx	-0,06 g/kWh	-0,1 g/kWh	+0,36 g/kWh
Ruß	+2,2 mg/kWh	+3,5 mg/kWh	+6,2 mg/kWh
Zeit in „Miller"	458 s	653 s	873 s
Einlassprofilum-schaltungen	84	80	158
Ø Abg.-Temp v. Kat	+3 K	+6 K	+13 K

3.4 Thermomanagement

Ein weiterer Punkt, bei dem die Voruntersuchungen Vorteile für ein frühes Schließen der Einlassventil auswiesen, war die Möglichkeit der Anhebung der Abgastemperatur bei Schwachlast. Daher wurde der variable Ventiltrieb mit den bekannten Thermomanagementmaßnahmen gekühlte AGR, Wastegate und Ladeluftdrosselklappe verglichen. In Abbildung 8 sind die Ergebnisse im Betriebspunkt 1200 1/min und 2 bar Mitteldruck dargestellt. Während die gekühlte AGR hauptsächlich den Verbrauch verbessert (ca. 13 g/kWh) und das Wastegate vor allem die Temperatur erhöht (ca. 30 K) und dabei auch einen positiven Einfluss auf den Verbrauch hat (6 g/kWh) wirkt sich die Ladeluftdrosselklappe sehr deutlich auf die Abgastemperatur aus (80 K). Durch das Öffnen des Wastegates bei geschlossener Drosselklappe lässt sich der Verbrauch wieder annähernd auf das Ursprungsniveau absenken, so dass sich nur noch ein ca. 3 g/kWh höherer Verbrauch einstellt. Durch die Verwendung der Miller-Steuerzeiten lässt sich der Liefergrad absenken, ohne die Ladungswechselarbeit zu erhöhen. Deshalb steigt die Abgastemperatur um 40 K und der Verbrauch sinkt gleichzeitig um etwa 10 g/kWh. Durch gleichzeitiges Öffnen des Wastegates läßt sich die Abgastemperatur um weitere 30 K steigern, ohne den Verbrauchsvorteil aufgeben zu müssen. Es lässt sich durch diese Maßnahmen also fast das gleiche Temperaturniveau wie mit der Ladeluftdrosselklappe erreichen, jedoch bei deutlich abgesenktem Verbrauch.

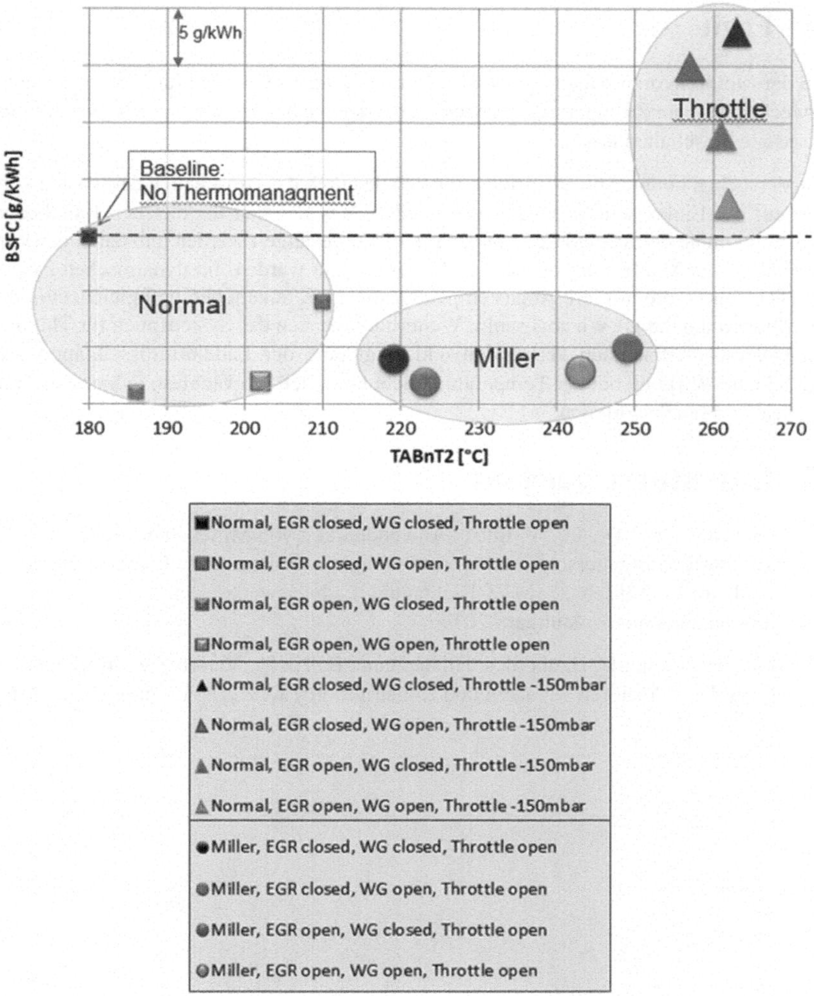

Abbildung 8
Vergleich verschiedener Thermomanagementmaßnahmen im Betriebspunkt 1200 1/min; 2 bar

4 Fazit

In der Motorenvorentwicklung der MAN Truck & Bus AG wurde für Demonstrationszwecke ein neuer Zylinderkopf entwickelt, bei dem sich die Nockenprofile auf der Einlassseite umschalten lassen.

In Versuchen konnten die erwarteten Potenziale durch das Umschalten der Nockenkontur auf der Einlassseite nachgewiesen werden. Bei gleichen thermischen Randbedingungen konnte der Mitteldruck von 26 auf 30 bar gesteigert werden und dabei der Verbrauch an der Volllast um bis zu 7 g/kWh abgesenkt werden. Im dynamischen Zyklus WHTC wurde die mittlere Abgastemperatur um 13 K angehoben und gleichzeitig der Verbrauch um 0,8 g/kWh abgesenkt. Weiterhin lässt sich das System auch für Thermomanagementmaßnahmen verwenden und zeigt eine der Ladeluftdrosselklappe vergleichbare Wirkung bei der Temperaturanhebung in der Schwachlast, jedoch bei deutlichen Verbrauchsvorteilen.

5 Literaturverzeichnis

1. D. Kovacs, Prof. Dr.-Ing. P. Eilts: „Anwendbarkeit von Miller-Steuerzeiten bei Kraftstoffen mit unterschiedlicher Zündwilligkeit an einem Nfz-Dieselmotor mit variablem Ventiltrieb", 7. MTZ-Fachtagung Ladungswechsel im Verbrennungsmotor, Stuttgart, 2014

2. T. Malischewski, U. Haubold, s. Hirschmann, B. Tilch: „Variable Ventiltriebe in Heavy-Duty-Motoren – Nutzen und Konstruktion", ATZ HD-Tagung, Ulm, 2016

Moderne Nockenwellenverstellung – was geht elektrisch besser?

Dr. Peter Solfrank, J. Dietz, Schaeffler Technologies AG & Co. KG

J. Liebl (Hrsg.), *Ladungswechsel im Verbrennungsmotor 2017*, Proceedings,
https://doi.org/10.1007/978-3-658-22671-8_5

Neue Möglichkeiten durch elektrische Nockenwellenverstellung

Um den dramatisch ansteigenden Anforderungen an moderne Verbrennungsmotoren in Bezug auf Wirkungsgrad, Abgasemissionen und Komfort auch künftig gerecht werden zu können, sind signifikant flexiblere und leistungsfähigere Konzepte zur schnellen und präzisen Anpassung des Luftpfades an die Notwendigkeiten des Ladungswechsels unter den momentanen Betriebsbedingungen des Motors zwingend erforderlich. Die derzeit meist mit dem Öl des Motorölkreislaufes betriebenen, hydraulischen Systeme zur zeitlich optimalen Einstellung der Ventilöffnung stoßen in zahlreichen Anwendungsfällen moderner Brennverfahren oder beim Einsatz in Hybridanwendungen an ihre systembedingten Grenzen. Dies wird besonders augenfällig, wenn die Motorenentwickler gleichzeitig das Öldruckniveau in ihren Motoren zur Vermeidung parasitischer Verluste zu Gunsten eines besseren Wirkungsgrades reduzieren. **Bild 1** zeigt beispielhaft an einer Motorenfamilie den Versorgungsdruck des Ölkreislaufs im genutzten Drehzahlbereich und die Veränderungen, die sich durch neue Motorengenerationen über die letzten Jahre ergeben haben.

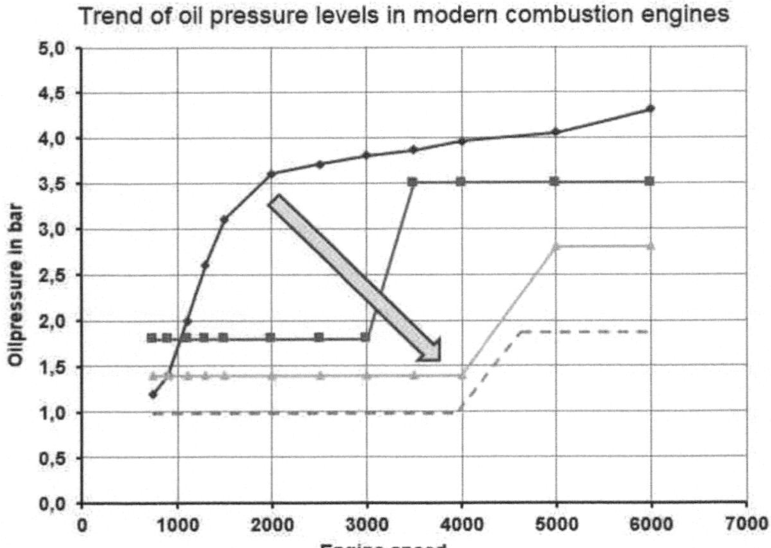

Bild 1. Absenkung des Öldruckniveaus im Laufe der Entwicklungsstufen eines Motors

Die Reduzierung des verfügbaren Öldrucks führt inzwischen zu einem Druckniveau, das über weite Betriebsbereiche nur noch einen Bruchteil der früher nutzbaren Werte darstellt. Hinzu kommt, dass speziell bei hydraulischen Nockenwellen-Verstellsystemen eine plötzliche Betätigung aufgrund einer schnellen Verstellanforderung im transienten Motorbetrieb zu einer kurzzeitig erhöhten Ölvolumen-Entnahme aus dem Versorgungssystem führt; die Regelung der in modernen Motoren heutzutage üblichen variablen Ölpumpe ist nicht in der Lage, diesen schnellen Mehrbedarf nachzuregeln, so dass es durch die Ölentnahme für die Nockenwellen-Verstellung zu einem weiteren Öldruckeinbruch kommt. Diese eingeschränkte hydraulische Energieversorgung setzt dem Konzept des hydraulischen Nockenwellenverstellers zunehmend Grenzen.

In begrenztem Umfang kann dieser Beschränkung entgegengewirkt werden, indem die Ungleichförmigkeit des Nockenwellenmomentes in Verbindung mit einer systeminternen Öl-Rückführung für die Verstellung genutzt wird (s. z.B. [1]). Einen noch deutlich größeren Schritt stellt jedoch die Nutzung elektrischer Energie für den Betrieb der Nockenwellenverstellung dar. Sie ist größtenteils unabhängig von Temperatur und Drehzahl des Motors und erweitert so das Einsatzspektrum des Systems ganz erheblich gegenüber der hydraulischen Ausführung. Insbesondere ermöglicht ein elektrischer Nockenwellenversteller (ECP = electric cam phaser) eine Anpassung der Ventilsteuerzeiten in Betriebspunkten, in denen systembedingt noch keine Ölversorgung im Motor verfügbar ist wie z.B. während des Startvorgangs. Die sich daraus ergebenden Vorteile für den Betrieb des Verbrennungsmotors werden im Weiteren erläutert. Zunächst jedoch soll der technische Aufbau des Systems detailliert beschrieben werden.

Konzept und konstruktiver Aufbau

Neben der Unabhängigkeit von der Druckölversorgung im Motor war eines der zentralen Entwicklungsziele des elektrischen Nockenwellen-Verstellsystems von Schaeffler eine Bauform, die kompakt genug ist, um hinsichtlich der Bauraumanforderungen einen direkten Ersatz des hydraulischen Systems durch ein elektrisches zu ermöglichen. Dadurch ist gewährleistet, dass der Motorenbauer innerhalb einer Motorenfamilie die Systeme äußerst flexibel in die unterschiedlichen Motorvarianten einsetzen kann.

Dass diese und weitere Ziele wie extrem hohe Verstellgeschwindigkeit und deutlich erweiterter Verstellbereich erfolgreich umgesetzt werden konnten und damit elektrische Nockenwellen-Versteller nutzbringend in moderneren und noch leistungsfähigeren Verbrennungsmotoren eingesetzt werden können, zeigt sich daran, dass Schaeffler diese Produkte als erster europäischer Zulieferer bereits seit 2016 in Großserien-Fahrzeuge liefert.

Um den oben beschriebenen Anforderungen gerecht zu werden, hat Schaeffler sich für eine Kombination aus einem bürstenlosen Gleichstrommotor und einem hochübersetzenden einstufigen Getriebe entschieden.

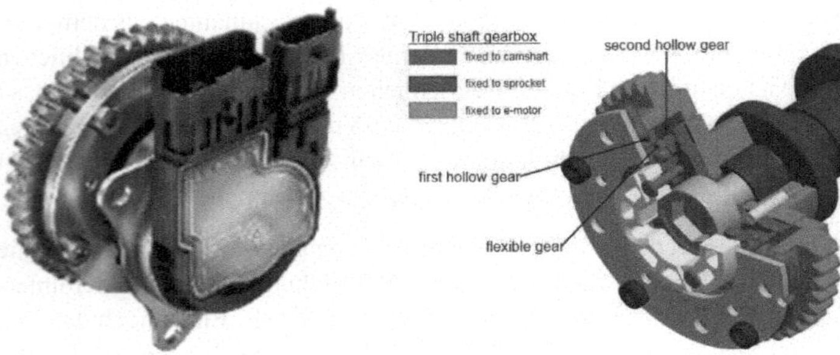

Bild 2. Elektrisches Nockenwellen-Verstellsystem & Detailansicht des Getriebes

Dieses Getriebe besteht aus zwei Hohlrädern, von denen eines mit dem Kettenrad der Steuerkette und das andere mit der Nockenwelle verbunden ist. Der Momentenfluss zwischen diesen beiden erfolgt über ein auf einem ovalen Wälzlager gelagertes, flexibles Stirnrad. Der Innenring des Wälzlagers ist mit der Abtriebswelle des Elektromotors verbunden ist. Durch die um zwei Zähne unterschiedliche Zähnezahl der beiden Hohlräder ergibt sich eine Übersetzung von 1:66 zwischen dem zweiten Hohlrad und dem flexiblen Stirnrad.

Das auf der Flexibilität des Stirnrades beruhende Getriebekonzept in Verbindung mit der hohen Präzision der Verzahnungsgeometrien ermöglicht äußerst geringe Verzahnungs-Spiele. Dadurch kann das Geräuschniveau des Getriebes im Betrieb auf einem sehr niedrigen Level gehalten werden.

Die Verbindung des Getriebes mit dem Elektromotor wird mit Hilfe einer Oldham-Kupplung realisiert. Diese sorgt durch Bauform und eingesetzte Materialien für einen Ausgleich sowohl der Positionstoleranzen der beteiligten Komponenten als auch der sich im Motorbetrieb ergebenden, relativen dynamischen Schwingungen sowie für eine wirksame Geräuschvermeidung.

Systemintegration und Steuerung

Die einfache Integration in die Gesamtfahrzeug-Architektur ist ein wichtiger Vorzug des elektrischen Nockenwellen-Verstellsytems in der hier gezeigten Ausführung. Neben den schon genannten Komponenten Getriebe und Elektromotor ist ein separates Steuergerät Bestandteil des Gesamtkonzeptes. Hard- und Software dieses Gerätes stellen die gesamte Ansteuerung inklusive der Regelung für das System zur Verfügung. Vom Steuergerät des Verbrennungsmotors werden in Abhängigkeit von den motorischen Betriebsbedingungen und -anforderungen lediglich Soll-Winkel für die Nockenwellenposition(en) vorgegeben, die entsprechend der Betriebsstrategie des Kunden in einem Kennfeld hinterlegt sind. Darüber hinaus werden die Signale der Kurbel- und Nockenwellen-Winkelerfassung von der ECU an das ECP-Steuergerät weitergeleitet (s. Bild 3). Die weitere Kommunikation z.B. zum Austausch von Diagnose-Informationen erfolgt über den CAN-Bus.

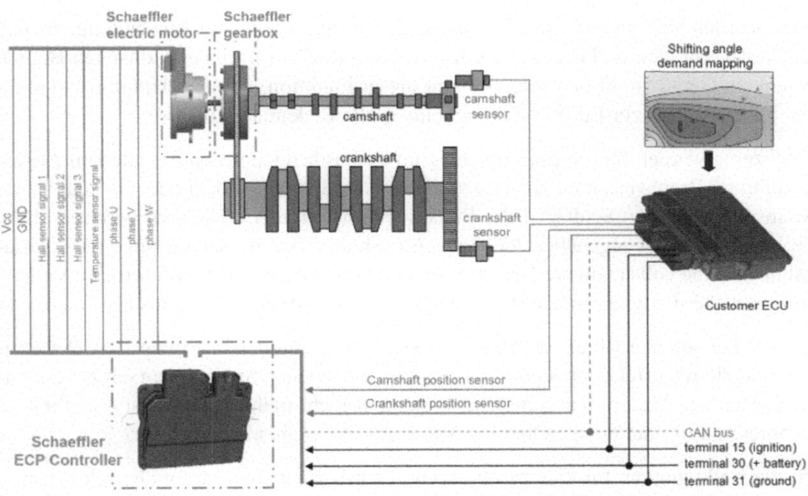

Bild 3. ECP-Gesamtsystems

Zu der Platzierung der Ansteuerung/Regelung des ECP-Systems in einem separaten Gerät gibt es offensichtlich alternative Architekturen: teilweise oder vollständige Integration in die ECU oder Platzierung direkt am Elektromotor; das aktuell implementierte Konzept weist gegenüber solchen Alternativen verschiedene Vorteile auf, u.a. in Bezug auf Bauraum im Zylinderkopf aber auch bei der Flexibilität beim Einsatz von

ECP in einem Gesamtkontext der Motorenstrategie eines Herstellers. Neben dem parallelen Einsatz von hydraulischer und elektrischer Nockenwellenverstellung geht es dabei auch um den Einsatz eines analogen Konzeptes bei Reihen- und V-Motoren.

Funktionale Vorteile des ECP-Systems

Wie bereits angedeutet, ist die Motivation zum Einsatz des elektrischen Nockenwellen-Verstellsystems ECP der Notwendigkeit einer Erweiterung des Betriebsbereiches geschuldet. Hier sind in erster Linie eine weiter erhöhte Verstellgeschwindigkeit, aber auch die Unabhängigkeit von der Druckölversorgung durch den Ölkreislauf des Motors zu nennen. Die wichtigsten funktionalen Konsequenzen der Realisierung dieser Anforderungen werden im Folgenden aufgezeigt.

Erweiterter Betriebsbereich für Start/Stopp Anwendungen

Bei modernen Fahrzeugen kommen häufig Start/Stop Systeme zur Anwendung, um den Kraftstoffverbrauch und damit die Emissionen vor Allem im innerstädtischen Betrieb zu senken. Gerade in Großstädten kommt dieser Funktion, vor dem Hintergrund aktueller Diskussionen zur Luftreinhaltung, eine große Bedeutung zu.

Gleichzeitig werden für die Entdrosselung im Teillastbereich neben der internen Abgasrückführung Brennverfahren eingesetzt, die ein sehr frühes (Miller) oder ein sehr spätes (Atkinson-Verfahren) Schließen des Einlass-Ventils erfordern. Dadurch wird die effektive Kompressions- gegenüber dem Expansionshub verkürzt. Der verlängerte Expansionshub hat eine vollständigere Nutzung der Verbrennungsenergie und damit eine Verbesserung des thermodynamischen Wirkungsgrades des Verbrennungsmotos zur Folge.

Inhärent bei solchen Brennverfahren ist jedoch aufgrund des in weiten Betriebsbereichen reduzierten effektiven Kompression, dass mit solchen Steuerzeiten ein zuverlässiges Starten des Motors bei kalten Temperaturen nicht mehr gegeben ist – es fehlt an Kompression mit der entsprechenden Anhebung der Gemischtemperatur.

Um die Bedingungen für eine zuverlässige „Startbarkeit“ des Motors bei gleichzeitig stark erweitertem Stellbereich der Nockenwellenverstellung sicherzustellen, sind bei den hydraulischen Verstellsystemen teilweise recht aufwändige „Mittenverriegelungs-Systeme“ im Einsatz. Ihr industrieller Einsatz kann nicht darüber hinwegtäuschen, dass ihre Funktion nach wie vor von der Verfügbarkeit der Ölversorgung, d.h. der Bereitstellung von Ölvolumenstrom bei dem erforderlichen Öldruck abhängig ist. Diese ist jedoch an physikalische Grenzen hinsichtlich Motor-Standzeiten und Motoröl-Temperaturen gebunden.

Das ECP-Konzept bietet demgegenüber zwei herausragende Eigenschaften

- es ist unabhängig von der Ölversorgung des Motors in der Lage, bereits vor der ersten Zündung des Verbrennungsmotors die Nockenwelle auf die erforderliche Phasenlage einzustellen und
- es kann – anders als das hydraulische System – einen beliebig großen Verstellwinkel darstellen; eine mechanische Begrenzung dient lediglich als Absicherungsmaßnahme

Der Vorteil der erstgenannten Eigenschaft zeigt sich in **Bild 4**: hier erkennt man das Verhalten des elektrischen Nockenwellen-Verstellsystems beim Motorstart und seine offenkundigen Vorteile. Noch während der Beschleunigungs-Phase des Motors durch den Anlasser initialisiert sich das System und fährt dann noch vor der ersten Zündung die für die ersten Zyklen bestmögliche NW-Position an.

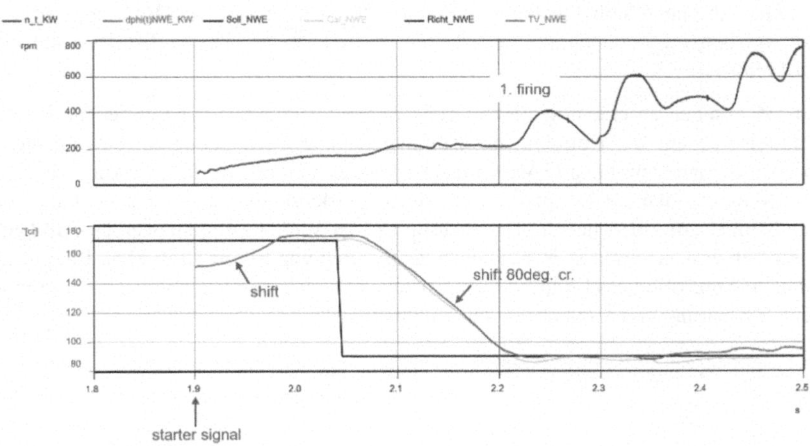

Bild 4. Elektrisches Nockenwellen-Verstellsystem beim Motorstart

Transiente Drehmomenten-Anpassung bei schaltbaren Ventiltriebs-Systemen

In den letzten Jahren ist eine zunehmende Verbreitung von Systemen zu beobachten, bei denen in Abhängigkeit von der Last Zylinder deaktiviert werden oder in denen zwischen unterschiedlichen Ventilhüben umgeschaltet wird, um extrem frühes (Miller) oder extrem spätes Schließen (Atkinson) der Einlassventile gegenüber Standard-Ventilschließzeiten darzustellen. Durch die unterschiedliche Anzahl der am Verbrennungsprozess beteiligten Zylinder bzw. den sehr unterschiedlichen Ladungswechseln je nach aktivierter Ventilhubkurve käme es beim Umschalten zu einem Momentensprung, wenn keine Gegenmaßnahmen ergriffen würden. Dies wäre für den Fahrer in Form eines unerwünschten Sprungs in der Fahrzeug-Beschleunigung wahrnehmbar. Um diesen Effekt zu unterdrücken, wird typischerweise durch eine Verschiebung des Zündzeitpunktes eine temporär thermodynamisch schlechtere Verbrennung in Kauf genommen, um ein plötzliche Veränderung des vom Motor abgegebenen Drehmoments zu vermeiden. Der Wirkungsgrad nimmt damit naturgemäß für einen Übergangszeitraum ab, der spezifische Kraftstoffverbrauch damit drastisch zu.

Da das ECP-System in der Lage ist, den Luftpfad deutlich schneller als ein hydraulisches System an die für die momentanen Betriebsbedingungen optimalen Öffnungs- und Schließ-Zeiten anzupassen, reduziert sich dabei die Notwendigkeit, die Momentenanpassung per Zündwinkeleingriff darzustellen. Damit wird der Wirkungsgradverlust im Übergangsbereich minimiert, die temporäre Erhöhung des Kraftstoffverbrauchs wird reduziert.

Aus Messungen an einem heutigen Großserienmotor konnte der beschriebene Effekt ermittelt werden: Die Korrektur des Zündwinkels zur Vermeidung eines Momentensprungs hat eine sprunghafte Verschlechterung der Verbrauchseffizienz zur Folge; in dem Maß wie sich der Luftpfad an die neuen Betriebsbedingungen anpasst kann der Zündwinkel auf einen neuen verbrauchsoptimalen Wert eingestellt werden (**Bild 5**). Dieser Prozess erstreckt sich über einen Zeitbereich von bis zu 10 Zyklen. Eine ideal schnelle Anpassung des Luftpfades an den neuen Betriebspunkt könnte hier eine erhebliche Einsparung von Mehrverbrauch ermöglichen.

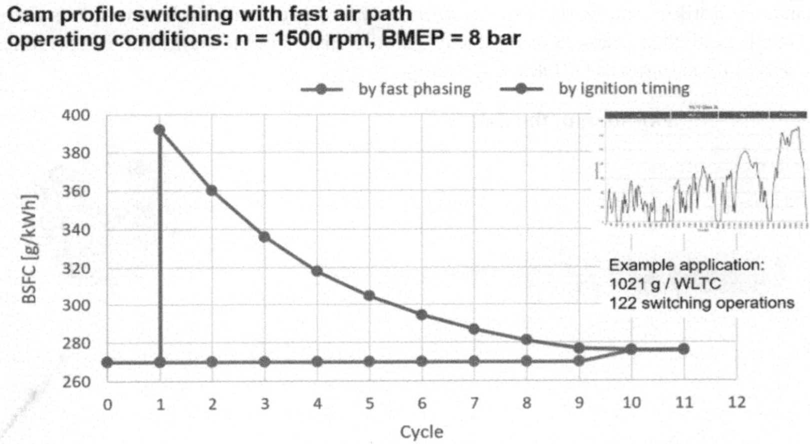

Bild 5. Momenteneingriff über Zündwinkel gegenüber schneller Phasenverstellung

Eine Abschätzung dieses Effektes ist anhand der dargestellten Differenz des spezifischen Kraftstoffverbrauchs für einen Umschaltvorgang möglich. Nachdem für den o.g. Großserienmotor im WLTC 122 Umschaltungen beobachtet wurden, ist eine Extrapolation für den spezifischen Verbrauch über den gesamten WLTC möglich und weist eine Einsparung deutlich über 1% aus.

Komfortables Abstellen des Verbrennungsmotors

Die erweiterten Verstellmöglichkeiten des ECP-Systems auch beim Motorstart und –stopp wurden oben bereits erwähnt. Diese Möglichkeiten beinhalten auch die Anpassung des effektiven Verdichtungsverhältnisses durch extrem frühes oder extrem spätes Einlass-Schließen. Dies hat eine teilweise signifikante Änderung in der Drehschwingungs-Anregung des Antriebsstranges zur Folge. Das Auftreten einer Schwingungs-Resonanz während des Starts oder des Abstellens des Motors kann durch diese verringerte Anregung vermieden werden, der Fahrzeug-Nutzer nimmt bei geeigneter Systemabstimmung einen deutlich verbesserten Start-/Stopp-Komfort wahr. Teilweise ist in Hybridanwendungen das Einsetzen des Verbrennungsmotors für den Antrieb kaum noch wahrnehmbar.

Messtechnisch kann dieser Effekt durch die Ermittlung der Schwingungsamplituden bzw. -beschleunigungen bei Motorstart bzw. –stopp dargestellt werden. In **Bild 6** ist die Motorbeschleunigung in vertikaler Richtung dargestellt bei einem Vergleich zwischen

Standard-Ventilöffnungszeiten (rot) und einer Dekompression durch sehr spätes Einlassventil-Schließen (blaue Kurve). Deutlich erkennbar ist eine signifikante Abnahme der Vibrationen durch die effektive Dekompression.

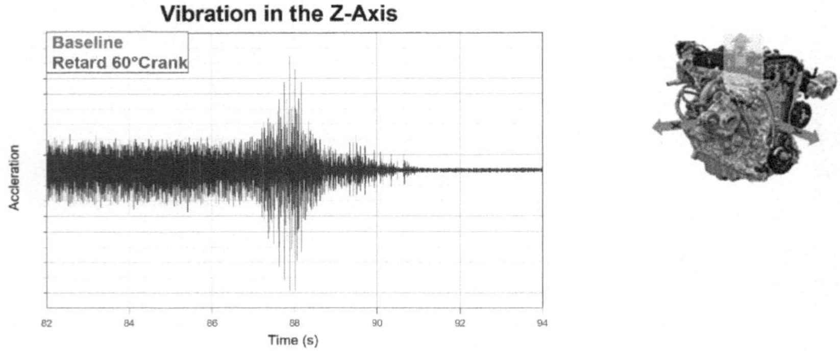

Bild 6. Verringerung der Vibrationen beim Abstellen des Motors

Einsparungen durch reduzierten Ölbedarf

Ein weiterer Grund für den Einsatz von ECP ist die Möglichkeit, die Leistungsaufnahme der Motorölpumpe durch Reduzierung ihrer Größe zu verringern, da der Ölbedarf eines hydraulischen Nockenwellen-Verstellsystems entfällt. In mehreren Motoren-Vermessungen wurde festgestellt, dass der Anteil der Ölpumpen-Antriebsleistung an den gesamten Reibungsverlusten im Motor in der Größenordnung von 14% liegt. Aus dem Vergleich des Druckölbedarfs für hydraulische Nockenwellen-Verstellsysteme mit der gesamten Ölpumpen-Förderleistung lässt sich ableiten, dass durch den Entfall des Ölbedarfs für die NW-Verstellung 1,7% der Motor-Reibungsverluste vermieden werden können. Im Kraftstoffverbrauch bedeutet dies eine Einsparung von ca. 0,5% (**Bild 7**).

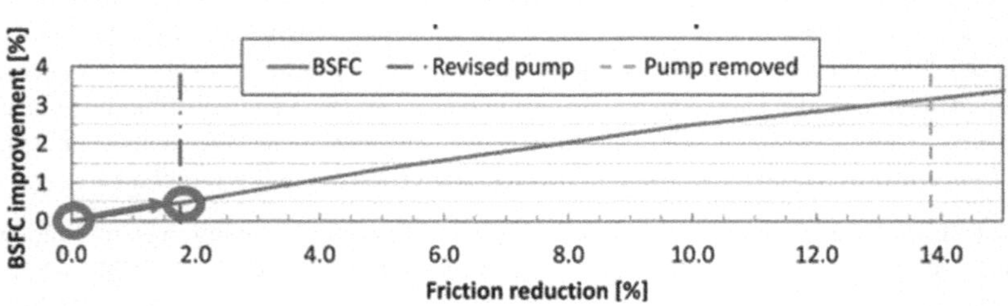

Bild 7. Einsparpotenzial durch verringerten Ölbedarf des ECP

Hinzu kommt bei konsequenter Nutzung dieses Ansatzes eine signifikante konstruktive Vereinfachung des Zylinderkopfes durch Entfall der Ölversorgung für die NW-Verstellung.

Aspekte der Fertigung

Bei allen technischen Vorteilen des vorgestellten Systems ist eine auch wirtschaftlich sinnvolle Darstellung für die Anwendung in Großserien-Projekten eine essentielle Voraussetzung für den langfristigen Erfolg wie er offensichtlich im Interesse aller Beteiligten liegt. Die Fertigung in Millionenstückzahlen erfordert entsprechende Erfahrungen in einer Vielzahl von für die jeweiligen Subsysteme und Einzelkomponenten erforderlichen Fertigungstechnologien. Die zuverlässige Versorgung der Kunden mit derart anspruchsvollen Komponenten und Systemen ist heute nur noch durch ein Unternehmen mit entsprechender Erfahrung in diesem Umfeld darstellbar.

Die Schaeffler-Gruppe als ein etablierter Wettbewerber im Automotive-Umfeld bringt alle Voraussetzungen für die Einführung einer derart anspruchsvollen neuen Technologie mit, wie sich auch aus der erfolgreichen Umsetzung ähnlich komplexer neuer Systeme wie UniAir oder des Wankstabilisators gezeigt hat. Aus der Historie des Unternehmens als Hersteller von Wälzlagern und Motorenelementen für die Automobilindustrie, scheinbar einfachen aber dennoch hochtechnologischen Produkten, liegen die notwendigen fertigungstechnischen Erfahrungen hinsichtlich einzelner Herstellprozessschritte in großem Umfang zur Verfügung.

Gleichzeitig wurden aufgrund jahrzehntelanger Erfahrung in diesem Umfeld die organisatorischen Voraussetzungen geschaffen, um durch die intensive und frühzeitige Zusammenarbeit von produktentwicklungs- und fertigungsverantwortlichen Bereichen einen eindeutigen Fokus in der Fertigung auf die funktionskritischen Eigenschaften der produzierten Komponenten und Systeme zu setzen und kurze Wege in der Abstimmung zwischen Produktentwicklung und Fertigung dauerhaft zu etablieren.

Die ggfls. notwendige Übertragung der Erfahrungen aus der Einführung neuer Produkte in die Serienfertigung auf neue Fertigungsstandorte ist durch das sogenannte Leitwerk-Konzept sichergestellt: das Erstfertigungswerk, in dem Fertigungskonzepte und -technologien entwickelt wurden, ist auch für die Lokalisierung an den weiteren Fertigungsstandorten verantwortlich. Dieses Vorgehen stellt sicher, dass auch die eng mit dem Leitwerk abgestimmte Entwicklung jederzeit bei der Sammlung von Erfahrungen in der Herstellung der Produkte involviert ist, für die sie verantwortlich ist.

Die räumliche Nähe von Entwicklung, Musterbau und Leitwerk unterstützt das beschriebene Konzept. Darüber hinaus wird durch ein „Safe-Launch-Office“ in unmittelbarer Nähe der Kunden-Produktion sichergestellt, dass äußerst kurzfristig alle notwendigen Stellen der Organisation wie z.B. Produkt- und Prozess-Entwicklung sowie produktionsverantwortliche Bereiche simultan in die Erarbeitung und Umsetzung etwaiger Verbesserungsmaßnahmen involviert sind.

Ausblick

Getrieben durch schärfere Abgasgesetzgebungen weltweit sowie steigende Anforderungen an Verbrauch und Komfort werden ECP Systeme in der Zukunft weiter Einzug in den Markt halten. Die schnelle und öldruckunabhängige Anpassungsmöglichkeit der Ventilsteuerzeiten mit dem Ziel, den momentanen Anforderungen an die Luftversorgung des Motors bestmöglich zu entsprechen, stellen hierbei die wesentlichen Treiber dar.

Wo immer möglich werden Komponentenfunktionen durch intelligente Software ersetzt werden. Die Flexibilität der realisierten Konzepte hinsichtlich der Platzierung von Komponenten wird zunehmen, um für die Zielsysteme optimale Lösungen bereitstellen zu können.

Die Nutzung der durch das ECP-System bereitgestellten Möglichkeiten erfordert aber auch ein Umdenken im Motormanagement. Die bereitgestellten Fähigkeiten müssen konsequent genutzt und für die Optimierung des Gesamtsystems Verbrennungsmotor bestmöglich eingesetzt werden – hinsichtlich Verbrauchsreduzierung, Abgasvermeidung und Komfortsteigerung.

6 Literatur

[1] Solfrank, P.; Dietz, J.:
Smart Phasing – Potentiale zur bedarfsgerechten Nockenwellen-Verstellung moderner Verbrennungsmotoren; 7.MTZ-Tagung “Ladungswechsel im Verbrennungsmotor”, Stuttgart 2014

Auslegung der Medienversorgung für ein automobiles Brennstoffzellen-System

Jürgen Rechberger, Dr. Alexander Schenk

J. Liebl (Hrsg.), *Ladungswechsel im Verbrennungsmotor 2017*, Proceedings,
https://doi.org/10.1007/978-3-658-22671-8_6

Trotz enormer Fortschritte in den vergangenen Jahren und des bereits hohen Reifegrades birgt die Brennstoffzellen-Technologie – speziell im automobilen Bereich – noch sehr viel Entwicklungs- und Optimierungspotential. Insbesondere die Medienversorgung und -konditionierung im Brennstoffzellen-Fahrzeug bedarf hierbei detaillierter Betrachtung, um das volle Potential dieser Antriebstechnologie zu entfalten.

Das automobile Brennstoffzellen-System

In den vergangenen Jahren kamen die ersten Brennstoffzellen-Fahrzeuge (Hyundai ix35 Fuel Cell, Toyota Mirai und Honda Clarity Fuel Cell) in (Klein-)Serienfertigung auf den Markt und erweiterten damit das Spektrum der, von Batterien dominierten, Elektromobilität. Die in den Fahrzeugen zum Einsatz kommenden Polymerelektrolytmembran(PEM)-Brennstoffzellen-Systeme unterscheiden sich dabei prinzipiell kaum auf Ebene der funktionellen Baugruppen (siehe Abbildung 1). Jedoch werden bei genauerer Betrachtung deutliche Unterschiede in der Umsetzung der Medienversorgung und -konditionierung ersichtlich, welche die Performance, Effizienz und Dynamik des Brennstoffzellen-Systems wesentlich beeinflussen und dominieren.

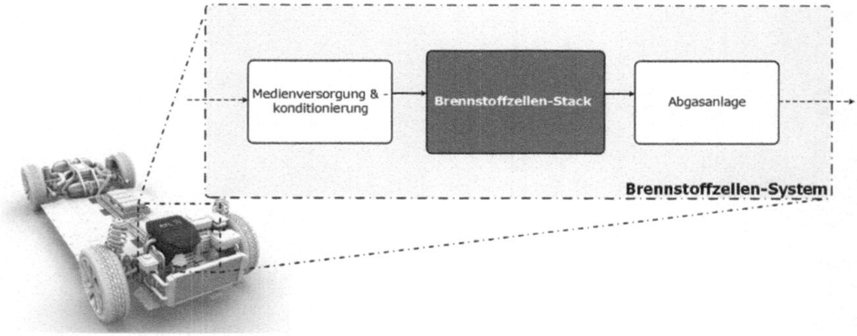

Abbildung 1: Schematisches Konzept eines Brennstoffzellen-Systems.

Wie in Abbildung 2 dargestellt, kann die Medienversorgung und -konditionierung grob vereinfacht in zwei Module unterteilet werden, dem Anodenmodul und dem Kathodenmodul. Dabei übernimmt das Anodenmodul die Versorgung des Brennstoffzellen-Stacks mit Wasserstoff, während das Kathodenmodul die Versorgung mit Luftsauerstoff gewährleistet.

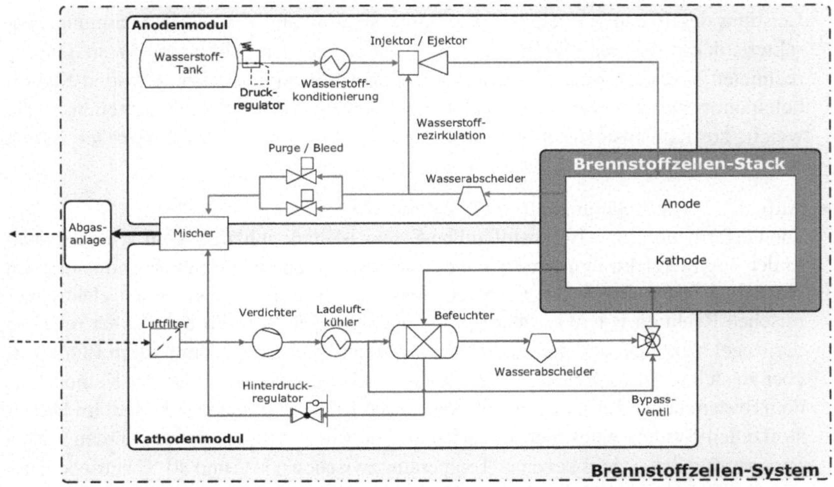

Abbildung 2: Vereinfachtes, schematisches Konzept der Medienversorgungs- und Konditionierungsmodule eines Brennstoffzellen-Systems.

Die Aufgaben der Medienversorgung und Konditionierung

Die zentrale Rolle der Medienversorgung ergibt sich jedoch nicht nur aus der Zuführung der Reaktivgase, sondern auch aus der entsprechenden Medienaufbereitung, die speziell an die Anforderungen der Kernkomponente des Brennstoffzellen-Systems, dem Brennstoffzellen-Stack, angepasst ist. Je nach Hersteller und Stack-Plattform müssen für eine optimale Betriebsführung 4 Hauptparameter anhand entsprechender Vorgaben eingehalten werden, um Degradationsraten der Elektroden und der Polymerelektrolytmembran zu minimieren und damit die notwendige Lebensdauer des Brennstoffzellen-Stacks im System zu gewährleisten.

Die Regelung dieser Parameter wird von der Medienversorgung und -konditionierung übernommen und kann dementsprechend in 4 Hauptaufgaben unterteilt werden:

- Aufgabe 1: Die Regelung des Massenstroms.
  Die Menge der zuzuführenden Gase für den Betrieb eines Brennstoffzellen-Systems hängt von der Stromanforderung, die das Brennstoffzellen-Steuergerät vom Fahrzeugsteuergerät erhält, ab. Aus dem elektrischen Strom bzw. der elektrischen Ladungsmenge können mittels der Faraday'schen Gesetze die benötigten Massenströme für Wasserstoff und Luftsauerstoff bestimmt werden. Die korrespondierende

Leistung des Brennstoffzellen-Stacks stellt sich anhand der Strom-Spannungscharakteristik des Brennstoffzellen-Stacks (siehe Beispiele in Abbildung 3) ein. Die berechneten Massenströme werden in der Regel mit einem entsprechenden Sicherheitsfaktor multipliziert, um lokale Unterversorgung im Brennstoffzellen-Stack, welche zur Kohlenstoffkorrosion und damit zur Degradation der Elektroden führen würde, zu verhindern.

- Aufgabe 2: Die Regelung der relativen Feuchte.
  Die Performance eines Brennstoffzellen-Stacks ist stark abhängig vom Wasserge-halt in der Polymerelektrolytmembran, da dieser die Protonenleitfähigkeit und somit den ohmschen Spannungsverlust im Stack signifikant beeinflusst. Das in der elektrochemischen Reaktion von Wasserstoff und Sauerstoff gebildete Produktwasser reicht in der Regel nicht aus, um eine entsprechende Befeuchtung der Membran im Betrieb sicher zu stellen, da es üblicherweise über den hohen Massenstrom an der Kathode aus dem System abgeführt wird. Aus diesem Grund ist das Wassermanagement im Brennstoffzellen-System eines der kritischsten Themen. Typischerweise werden PEM-Brennstoffzellen-Stacks bei einer Temperatur zwischen 65 °C und 80 °C betrieben, um Spannungsverluste durch die Reaktionskinetik an der Kathode zu minimieren. Um eine hohe relative Feuchte (80% < rH <100%) im Stack bei gleichzeitiger Durchströmung mit großen Massenströmen an Reaktivgasen in diesem Temperaturbereich aufrecht zu erhalten, wird in der Regel das abgeführte Produktwasser kondensiert und zur Befeuchtung der zugeführten Luft verwendet. Durch Regelung der relativen Feuchte in den zugeführten Medien können das Austrocken der Membran und damit einhergehende Leistungs- und Lebensdauereinbußen durch beschleunigte Alterung verhindert werden. Eine weitere Aufgabe der Feuchteregelung besteht darin, einer möglichen Überflutung des Brennstoffzellen-Stacks, die besonders bei transientem Betrieb auftreten kann, entgegenzuwirken. Die Akkumulation von flüssigem Wasser in den porösen Strukturen der Elektroden führt unweigerlich zur Unterversorgung des Stacks durch eingeschränkte Gaszufuhr und ist daher zu verhindern.

- Aufgabe 3: Die Regelung des Drucks.
  Die Leistung eines Brennstoffzellen-Stacks steigt maßgeblich mit dem Druck der versorgenden Gase im Brennstoffzellen-System. Mit steigendem Druck wird die Diffusion der Reaktivgase durch die porösen Elektrodenstrukturen, speziell bei hohen Leistungsanforderungen, gesteigert und somit die Spannungsverluste im Brennstoffzellen-Stack reduziert. Jedoch darf es beim Anheben des Systemdrucks zu keiner Zeit zu großen Druckdifferenzen zwischen dem Anoden- und dem Kathodenmodul kommen, da dies zu einer starken mechanischen Überbelastung der Polymerelektrolytmembran führen würde. Gleichzeitig muss in der Regelungsstrategie berücksichtigt werden, dass der Systemdruck auch die relative Feuchte im Brennstoffzellen-System, welche mit steigendem Druck zunimmt, beeinflusst. Die genaue Regelung des Drucks ist demnach

entscheidend für den optimalen Betrieb und die Verlängerung der Lebensdauer eines Brennstoffzellen-Stacks.

- Aufgabe 4: Die Regelung der Temperatur.
  Aufgrund physikalischer und thermodynamischer Zusammenhänge von Druck, Temperatur und relativer Feuchte müssen zur Regelung letzterer auch die Temperaturen der Reaktivgase und des Brennstoffzellen-Stacks geregelt werden. Wie in Aufgabe 2 bereits angeführt wird für den optimalen Betrieb eines Brennstoffzellen-Systems die relative Feuchte typischerweise zwischen 80% und 100% gehalten. Bei einer hohen Lastanforderung wird der Druck im Brennstoffzellen-Stack, wie in Aufgabe 3 beschrieben, angehoben. Da die relative Feuchte mit dem Druck steigt und sich zusätzlich die Wasserproduktion im Stack bei hohen Lasten erhöht, kann es leicht zur Überflutung des Stacks kommen. Folglich muss die Temperatur des Brennstoffzellen-Stacks dementsprechend angehoben werden, um die relative Feuchte im Stack konstant halten und eine Flutung der Elektroden verhindern zu können.

Die genaue und maßgeschneiderte Regelung von Massenstrom, relativer Feuchte, Druck und Temperatur in einem Brennstoffzellen-System, kann, aufgrund der komplexen thermodynamischen Wechselwirkungen der einzelnen Parameter, einer Herkulesaufgabe während der System-Entwicklung gleichgesetzt werden. Demgemäß bedarf es der Kenntnis und dem Verständnis der exakten gegenseitigen Beeinflussung der einzelnen Betriebsparameter, um ein leistungsstarkes automobiles Brennstoffzellen-System zu designen. Erschwerend muss zusätzlich berücksichtigt werden, dass Brennstoffzellen-Systeme in Fahrzeugen hochdynamisch auf wechselnde Leistungsanforderungen reagieren müssen und einer entsprechend schnellen und präzisen Regelung der 4 Kenngrößen bedürfen.

Die Auslegung der Medienversorgung

Die Umsetzung der oben angeführten Vorgaben in ein dynamisches und effizientes Medienversorgungssystem findet ihren Ausgangspunkt in der Analyse der Strom-Spannungscharakteristik des jeweiligen Brennstoffzellen-Stacks. Abbildung 3 soll individuelle Unterschiede verschiedener Brennstoffzellen-Stacks zweier Hersteller, auf die bei der Auslegung der Medienversorgung Rücksicht genommen werden muss, demonstrieren. Die in den Grafiken angeführten Strom-Spannungskennlinien wurden mittels Messserien bei variierenden Systemdrücken, aber konstanter relativer Feuchte in den Brennstoffzellen-Stacks, aufgezeichnet.

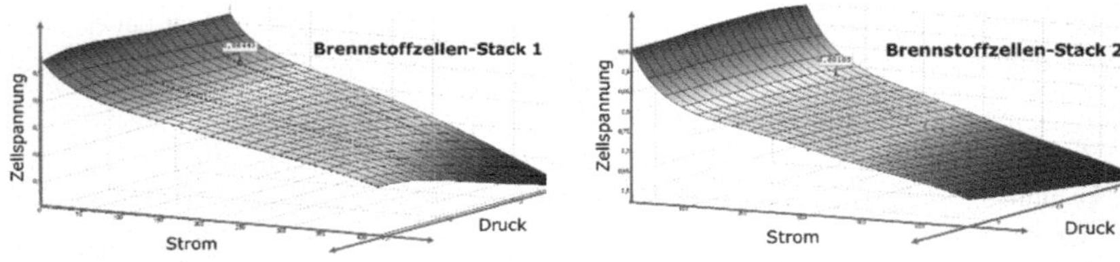

Abbildung 3: Zusammenhang von Strom, Zellspannung und Druck unterschiedlicher Brennstoffzellen-Stacks bei konstanter relativer Feuchte.

Bei Betrachtung der Strom-Spannungscharakteristiken der beiden Brennstoffzellen-Stacks wird der Einfluss des Systemdrucks auf die Leistung der Stacks ersichtlich. Wie in Aufgabe 3 näher ausgeführt, ist deutlich erkennbar, wie mit steigendem Druck die Spannungsverluste durch die verbesserte Versorgung der Elektroden mit den Reaktivgasen reduziert werden und damit die Leistung der Stacks gesteigert wird. Im Vergleich von Brennstoffzellen-Stack 1 und Stack 2 wird jedoch deutlich, dass das jeweilige Design des Stacks und die zum Einsatz kommenden Materialien einen wesentlichen Einfluss auf die Druckabhängigkeit der Stack-Spannung haben. Die Druckabhängigkeit der Spannung von Stack 1 ist im Verhältnis zu Stack 2 signifikant stärker ausgeprägt und bedarf daher in der Auslegung der Medienversorgung mehr Aufmerksamkeit bei der Wahl des Luftverdichters.

Um nun die entsprechende Spezifikation der Komponenten für die Medienversorgung vornehmen zu können, wird in der Regel auf computergestützte Entwicklungsmethoden zurückgegriffen. Dazu dienen detaillierte, dynamische und echtzeitfähige Simulationsmodelle von Brennstoffzellen-Systemen auf Basis physikalischer Gleichungen und thermodynamischer Zusammenhänge, die mit Messdaten parametriert werden (Abbildung 4).

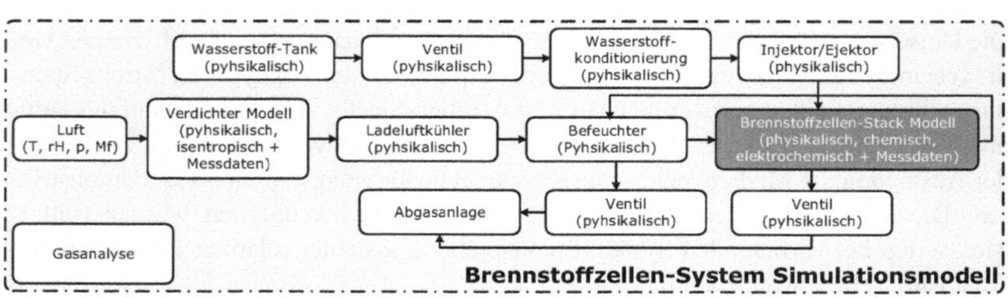

Abbildung 4: Schematischer Aufbau eines Brennstoffzellen-System Simulationsmodells.

Das Anodenmodul

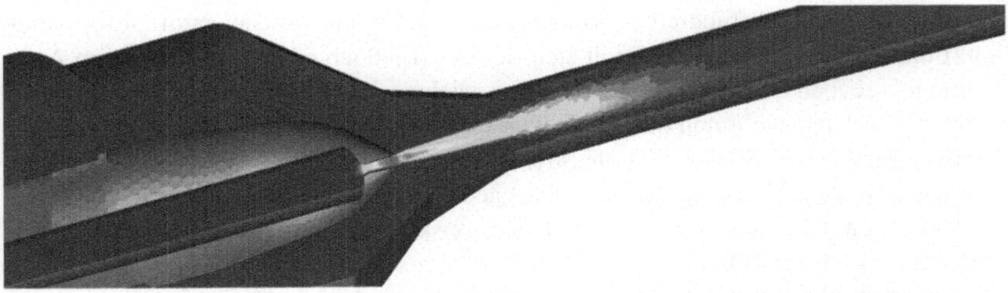

Abbildung 5: Computergestützte Optimierung eines Injektor/Ejektor-Systems für die passive Wasserstoffrezirkulation im Anodenmodul.

Wasserstoff wird in Brennstoffzellen-Fahrzeugen in einem oder mehreren Druckspeicher-Tanks bei 700 bar gelagert. Bei der Auslegung des Anodenmoduls wird zuerst der Versorgungsdruck für die Wasserstoffeinspritzung festgelegt. Dieser liegt in der Regel im Bereich von 5-15 bar. Je tiefer der Wert liegt, desto besser ist die Ausnutzung der in den Tanks gespeicherten Menge an Wasserstoff. Die Wasserstoffeinspritzung übernimmt die Versorgung des Brennstoffzellen-Stacks mit Wasserstoff und wird dementsprechend dimensioniert, dass der Massenstrom für den gesamten Leistungs- und Druckbereich des Stacks zur Verfügung gestellt werden kann. Da der Wasserstoff-Massenstrom stark von Teillast zu Volllast variiert, wird die Umsetzung entweder mit mehreren Wasserstoffinjektoren (wie z.B. im Toyota Mirai) oder durch entsprechend schnelle Taktung eines einzelnen Injektorventils gelöst. Da, wie in Aufgabe 1 beschrieben, der Brennstoffzellen-Stack immer mit einem Überschuss aus Reaktivgasen betrieben wird, muss der unverbrauchte Wasserstoff dementsprechend recycelt werden, um eine maximale Treibstoffausnutzung bzw. Reichweite des Fahrzeugs sicherzustellen. Hierzu wird das Anodenabgas in den Anodeneinlass rückgeführt. Die Rückführung kann entweder aktiv mittels Wasserstoffgebläse oder passiv mittels Ejektor, einer Strahlpumpe nach dem Venturi-Prinzip, realisiert werden. Vor- und Nachteile beider Varianten liegen auf der Hand. Mit einem Gebläse kann die Wasserstoffrückführungsrate genau geregelt und an den jeweiligen Betriebspunkt angepasst werden, jedoch senkt die Komponente den Gesamtwirkungsgrad des Brennstoffzellen-Systems durch zusätzlichen Energiebedarf. Die Strahlpumpe ermöglicht zwar eine hohe Effizienz des Systems, jedoch kann die Wasserstoffrückführungsrate nur mit der Geometrie der Venturi-Düse bestimmt werden. Während ein Wasserstoffgebläse mehr oder weniger in jedem automobilen Brennstoffzellen-System eingesetzt werde kann, muss die passive Variante spezifisch an den Brennstoffzellen-Stack und den zur Verfügung stehenden Bauraum angepasst und eine individuelle Lösung entwickelt werden.

In automobilen Brennstoffzellen-Systemen werden Polymermembranen mit einer Dicke von 20 µm als Elektrolyt eingesetzt. Über diese dünne Membran kann Luft von der Kathode zur Anode diffundieren. Während der diffundierte Luftsauerstoff sofort abreagiert und verbraucht wird, sammelt sich Stickstoff jedoch an. Da das Abgas im Anodenmodul recycelt und im Kreis geführt wird, reichert sich die Konzentration von Stickstoff im Anodengasvolumen mit der Zeit an und führt zur Wasserstoffunterversorgung des Brennstoffzellen-Stacks. Um die Stickstoffkonzentration im Anodenmodul zu senken, wird ein Ventil (das sog. Bleed-Valve) geöffnet. Die Frequenz und Öffnungsdauer des Ventils ist dabei abhängig von den Diffusionskoeffizienten der eingesetzten Materialien und den Betriebsbedingungen. Um den Verlust an Wasserstoff durch das Öffnen des Anodenmoduls zu minimieren, muss das System präzise kalibriert werden.

Das Kathodenmodul

Im Gegensatz zu Wasserstoff wird der für den Betrieb des Brennstoffzellen-Stacks benötigte Sauerstoff im Fahrzeug nicht mitgeführt. Dieser wird aus der Umgebungsluft entnommen. Da Brennstoffzellen sehr sensibel auf Verunreinigungen reagieren, wird der Stack über ein entsprechendes Filtermodul (zumeist mit Aktivkohle kombiniert) von einem ölfreien Verdichter mit Luft versorgt. Der Verdichter selbst ist die Kernkomponente des Kathodenmoduls und bestimmt maßgeblich die Dynamik und die Effizienz des Brennstoffzellen-Systems. Während der benötigte Massenstrom von Wasserstoff im Anodenmodul ohne großen Aufwand hochdynamisch, je nach Betriebspunkt, dem Brennstoffzellen-Stack zugeführt werden kann, muss der Sauerstoff-Massenstrom im Kathodenmodul über den Verdichter realisiert werden. Um eine entsprechende Dynamik des Brennstoffzellen-Systems zu bewerkstelligen, müssen Verdichter eingesetzt werden, die bei einem Sprung von Leerlauf auf Volllast, die benötigte Luftmenge in deutlich unter einer Sekunde bereitstellen können. Dabei muss der Verdichter den Massenstrom über einen variierenden Druckbereich, von atmosphärischen Bedingungen bis zu einigen bar Druck, dem Stack zuführen können. Um diesen Aufgaben gerecht zu werden, müssen Kompressoren mit entsprechender Leistung eingesetzt werden. Beispielsweise sind für ein 100 kW Brennstoffzellen-System Kompressoren mit einer maximalen Leistung von über 20 kW durchaus üblich. Da der Kompressor somit aber auch jene Komponente mit der höchsten Leistungsaufnahme im Brennstoffzellen-System darstellt, müssen der Brennstoffzellen-Stack und der Kompressor sorgfältig aufeinander abgestimmt werden, um eine möglichst hohe Effizienz des Systems zu gewährleisten (Abbildung 6).

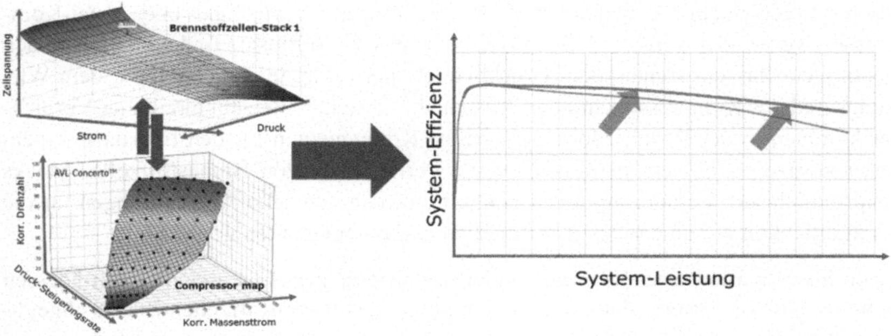

Abbildung 6: Optimierung der Brennstoffzellen-System-Effizienz durch sorgfältige Abstimmung von Brennstoffzellen-Stack und Kompressor.

Wie in Aufgabe 2 bereits angeführt, muss der Wassergehalt der Polymerelektrolytmembran im Stack aufrechterhalten und über die relative Feuchte der zugeführten Medien geregelt werden. Üblicherweise wird Wasserstoff dem System trocken zugeführt und die relative Feuchtigkeit im Brennstoffzellen-Stack über das Kathodenmodul reguliert. Beim Verdichten der Luft wird diese stark erhitzt und muss daher im Anschluss mittels Ladeluftkühler auf Temperaturen knapp über der Stackbetriebstemperatur gesenkt werden, um eine Austrocknung des Stacks bzw. der Polymerelektrolytmembran zu verhindern. Die Luft wird danach über ein Befeuchtermodul, in dem das Produktwasser kondensiert wird, geleitet. Ein nachgeschalteter Wasserabscheider entfernt flüssige Wasseranteile, die die Gaskanäle im Stack blockieren und damit zur Unterversorgung führen könnten, bevor die feuchte Luft in die Brennstoffzelle gelangt. Das Produktwasser aus der elektrochemischen Reaktion wird über das Kathodenabgas in den Befeuchter transportiert und dort wieder zur Befeuchtung der Zuluft genutzt. Die Regelung der relativen Feuchte im Brennstoffzellen-Stack wird in der Regel über das Mischen von trockener und befeuchteter Luft über ein Bypass-Ventil realisiert.

Die Auswahl des Kompressors

Wie in Abbildung 6 bereits dargestellt, wird die Effizienz sowie das dynamische Verhalten eines Brennstoffzellen-Systems durch den Luftverdichter bestimmt. Die Identifikation des bestgeeigneten Kompressors ist damit eine zentrale Aufgabe während der Entwicklung und Designs eines automobilen Brennstoffzellen-Systems. Die Anzahl am Markt zu findender Kompressoren ist denkbar groß und umfasst verschiedene technologische Lösungen. Typischerweise werden ähnliche Kompressoren eingesetzt wie sie in e-Boostern (elektrischen Aufladung von Motoren) Verwendung finden. Prinzipiell können unterschiedliche Typen wie Roots-, Schrauben-, Zentrifugal- oder Axial-Kompressors verwendet werden. Welche Bauform tatsächlich Einsatz findet, hängt von den benötigten Massenströmen, dem Druckbereich, der notwendigen Dynamik, dem Wirkungsgrad des Kompressors und der Kosten ab. Trotz der Vielzahl möglicher Verdichter kommen in der Regel jedoch nur wenige Komponenten für den Einsatz in einem Brennstoffzellen-System in Frage. Da die Performance von Brennstoffzellen-Stacks empfindlich auf Verunreinigungen reagiert, werden spezielle Anforderungen an die Verträglichkeit der eingesetzten Materialien und Komponenten gestellt.

Nach Identifikation eines Kompressors mit entsprechenden Eigenschaften wird dessen Kennfeld mit der Strom-Spannungscharakteristik des Brennstoffzellen-Stacks abgeglichen, um eine Aussage über die zu erwartende Brennstoffzellen-System-Effizienz und damit die Eignung des Kompressors treffen zu können. Abbildung 7 verbildlicht, wie sich die System-Effizienz für die bereits in Abbildung 3 beschriebenen Brennstoffzellen-Stacks 1 und 2 verhalten würde, wenn man für beide denselben Kompressor im Kathodenmodule verwenden würde. Anhand von Optimierungstools, wie AVL CAMEO, wurde über den gesamten Betriebsbereich des Brennstoffzellen-Systems der optimale Betriebspunkt des Kompressors ermittelt, um den höchsten System-Wirkungsgrad zu erhalten. Der effizienteste Betrieb der Brennstoffzellen-Systeme ist jeweils als blaue Kurve in Abbildung 7 dargestellt.

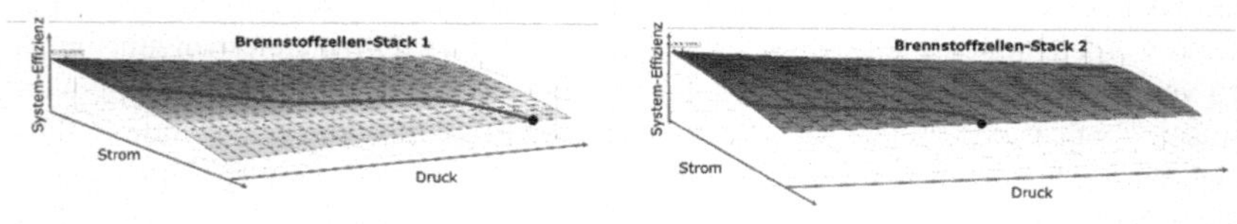

Abbildung 7: Darstellung der System-Effizienz für Brennstoffzellen-Stack1 und 2 unter Verwendung desselben Luftverdichters.

Sowohl bei Stack 1 als auch bei Stack 2 ist ersichtlich, dass mit diesem Kompressor nicht der vollständige Betriebsbereich der Stacks genutzt werden kann. Aufgrund des steigenden Energiebedarfs des Kompressors wird jener Punkt mit der maximalen Brennstoffzellen-System-Leistung (in schwarz dargestellt) bereits vor dem höchst zulässigen Systemdruck erreicht. Eine weitere Steigerung des Drucks würde aufgrund der parasitären Leistung des Kompressors eine Reduktion der Systemleistung und damit des Gesamtwirkungsgrades bedeuten. Während der Einsatz des Kompressors mit Brennstoffzellen-Stack 1 denkbar ist, ist klar ersichtlich, dass der Kompressor für die Kombination mit Stack 2 nicht, oder nur schlecht geeignet ist. Der Grund dafür ist, wie bereits oben beschrieben, dass die Leistung des Brennstoffzellen-Stacks 2 nicht so ausgeprägt vom Druck abhängig ist und damit die Leistungssteigerung durch Druckerhöhung von der dafür benötigten Kompressor-Leistung übertroffen wird. Dies bedeutet jedoch nicht unmittelbar, dass dieser Kompressor generell nicht mit der Plattform von Stack 2 kombiniert werden kann. Würde man die Leistung des Brennstoffzellen-Stacks 2 über die Zellenanzahl um ca. 40% steigern, ergäbe sich, trotz gleichbleibender Strom-Spannungscharakteristik und Druckabhängigkeit, eine System-Effizienz wie in Abbildung 8 dargestellt. Durch die Steigerung der Brennstoffzellen-Stack-Leistung ist der Kompressor nicht mehr überdimensioniert, sondern erlaubt, unter Berücksichtigung der jeweils maximal erreichbaren System-Effizienz (blaue Kurve), die vollständige Ausnutzung des Betriebsbereichs des Stacks, sodass jener Punkt (schwarz) mit der höchsten System-Leistung sich nun beim höchstzulässigen Systemdruck und damit der maximalen Stack-Leistung befindet.

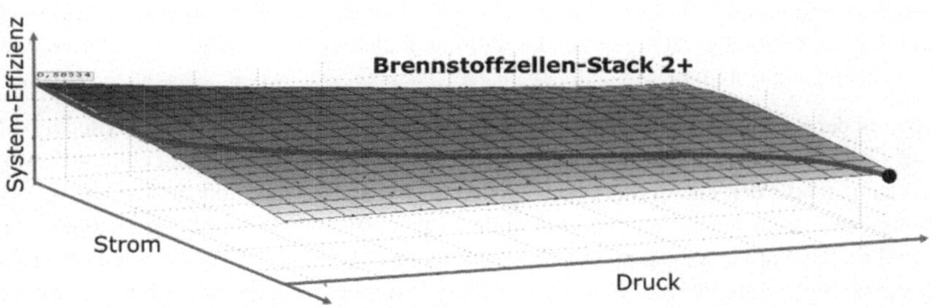

Abbildung 8: System-Effizienz von Brennstoffzellen-Stack 2 mit ca. 40% mehr Leistung unter Verwendung desselben Luftverdichters.

Aufgrund des sehr großen Einflusses des Verdichters auf die Performance des Brennstoffzellensystems werden sehr oft, ausgehend von der Betriebscharakteristik des Stracks, Spezifikationen für den Verdichter abgeleitet und eine komplett neue Komponente entwickelt.

Zusammenfassung

Die Entwicklung eines effizienten und leistungsstarken automobilen Brennstoffzellen-Systems erfordert die detaillierte Betrachtung der Medienversorgung, um das volle Potential dieser Antriebstechnologie entfalten zu können.

Aufgrund der vielfältigen Aufgaben, die die Medienversorgung und -konditionierung in einem Brennstoffzellen-System erfüllt, bedürfen das Design der Medienversorgung und die Auswahl geeigneter Komponenten das Verständnis physikalischer und thermodynamischer Zusammenhänge und Abhängigkeiten von Massenstrom, relativer Feuchte, Druck und Temperatur sowie der Kenntnis spezieller Anforderungen, die die Verwendung von Brennstoffzellen mit sich bringt. Mit Hilfe von Simulations- und Optimierungstools wird dabei eine genaue Spezifikation der benötigten Komponenten ermöglicht und erlaubt die Entwicklung eines individuell an den Brennstoffzellen-Stack und den im Fahrzeug verfügbaren Bauraum angepassten und maßgeschneiderten Medienversorgungsystems.

Obwohl der Reifegrad der automobilen Brennstoffzellen-Technologie (siehe Hyundai ix35 Fuel Cell, Toyota Mirai und Honda Clarity Fuel Cell) bereits als sehr hoch eingestuft werden kann, ist die derzeit am Markt verfügbare Anzahl an Systemkomponenten, die für den Einsatz mit Brennstoffzellen geeignet sind, vergleichsweise klein und bietet ein entsprechend großes Entwicklungs- und Optimierungspotential. Durch (Weiter-)Entwicklung der Systemkomponenten für die Medienversorgung und -konditionierung wird die Energieeffizienz, aber auch die Leistungsfähigkeit zukünftiger automobiler Brennstoffzellen-Systeme signifikant gesteigert werden.

Pyrometrische Temperaturmessung an Ladungswechselventilen und Turbinenrädern im stationären und transienten Motorbetrieb – eine neue Methode zur Steigerung der Entwicklungseffizienz und Türöffner für CO_2- und Kosteneinsparungen

Dipl.-Ing. (FH) Maximilian Fischer, Dr.-Ing. Matthias Bach,
Dipl.-Ing. Klaus Fuoss

Porsche Engineering Services GmbH

J. Liebl (Hrsg.), *Ladungswechsel im Verbrennungsmotor 2017*, Proceedings,
https://doi.org/10.1007/978-3-658-22671-8_7

Kurzzusammenfassung

Die moderne Motorenentwicklung verlangt nach immer flexibleren und dynamischeren Prozessen. Kernpunkte sind dabei Schnelligkeit und Präzision der Messmethoden. Porsche Engineering hat ein Verfahren zur berührungslosen transienten Online-Messung von Bauteiltemperaturen entwickelt, das direkt am Motorprüfstand oder im Fahrzeug einsetzbar ist. Das neue Werkzeug bildet eine wesentliche Grundlage für weitere Steigerungen sowohl der spezifischen Motorleistung als auch für zukünftige CO_2- und Verbrauchsoptimierungen [1].

Bedarf und Problemstellung

Gesetzliche Anforderungen und der Kundenwunsch nach verbrauchsärmeren Fahrzeugen führten in den vergangenen Jahren zu starken Veränderungen bei der Motorisierung neuer Fahrzeuggenerationen. Drei wesentliche Tendenzen prägten dabei die technologische Entwicklung: erstens die Einführung der Kraftstoff-Direkteinspritzung, die in Europa praktisch flächendeckend abgeschlossen ist. Hier stellt sich den Entwicklern aktuell die Frage nach der Erfüllung der zukünftigen Emissionsgrenzwerte zu möglichst geringen Produktmehrkosten. Zweitens werden Otto-Saugmotoren zunehmend durch hubraumkleinere aufgeladene Motoren ersetzt, was unter dem Oberbegriff Downsizing beschrieben wird. Drittens hielten weitere Optimierungen wie beispielsweise Thermomanagement, Start-Stopp-Funktion, Hybridisierung und Reibungsreduktion Einzug.

Insbesondere Direkteinspritzung und Downsizing führten zu einer steigenden spezifischen Motorleistung. Werte um 100 kW/l sind heute Stand der Technik und werden in naher Zukunft aufgrund der stetigen Weiterentwicklung im Abgasturboladerbereich, der Einspritztechnologien, sowie der Brennverfahrensentwicklung weiter wachsen.

Diese Leistungsverdichtung führt zu einer deutlichen Steigerung der spezifischen Wärmeenergie, wodurch auch die thermische Belastung vieler Motorkomponenten steigt. Betroffen sind vor allem Kolben, Ladungswechselventile, Zylinderkopf, Abgaskrümmer und Turbolader. Die gängigen Gegenmaßnahmen sind Anpassung der Motorkühlung, konstruktive Mittel wie etwa integrierte Abgaskrümmer oder Kolbenkühlung oder auch höherwertige Werkstoffe. In aller Regel entstehen dadurch jedoch Mehrkosten.

Jede Motorenentwicklung steht daher vor dem Zielkonflikt zwischen technischen Maßnahmen, zum Beispiel zur Verbrauchsreduktion, und der Vermarktbarkeit, also Kostengrenzen. Ein typischer Fall ist die Werkstoffwahl und die konstruktive Ausführung von Auslassventilen: Einerseits besteht die Möglichkeit, durch Gemischanreicherung im oberen Lastbereich die Abgastemperaturen zu begrenzen und damit die Bauteiltemperaturen der Auslassventile zu reduzieren. Dadurch können kostengünstigere Werkstoffe für die Auslassventile eingesetzt werden, allerdings steigt der Kraftstoffverbrauch in diesen Lastbereichen an. Andererseits kann man höherwertige Werkstoffe verwenden, etwa durch das Ersetzen einer gängigen Stahllegierung wie X50 durch Nimonic, oder natriumgekühlte Ventile. Beides führt aber zu einer deutlichen Erhöhung der Teilepreise. Generell steht jedoch im Vordergrund, das thermomechanische Potenzial des eingesetzten Werkstoffs und der konstruktiven Ausführung voll auszuschöpfen [1].

Stand der Technik

Zur Bestimmung der Ventiltemperaturen werden seit vielen Jahren thermometrische Ventile eingesetzt, bei denen aus Änderungen der Materialhärte auf die Ventiltemperatur geschlossen werden kann. Dieses Verfahren ist etabliert, allerdings liegen die Messergebnisse erst mit deutlicher Verzögerung vor: Der Motor muss erst zerlegt und die Ventile im Labor analysiert werden, was sich zeitlich nur schlecht in heutigen dynamischen Entwicklungsprozessen einbinden lässt. Weiterhin können nur bestimmte Werkstoffe verwendet werden, weshalb die Messventile möglicherweise nicht den Realzustand widerspiegeln. Das Ergebnis lässt auch nur auf die maximale Temperatur schließen, die mit dem verwendeten Applikationsstand in einem gemessenen Betriebspunkt am Ventil herrschte. Informationen über die Ventiltemperatur in anderen Lastpunkten oder mit anderer Applikation gibt es mit einer einzigen Messung nicht [1]. Das Resultat einer solchen Messung zeigt beispielhaft Bild 1. Hier sind die Positionen der Randschichthärtemessung auf dem Ladungswechselventil markiert und ein gemittelter Temperaturverlauf in den Graphen dargestellt.

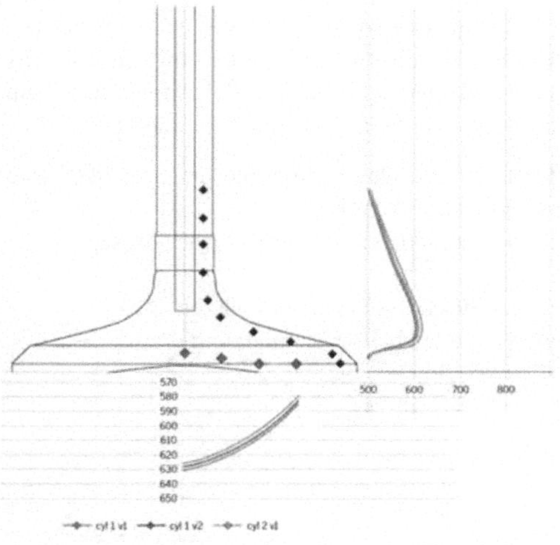

Bild 1: Beispielergebnis einer thermometrischen Ventiluntersuchung

In Sonderfällen werden auch Thermoelemente in die Ventile integriert und mit telemetrischer Signalübertragung überwacht, wie in Bild 2 dargestellt. Dieses Verfahren ist aufwendig und bezüglich der Zuverlässigkeit kritisch, weshalb es sich nicht als Standard durchsetzt [1]. Für die Messung der Bauteiltemperatur der Turbine eines Abgasturboladers sind wiederum keine Systeme am Markt bekannt. Üblicherweise werden Abgas- und Turbinengehäusetemperaturen messtechnisch ermittelt und anschließend simulativ die Temperatur der Turbine validiert.

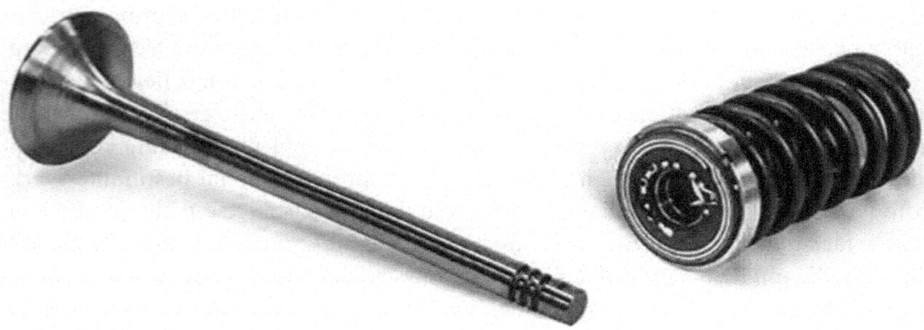

Bild 2: Konzept einer telemetrischen Ventiltemperaturmessung [2]

Motivation

Im Fokus der Entwicklung stand die Nutzung eines Messsignals, das dem Versuchsingenieur am Prüfstand oder im Fahrzeug in Echtzeit zur Verfügung steht. Die Effizienz des Entwicklungsprozesses sowohl in der Mechanik als auch in der Applikation kann dadurch wesentlich gesteigert werden. Dabei wurde im Lastenheft definiert [1]:

- Messbereich bis rund 500 Grad Celsius für Einlassventile und bis circa 900 Grad Celsius für Auslassventile, sowie 1200 Grad für Turbinen
- Messgenauigkeit vergleichbar mit thermometrischen Ventilen oder besser (<10 Kelvin)
- hohe Signaldynamik und Verfügbarkeit des Messsignals in Echtzeit
- Unempfindlichkeit gegen Reflexionen und leichte Verschmutzung
- geringer Bauraumbedarf

Messtechnikkonzept

Zentraler Punkt der Bauteiltemperaturmessung ist ein pyrometrischer Infrarotsensor. In Vorversuchen wurden Sensortypen ausgewählt, die sich aufgrund ihrer Eigenschaften für diese Applikation eignen. Die Messkette zeigt Bild 3 als Konzept und Umsetzung an einem Zylinderkopf zur Ventiltemperaturmessung. Die Messkette besteht aus dem Infrarotsensor mit Controller und einem Datenerhebungssystem. Das Signal des Prüflings wird in einer Fokussieroptik gebündelt und mit einer Glasfaser an den Sensor übertragen. So ist der Sensor frei von mechanischen und thermischen Belastungen, die bei einem direkten Verbau im Verbrennungsmotor wirken würden. Ein Saphirfenster schützt die Fokussieroptik vor den hohen Abgastemperaturen und dem Abgasgegendruck. Das Messsignal kann ohne Probleme in die üblichen Systeme von Motorprüfständen eingebunden werden. Soll die Messung im Fahrzeug erfolgen, kann das Signal alternativ im Applikationsrechner erfasst werden, um direkte Reaktionen auf den Applikationsstand zu erkennen.

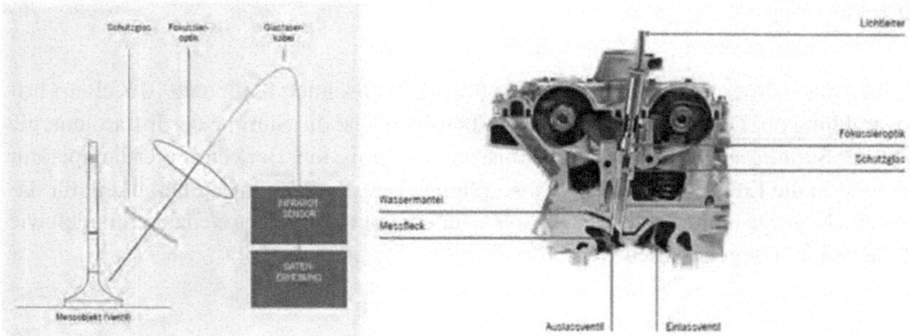

Bild 3: Messkette als Konzept und Beispielumsetzung

Eine der Herausforderungen dieses Systems liegt in einer geeigneten Auswahl des Wellenlängenbereichs, der für die Messung genutzt wird. Außerdem müssen Prüfling und Umgebung für bestmögliche Messbedingungen optimiert werden, da Fehler hierbei zu Abweichungen von bis zu 100 % oder gar zur Messung anderer Phänomene führen können. So bedarf es der Grundlagen der Optik, die im Folgenden auszugsweise ein Verständnis der wichtigsten Aspekte vermitteln sollen.

Die Infrarotstrahlung wurde 1666 von Sir Isaac Newton bei Versuchen mit dem Sonnenlicht und einem Prisma entdeckt. Die entsprechende Einordnung der Infrarotstrahlung zeigt Bild 4. Später wurde die relative Energie der einzelnen Farben ermittelt, die

Energie jenseits des sichtbaren Spektrums entdeckt und folglich die Daten quantifiziert, sowie die Gleichungen zur Beschreibung der Infrarotenergie aufgestellt [3].

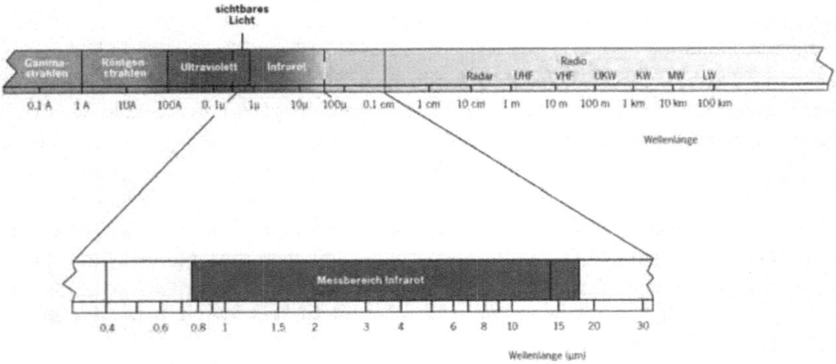

Bild 4: Einordnung der Infrarotstrahlung [4]

So gibt jeder Körper mit einer Temperatur über dem absoluten Nullpunkt (0 Kelvin) Infrarotstrahlung ab. Dem Energieerhaltungssatz folgend, ist die Summe der Infrarotenergie gleich der Summe aus Reflektion, Transmission und Emission. Bei konstanter Temperatur ist weiterhin die Emission gleich der Absorption [3]. Auch wenn Infrarotstrahlung für das menschliche Auge nicht sichtbar ist, kann sie für ein grundsätzliches Gedankenmodell wie sichtbares Licht angenommen werden.

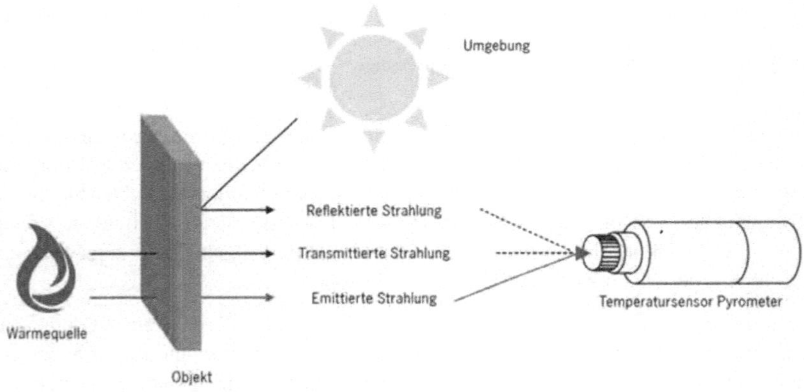

Bild 5: Anteile der Infrarotstrahlung [5]

Der Energieerhaltungssatz wird durch Bild 5 veranschaulicht, wobei selbiges Gedankenmodell gilt. Die Darstellung zeigt ein Pyrometer, welches Strahlung misst, ein Messobjekt, eine Wärmequelle, sowie Umgebungseinflüsse. Bei reflektierter Strahlung handelt es sich um Strahlung die durch einen Spiegelungseffekt umgeleitet wird, ähnlich einem Laserstrahl, der auf einen Spiegel geführt wird und entsprechend einen Lichtpunkt zurückwirft. Bei transmittierter Strahlung handelt es sich um Strahlung, die hinter einem Objekt abgegeben wird, aber das Objekt durchdringen kann, wie ein Laserstrahl, der durch eine Glasscheibe geführt wird. Die emittierte Strahlung ist Strahlung, die von einem Körper abgegeben wird. Im sichtbaren Licht vergleichbar mit einer hoch belasteten Bremsscheibe, die in der Dunkelheit glüht. Dieses Gedankenmodell zeigt bereits die Herausforderungen dieses Messprinzips auf. Ein Pyrometer misst entsprechend dem Energieerhaltungssatz die Summe der infraroten Energie, die auf dem Detektor durch ein optisches System gebündelt wird, also Reflexion, Transmission und Emission. Eine Aussage über die Temperatur eines Objekts gibt allerdings nur die emittierte Strahlung. Entsprechend gilt es, Einflüsse aus Transmission und Reflexion zu vermeiden.

Da dies in der Praxis nicht vollständig möglich ist, werden die Fremdeinwirkungen im so genannten Emissionsfaktor oder Emissionsgrad dargestellt. Dieser gibt an, welcher Anteil der gemessenen Strahlung eines Körpers auf Emission zurückzuführen ist und kann maximal den Wert eins erreichen. Der Wert eins ist aber rein theoretischer Natur und gilt für einen Körper, der Strahlung weder reflektiert, noch durchlässig für selbige ist. Ein solcher Körper wird als schwarzer Strahler oder Schwarzkörper bezeichnet. Die beste Annäherung an einen schwarzen Strahler bietet eine für Infrarotstrahlung undurchlässige Kugel mit einer kleinen zylindrischen Öffnung. Misst man mit einem Pyrometer durch diese Öffnung die Innenwand der Kugel, wird ein Emissionsfaktor von 0,998 erreicht [3]. Mit entsprechenden Vorrichtungen, die auf verschiedene Innentemperaturen aufgeheizt werden können, werden technische Pyrometer auch kalibriert. Der Emissionsfaktor ist also ein Maß für das Verhältnis der thermischen Strahlung eines Körpers in Relation zu einem Schwarzkörper, bei gleicher Temperatur. Ist der Emissionsfaktor über den Wellenlängenbereich konstant, wird der Körper als Graukörper bezeichnet, wie Bild 6 zeigt. Variiert der Emissionsfaktor über den Wellenlängenbereich, bezeichnet man den Körper, ebenfalls in Anlehnung an die Farben des Lichts, als Bunt-Strahler [3]. Zu den Bunt-Strahlern zählen auch alle Arten von Metallen. Diese Tatsache führt, zusammen mit anderen Einflussfaktoren, dazu, dass nicht der gesamte infrarote Wellenlängenbereich für die hier aufgezeigte Messmethode geeignet ist.

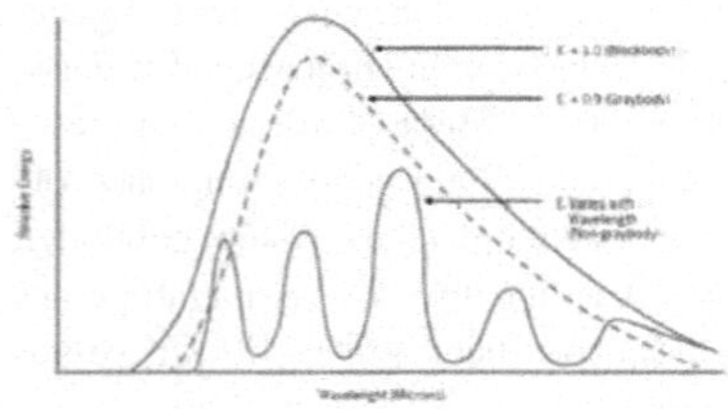

Bild 6: Spektralverteilung verschiedener Emissionen [3]

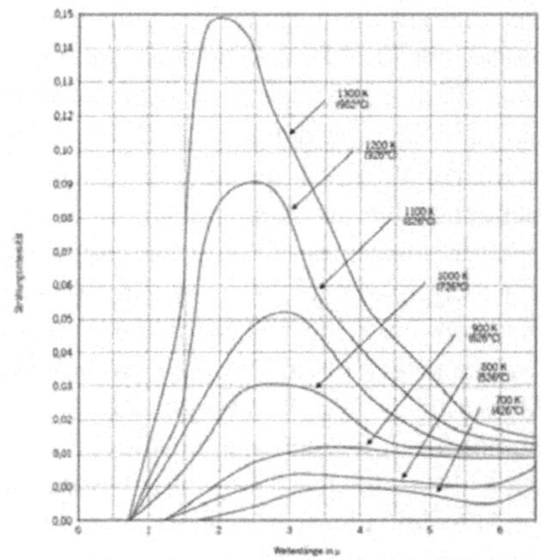

Bild 7: Strahlungsintensität als Funktion von Wellenlänge und Temperatur [3]

Entsprechend dieser grundlegenden Überlegungen galt es, das Messsystem so zu gestalten, dass Störeinflüsse minimiert werden, während die gemessene emittierte Signalintensität auf einem hohen Niveau liegt. Im Folgenden wird die Auslegung der Messkette aus Bild 3 vom Messobjekt bis zum Sensor vorgestellt.

Bild 7 zeigt die Strahlungsintensität als Funktion von Wellenlänge und Temperatur. Hieraus wird die grundsätzliche Funktion eines Pyrometers ersichtlich. So steigt mit der Temperatur auch die Signalintensität. Ebenso zeigt das Diagramm bereits, dass die Signalintensität – und damit die Qualität der Messung – in bestimmten Wellenlängenbereichen höher liegt, als in anderen.

Wie bereits erwähnt, handelt es sich bei Metallen allerdings um Bunt-Strahler. Bild 8 zeigt beispielsweise das Emissionsverhalten verschiedener Metalle in Abhängigkeit der Messwellenlänge, woraus ersichtlich wird, dass eine qualitativ hochwertige Messung nur im infrarot kurzwelligen Bereich möglich ist.

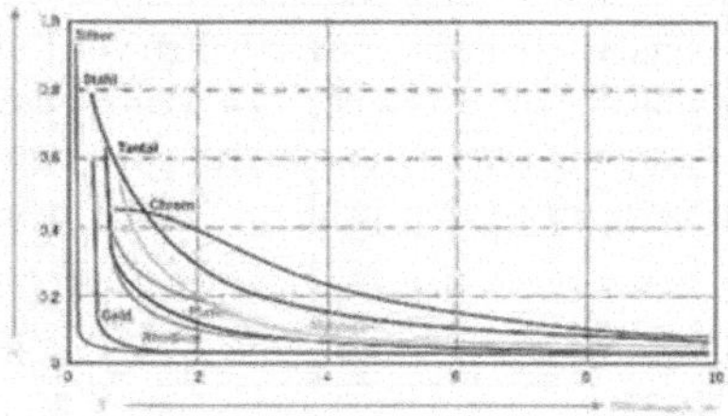

Bild 8: Emissionsgrad verschiedener Metalle [6]

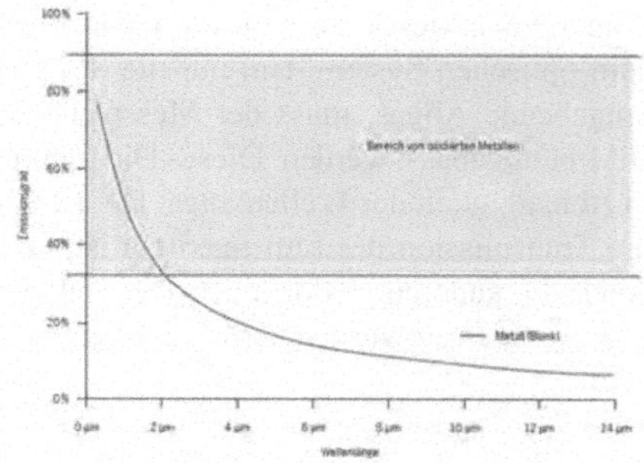

Bild 9: Einfluss des Oberflächenzustandes auf den Emissionsgrad [7]

Diese Aussage spiegelt auch Bild 9 wieder. Ergänzend wird hier der Einfluss der metallischen Oberfläche aufgezeigt. So weist blankes Metall ein hohes Reflexionsvermögen auf. Entsprechend dem Energieerhaltungssatz sinkt damit der gemessene Anteil der emittierten Strahlung und damit auch der Emissionsfaktor. Diese Tatsache stellt eine große Herausforderung dar, da die Oberflächenqualität üblicher Prüflinge schwankt und damit große Messfehler verursachen kann. Selbst bei optimaler Einstellung des Emissionsfaktors, würde sich dieser während des Motorbetriebs durch Oxidation und Ablagerungen verändern. Auch Reflexionen durch die direkte Umgebung, wie Ventilsitzring, Kanalgeometrie und Turbinengehäuse würden das Ergebnis stark verfälschen. Hier ist es gelungen durch ein geeignetes temperaturfestes Beschichtungsverfahren den Messzustand im Verbrennungsmotor an den schwarzen Strahler anzunähern, indem die Oberfläche von Prüfling und Umgebung mattiert wird, wie Bild 10 am Beispiel des Ladungswechselventils zeigt. So wird das Emissionsverhalten auf einem hohen Niveau gehalten, während Reflexionseinflüsse nahezu ausgeschlossen werden.

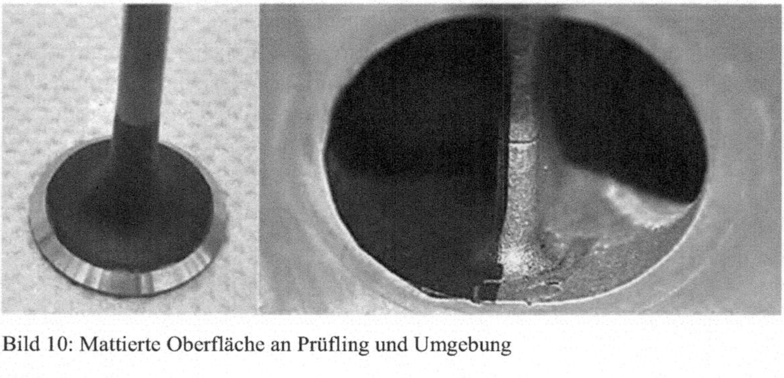

Bild 10: Mattierte Oberfläche an Prüfling und Umgebung

Folgend der Messkette wird die Infrarotstrahlung vom Prüfling emittiert und gelangt zum optischen System. Um nur die Strahlung des Prüflings zu messen und nicht das umgebende Abgas, muss der Messwellenlängenbereich unter anderem entsprechend Bild 11 angepasst werden. Dieses Diagramm zeigt das Transmissionsverhalten von Luft in Abhängigkeit der Wellenlänge. Der Messwellenlängenbereich ist so zu wählen, dass die Transmission der Luft maximal ist, also durch die Luft hindurch gemessen wird. Auch die anderen gasförmigen Bestandteile, sowie Partikeln, Schmieröl und Wasser bzw. Kondensat wurden berücksichtigt.

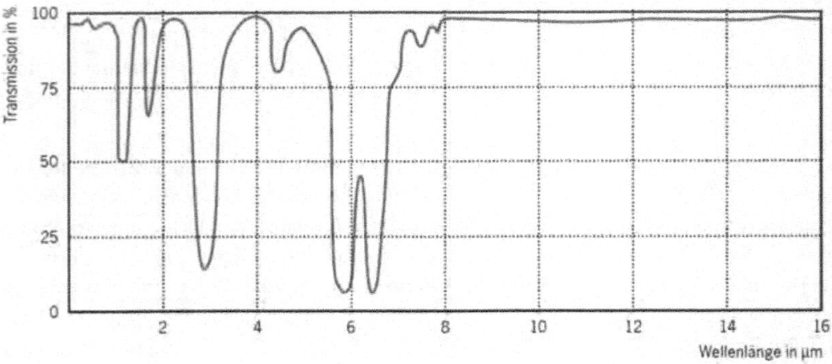

Bild 11: Transmissionsgrad von Luft [6]

Selbige Strategie wird für das Schutzfenster und das Linsensystem der Optik verfolgt. Durch geeignete Werkstoffauswahl wird das Transmissionsverhalten der optischen Komponenten festgelegt, um die Signalintensität zu maximieren. Bild 12 zeigt beispielsweise das Transmissionsverhalten von Saphir, welches sich gut mit dem angestrebten Messbereich deckt. Den Einfluss der Glasfaser zeigt Bild 13. Hier ist nicht die Transmission, sondern die Dämpfung über die Wellenlänge dargestellt. Diese wird in Dezibel pro Kilometer angegeben, was bereits auf ein grundsätzlich hohes Transmissionsverhalten schließen lässt. Dennoch gelang es auch hier den Peak bei 1,4 µm zu umgehen. Letztlich wird die gesamte Messkette mit Optiksystem, Glasfaser und Sensor gemeinsam kalibriert, um die Gesamtverluste zu reduzieren.

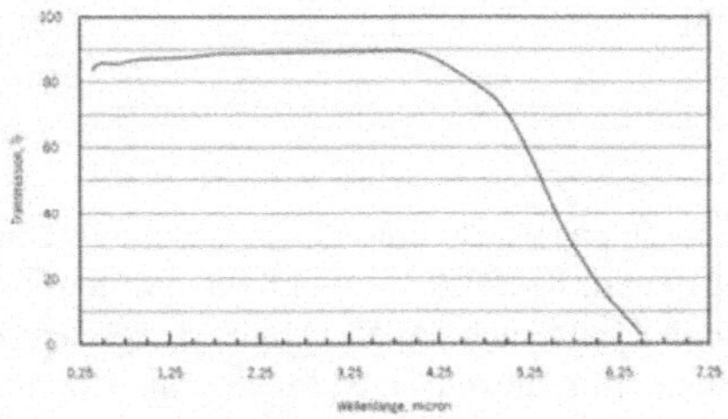

Bild 12: Transmissionsgrad von Saphir [8]

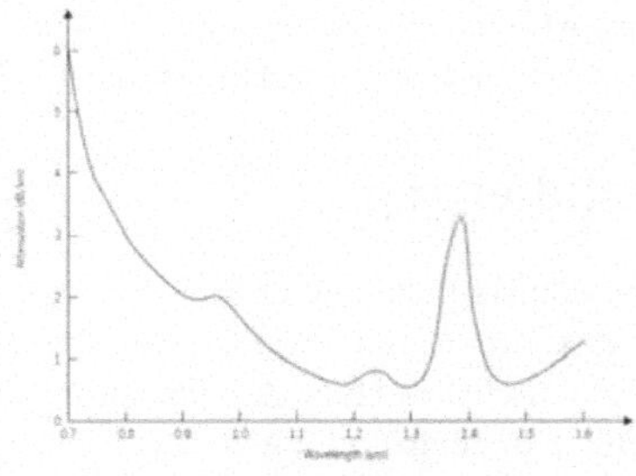

Bild 13: Dämpfung der Transmission einer Glasfaser [9]

Trotz all dieser Vorkehrungen und Anpassungen blieb die pyrometrische Temperaturmessung im Verbrennungsmotor eine große Herausforderung. Ein sehr sensibler Punkt war die Verschmutzung des Schutzglases durch Ruß aus dem Abgas. Insbesondere wenn Temperaturmessungen über längere Versuchszeiten erfolgen, können Ablagerungen die mögliche Messdauer massiv reduzieren. Zur Lösung dieser Problematik wurden zwei unterschiedliche Abhilfemaßnahmen entwickelt:

Eine konstruktive Ausführung mit schneller Reinigungsmöglichkeit des Schutzglases und die Nutzung eines Zweifarbpyrometers.

Das Prinzip der Zweifarbpyrometrie ist in der Forschung und Entwicklung von Verbrennungsmotoren bereits in vielen Themengebieten im Einsatz. Bei der Detektion von Rußbildung wird es etwa verwendet, um die Temperatur der Rußpartikel zu bestimmen, obgleich diese Partikeln kleiner sind als der Fokussierpunkt des Pyrometers [13]. Das Konzept beruht auf der Verwendung von zwei Infrarotdetektoren, die in unterschiedlichen Wellenlängenbereichen messen. Optik und Glasfaser nehmen das Signal weiterhin auf und leiten es im Sensorgehäuse auf die beiden Sensoren. Anstelle der absoluten Energie, wird der Quotient der Energie der beiden Signale ausgewertet.

Vorteil dieses Konzeptes ist die gleiche Beeinflussung beider Einzelsignale. Leichte Veränderungen des Oberflächenzustandes oder Hindernisse, wie Rußpartikel, ändern also nicht das Verhältnis der Signale und somit auch nicht die ausgegebene Temperatur. Entsprechend ist ersichtlich, dass die Messung unabhängig vom Emissionswert ist, bzw. nur unter Angabe des Emissionsverhältnisses sehr präzise Ergebnisse liefert.

Die vorliegende Signaldämpfung durch Rußablagerungen an dem Schutzfenster der Messsonde wird also kompensiert. Darüber hinaus lässt sich hierdurch der Intensitätsverlust und damit der Verschmutzungsgrad erkennen. Die Vorgabe einer maximal erlaubten Signalschwächung veranlasst den Controller beim Erreichen des Grenzwertes zum Abschalten des Sensors, die Optik muss dann gereinigt werden. Dieses Verfahren gewährleistet eine gleichbleibende Qualität der Messungen [1].

Validierung

Um die Möglichkeiten dieses Systems aufzuzeigen, wurde eine umfangreiche interne Versuchsreihe mit zwei Versuchsfahrzeugen durchgeführt. Sowohl die zweitägige, 1600 Kilometer lange Anfahrt zum Prüfgelände, als auch die Rückfahrt, absolvierten beide Fahrzeuge auf eigener Achse, um mit einem Langzeit-Datenlogging die Robustheit des Messsystems nachzuweisen [1]. In Bild 14 ist die niederfrequent gemessene Überführung von Bietigheim nach Nardò dargestellt. Gezeigt sind Last, errechnet vom Steuergerät, Temperatur und Fahrzeuggeschwindigkeit. Im Temperaturdiagramm ist die graue Linie der Abgastemperatur und die blaue Linie der Ventiltemperatur zuzuordnen. Eine Reinigung der Sonde wurde nach etwa 900 km durchgeführt, wobei der Sensor zu diesem Zeitpunkt noch nicht den Grenzwert für die Verschmutzung erreicht hatte. Dies belegt auch die Amplitudenhöhe der Ventiltemperatur, die keinerlei Schwächung aufweist.

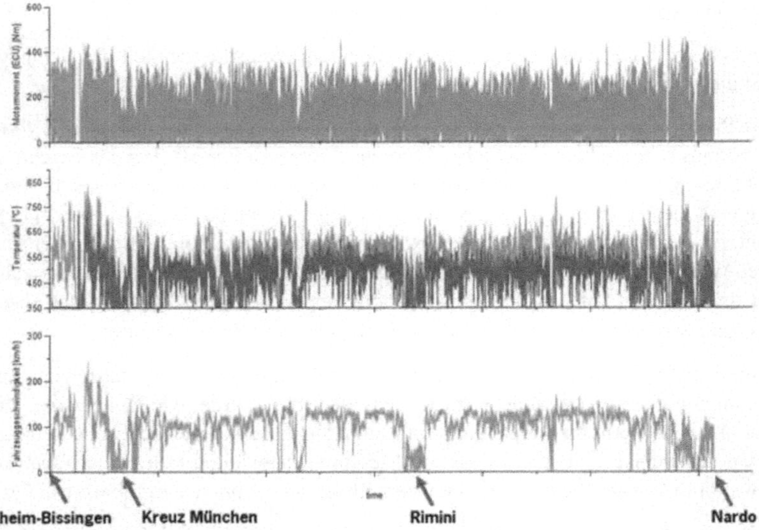

Bild 14: Messung der Überführung von Bietigheim nach Nardò

Die Messungen im Nardò Technical Center von Porsche Engineering liefen im Rahmen eines umfangreichen Versuchsprogramms ab. Beide Versuchsfahrzeuge waren mit direkteinspritzenden Sechszylinder Saugmotoren in zwei unterschiedlichen Leistungsstufen ausgerüstet. Bei den zu untersuchenden Auslassventilen handelte es sich um Hohlschaftventile mit Natriumfüllung. Variiert wurden die Kraftstoffsorte, der Sensor sowie die Applikationswerte für Zündwinkel, Lambda, Abgasgegendruck und Kühlmitteltemperatur. Schon der Umfang dieser Versuchsmatrix zeigt, welches Potenzial zur Datengewinnung in dieser Messtechnik steckt [1].

Bei der Streckenplanung wurde großes Augenmerk auf die Vergleichbarkeit und Reproduzierbarkeit der Messergebnisse gelegt. Durchgeführt wurden die Messreihen auf der Kreisbahn des Testgeländes, wie Bild 15 in der Draufsicht zeigt.

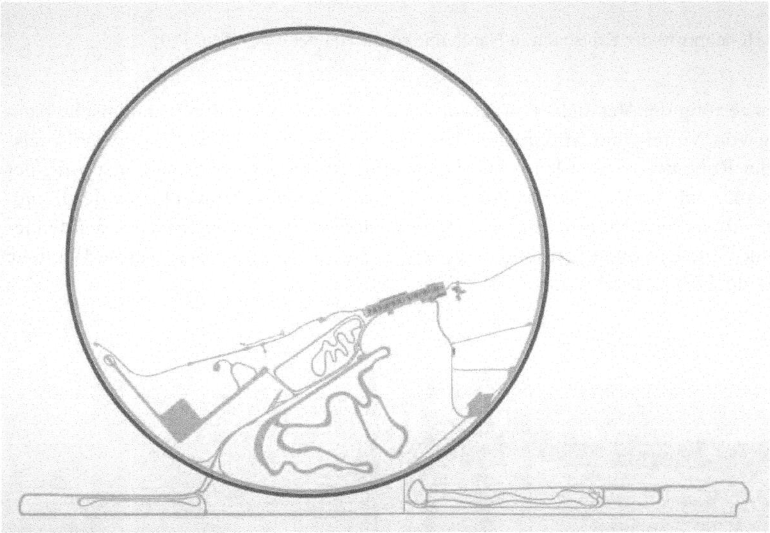

Bild 15: Kreisbahn in Nardò [10]

Dabei handelt es sich um eine Kreisbahn mit einem Radius von 2000 m. Dennoch weißt der Streckenverlauf ein gewisses Höhenprofil auf, welches es zu berücksichtigen galt. Ein einheitliches Fahrprofil (Bild 16) stellte direkt vergleichbare Ergebnisse sicher. Die bewerteten Messbereiche befinden sich entsprechend immer in gleicher Fahrtrichtung innerhalb der gleichen Streckenmarkierungen. Es wurden also Lastpunkte von der Teillast bis zur Volllast (1. Runde) angefahren und diese anschließend von der Volllast zur Teillast (2. Runde) wiederholt.

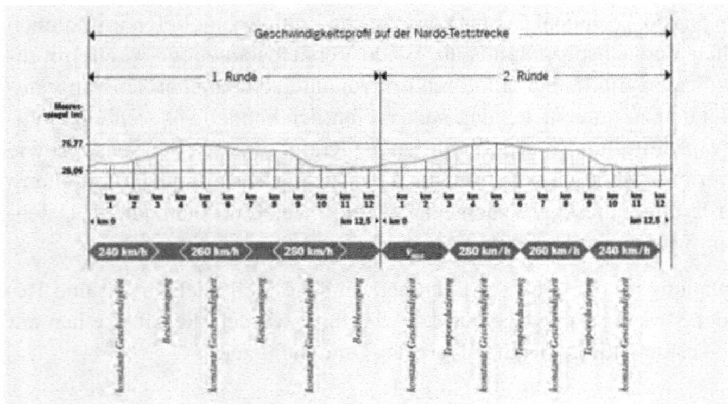

Bild 16: Höhenprofil der Kreisbahn in Nardò und resultierender Testzyklus [10]

Zur Auswertung der Versuchsmatrix wurden die Datenmengen durch statistische Auswertung von Mittel- und Maximalwerten stark komprimiert. Bild 17 zeigt beispielsweise die Rohdaten einer Messreihe. Dargestellt ist das Geschwindigkeitsprofil, der Lastzustand, anhand des vom Motorsteuergerät errechneten Moments, sowie die gemessene Abgas- und Ventiltemperatur. Für die statistischen Auswertungen wurden jeweils eine Strecke von einem Kilometer der 2. Runde herangezogen – diese Bereiche sind in Bild 17 blau markiert.

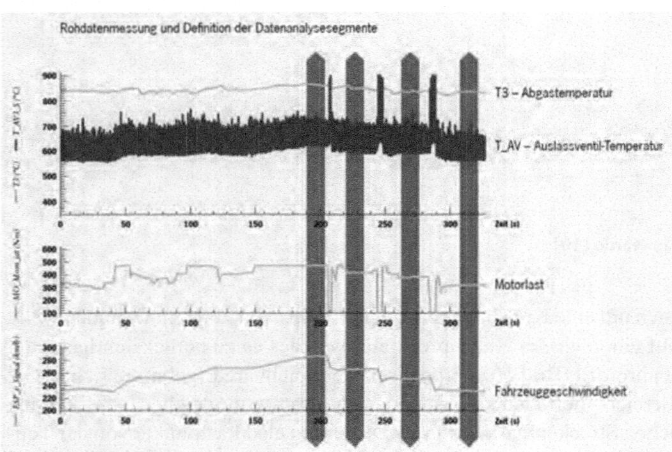

Bild 17: Rohdaten eines Versuchs

Unter Volllast wurde bei dieser Versuchsreihe eine höchste Auslassventiltemperatur von 805,6 °C gemessen. Diese trat mit Schlechtkraftstoff in Verbindung mit einer leichten Applikationsänderung auf. Die höchste gemessene Abgastemperatur (T3) von 893,8 °C wurde über ein konventionelles Thermoelement beim Einsatz von Super Plus 100 in Verbindung mit einer leichten Applikationsänderung – einer Gemischabmagerung – ermittelt. Die insgesamt höchsten Auslassventiltemperaturen traten im befeuerten Schub auf. Hier ließen sich mit dem neuen trägheitslosen Messsystem Werte von über 900 °C ablesen, dem für diese Versuchsreihe gewählten oberen Temperaturende der Sensorkalibrierung.

Um einen Eindruck der Reproduzierbarkeit zu erhalten, wurden zwischen den Messreihen immer wieder Referenzmessungen durchgeführt und verglichen.

Weiterhin wurden jeweils die gemittelten Werte der ersten und zweiten Runde verglichen. Bild 18 zeigt einen solchen Vergleich. Das rechte untere Teilbild zeigt die Rohdaten und die blau markierten Bereiche für die statistische Auswertung, wie in Bild 17 bereits diskutiert. Dem rechten oberen Teilbild liegen dieselben Rohdaten zu Grunde, allerdings wurden hier die Werte der ersten Runde zur Mittelwertbildung herangezogen. Das linke Teilbild zeigt dann den Vergleich der Mittelwerte von erster zu zweiter Runde. Ausgewertet sind je Lastpunkt bzw. Geschwindigkeit die Abgas- (T3) sowie die Ventiltemperatur (T_AV). Die vier Lastpunkte sind zur besseren Orientierung in den drei Teilbildern mit Buchstaben (A, B, C, D) versehen.

Der im rechten oberen Teilbild zu erkennende größere Abstand zwischen den blauen Balken ist durch die notwendigen Beschleunigungsphasen zwischen den Konstant Fahrbereichen zu begründen.

Durch immer gleiche Kilometerabstände bei der Auswahl der Mittelungsbereiche ergibt sich weiterhin ein Unterschied des gewählten Vollastbereichs (A) aus der ersten und der zweiten Runde von etwa hundert Metern, obwohl es sich um die gleichen Rohdaten handelt. Entsprechend unterscheidet sich der Mittelungsbereich und damit das Ergebnis. Da der Konstant Fahrbereich jedes Lastpunktes deutlich länger als ein Kilometer ist, wurde diese Verschiebung absichtlich gewählt, um auch hier einen Eindruck des Einflusses der Mittelung zu sehen.

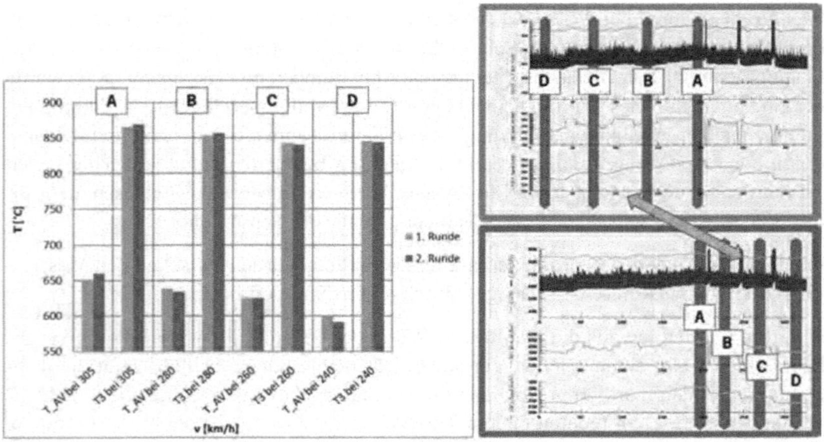

Bild 18: Vergleich von erster und zweiter Runde

Die größte Differenz beträgt hierbei 10,2 Kelvin bei der Ventiltemperatur des Lastpunktes A. Bei der Abgastemperatur ist die größte Differenz zwischen erster und zweiter Runde bei Lastpunkt A mit 3,9 Kelvin. Die geringsten Abweichungen betragen 1,6 Kelvin für T3 beim Lastpunkt D und 0,6 Kelvin für T_AV beim Lastpunkt C. Ähnliche Werte wurden auch bei den weiteren Vergleichen erzielt.

Im Folgenden sollen beispielhaft zwei Variationsparameter vorgestellt werden.

Bild 19 zeigt den Einfluss der manuellen Kühlwassertemperaturerhöhung. Hierzu wurden die Kühlerlufteinlässe des Fahrzeugs großflächig abgedeckt. Ein Eingriff in die Applikationsparameter fand nicht statt. Das linke Teilbild zeigt wieder die Ergebnisse der Mittelwertbildung der 2. Runde für Abgas- und Auslassventiltemperatur für die vier Lastpunkte. Das rechte Teilbild zeigt von oben nach unten das Geschwindigkeitsprofil, die Kühlmitteltemperatur, sowie den Lambda Wert der zweiten Runde. Die grauen Balken und Linien sind hierbei der Referenzkonfiguration zuzuordnen, blau markiert sind die Messergebnisse mit der reduzierten Kühlleistung.

Durch die reduzierte Kühlleistung steigt die Kühlmitteltemperatur bereits in der ersten Runde an, weshalb der Wert zu Beginn des rechten Teilbildes bereits deutlich erhöht ist. Durch den hohen Wärmeeintrag der Volllast (A) steigt die Kühlmitteltemperatur weiterhin, bis bei 105 °C ein Schwellwert für den Bauteilschutz greift und die Motorsteuerung zur Anfettung des Gemisches bewegt. Entsprechend bleibt das Luftverhältnis auf einem niedrigeren Niveau als in der Referenzmessung, bis es sich erst bei niedriger Teillast (D) wieder annähert. Mit Fokus auf das Auslassventil kann festgestellt werden, dass in der Volllast (A) die Ventiltemperatur im Rahmen der Reproduzierbarkeit auf dem gleichen Niveau oder maximal leicht erhöht ist, da hier der Bauteilschutz erst spät greift und noch keine Auswirkung über den Mittelungsbereich zeigt. In den Lastpunkten B und C lässt sich dann eine deutlich niedrigere Temperatur des Ventils nachweisen. Entsprechend lässt sich feststellen, dass der Bauteilschutz funktioniert. Mit Fokus auf das Auslassventil konnte mit der pyrometrischen Temperaturmessung allerdings zusätzliches Potential aufgedeckt werden, den Anfettungsbedarf zu reduzieren.

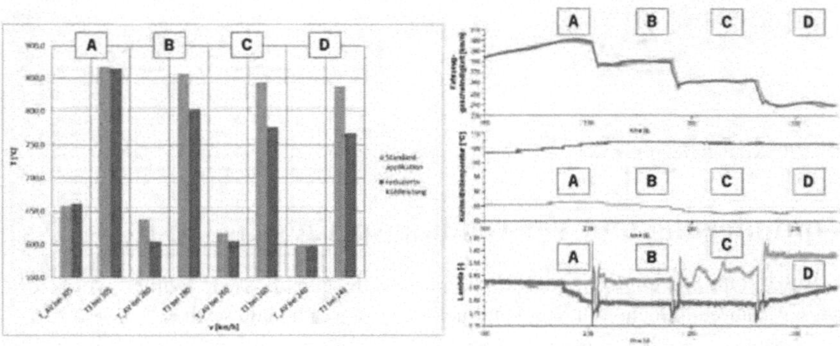

Bild 19: Applikationseinfluss auf reduzierte Kühlleistung

Bild 20 zeigt den Einfluss der Kraftstoffzusammensetzung auf die Ventiltemperatur und lässt sich grundsätzlich analog zu Bild 19 lesen. Hier werden drei Messungen miteinander verglichen. Neben der Referenzmessung in grau mit einer Kraftstoffqualität von 100 Oktan, sind die entsprechenden Ergebnisse von einem Kraftstoff mit 95 Oktan (blau), sowie eines Schlechtkraftstoffs, der einem Benzinkraftstoff mit etwa 26 % Ethanol entspricht (grün), dargestellt. Das rechte Teilbild zeigt neben dem Geschwindigkeitsprofil den Zündwinkel und den Lambda Wert. Im Rahmen der Reproduzierbarkeit lässt sich hierbei erkennen, dass die Thermodynamikapplikation etwa gleich ist. Auch die gemittelte Abgastemperatur der verschiedenen Kraftstoffe zeigt in etwa das gleiche Niveau je Lastpunkt. Die Ventiltemperatur ist jedoch höher, je klopffester der Kraftstoff ist, was vor allem auf die höhere Verbrennungstemperatur zurückzuführen ist. Das lässt sich auch mit der jeweils erreichten Endgeschwindigkeit belegen, die ebenfalls höher ist, je klopffester der Kraftstoff ist und damit für eine höhere Leistungsabgabe spricht. Bis zur Abgastemperaturmessstelle im Krümmer relativiert sich dieser Energieeintrag jedoch.

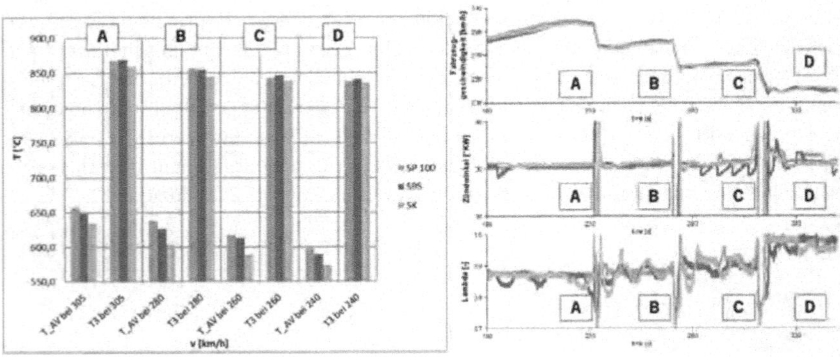

Bild 20: Kraftstoffeinfluss

Optimierung und Verwendungsprozess

Mehrere Optimierungsschleifen sind mittlerweile eingeflossen. Seither wurde das Messverfahren in mehreren Kundenprojekten erfolgreich eingesetzt.

So diente es beispielsweise der Ursachenerforschung von Ventilschäden und von übermäßigem Verschleiß von Ventilsitzringen. Weitere Einsätze waren die Vergleiche unterschiedlicher Ventilausführungen mit und ohne Natriumfüllung sowie von unterschiedlichen Motorapplikationen. Dabei ging es um die Auswahl des kostengünstigsten Ventilwerkstoffs für jede Applikationsvariante [1]. Auch der Wirkungsgrad von Natrium gefüllten Auslassventilen durch den Shaker Effekt, abhängig von der Drehzahl, konnte bereits bewertet werden.

In einer weiteren Untersuchung sollte eine Auslassventilfeder aus Kostengründen sowohl für eine saugmotorische, wie auch für eine Turboaufgeladene Großserienanwendung Einsatz finden. Entsprechend stellte die Feder einen technischen Kompromiss aus Reibleistung und grundsätzlicher Funktion dar. Während sich die Auslegung in der Kinematik- und Dynamiküberprüfung unauffällig verhielt, konnte die pyrometrische Temperaturmessung, durch ihre hohe Dynamik, negative Temperaturpeaks und damit ein Ventilöffnen in der befeuerten Anwendung des Turbomotors nachweisen.

Bei der Anwendung zur Messung der Turbinentemperatur konnte neben den Absolutwerten auch die Durchwärmung des Turbinenrads und das Gradientverhalten durch die Wastegate-Klappe oder die Flügelstellung an Turbinen mit variabler Turbinengeometrie überprüft werden. Auch die Bewertung des thermischen Verhaltens aufgrund einer ungleichmäßigen Zündfolge, wie es ein Achtzylinder V-Motor mit Kreuzwelle aufweist, war bereits möglich.

Allgemeiner Verwendungsprozess

Die konstruktive Umsetzung muss für jede Anwendung individuell geprüft werden und folgt dem Design-Prozess aus Bild 21. So wird zuerst das grundsätzliche Ziel der Messreihe definiert und der Messfleck auf dem Objekt entsprechend positioniert. Anschließend muss auch die Sonde gemäß den Ausführungen der physikalischen Grundlagen positioniert werden. Es folgt die Prüfung auf Interferenzen und ob das Risiko der Beeinflussung der Motorfunktionen besteht. Anschließend kann die Designschleife wiederholt werden, bis alle Anforderungen erfüllt werden.

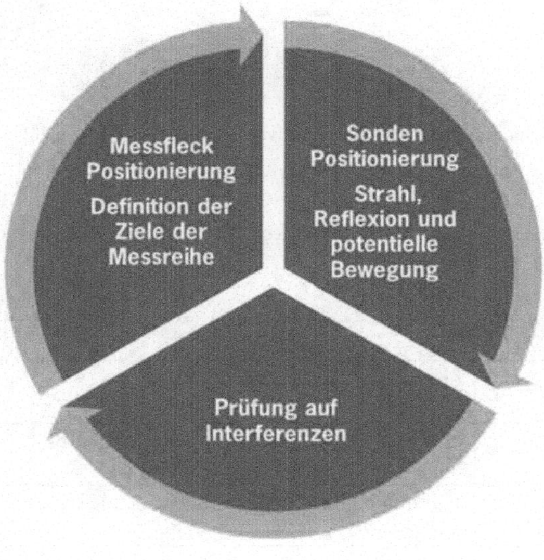

Bild 21: iterativer Design Prozess

Eine Herausforderung dieser Konstruktion – sofern sie nicht bei prototypischen Bauteilen im Gussteil bereits vorgehalten werden kann – ist die Schaffung des optischen Zugangs, der auch den Ölraum und den Kühlwassermantel schneiden kann. Problempunkt war dabei das Abdichten gegen das Kühlwasser oder sogar Drucköl. Mit Hilfe eines aufwendigen Schweißverfahrens konnte aber auch diese Herausforderung gelöst werden, sodass das Verfahren auch an bereits entwickelten Zylinderköpfen und Turboladern ohne Probleme eingesetzt und relativ frei positioniert werden kann.

Der Anwendungszweck und das Ziel der Messung nehmen starken Einfluss auf die Positionierung des Messflecks, wie Bild 22 zeigt.

Bild 22: potentielle Messfleckpositionierung bei Ladungswechselventilen, VTG Schaufeln [11] und Turbinen [12]

Grundsätzlich lässt sich die Positionierung in Abhängigkeit der Ziele der Messreihe nach Tabelle 1 festlegen.

Tabelle 1: Positionierung des Messflecks

Position in Bild 22	Messobjekt	Ziel
A	Auslassventil	Maximale Oberflächentemperatur für Vollschaftventile / Thermische Überlast
B	Auslassventil	Maximale Oberflächentemperatur für Hohlschaftventile / Thermische Überlast
C	Auslassventil	Wärmeübergang zwischen Ventil und Ventilsitzring / Verschleiß
D	Einlassventil	Maximale Oberflächentemperatur für Vollschaftventile / Thermische Überlast
E	Einlassventil	Wärmeübergang zwischen Ventil und Ventilsitzring / Verschleiß
F	Turbinenrad	Maximale Oberflächentemperatur / Thermische Überlast
G	VTG Schaufel	Maximale Oberflächentemperatur / Thermische Überlast

Optimierungen

Aktuell ist das Entwicklungswerkzeug bei Porsche Engineering bereits in der sechsten Evolutionsstufe im Einsatz. Einen Vergleich zwischen der Optik der vierten Evolutionsstufe, wie sie noch zur Validierung des Konzeptes in Nardò verwendet wurde, und der aktuellen Sonde zeigt Bild 23.

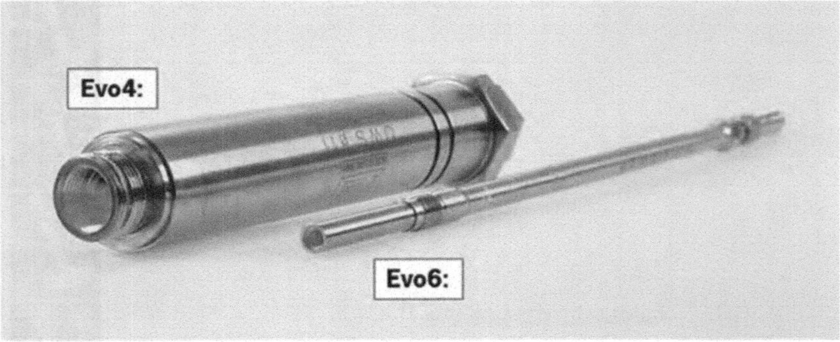

Bild 23: neueste Generation der Messsonde

Dabei wurde das Design grundlegend optimiert. Durch den Verzicht auf Standard Bauteile und die Anpassung speziell an die pyrometrische Temperaturmessung im Verbrennungsmotor, konnte die Anzahl der Bauteile im Inneren der Sonde deutlich reduziert werden. Hierdurch sinkt der benötigte Bauraum, sodass der Durchmesser der aktuellen Sonde bei 5,5 mm am Frontende liegt. Auch die Koppelstellen und das Abdichtkonzept wurden überarbeitet, um das Handling und damit den Reinigungsprozess an der Scheibe zu vereinfachen. Die Qualität der Messung konnte weiter verbessert werden, indem der Messfleckdurchmesser reduziert wurde. Als Resultat wird die Mittelungsfläche kleiner, wodurch Präzision und Dynamik steigen. Weiterhin wurde das Linsensystem so gestaltet, dass der Strahl im Messbereich möglichst lange kompakt bleibt und damit ein gleichbleibendes Ergebnis liefert. Außerdem konnte mit einem aufwändigen Beschichtungsverfahren im Inneren der Sonde und an den Blenden dafür gesorgt werden, dass das Emissions- und Reflexionsverhalten der Sonde auf ein Minimum reduziert wird. Beeinflussungen der Messung durch die Eigentemperatur der Sonde sind damit ausgeschlossen, was auch in Versuchen mit einem Ersatzaufbau nachgewiesen werden konnte.

Ventiltemperaturmessung im Detail

Bild 24 zeigt das detaillierte Signal einer Ventiltemperaturmessung bei einer Drehzahl von 7000/min in der Volllast, jedoch noch nicht in Beharrung. Simultan zur Ventiltemperatur in grün ist der Hub dieses Ventils als gepunktete schwarze Linie dargestellt.

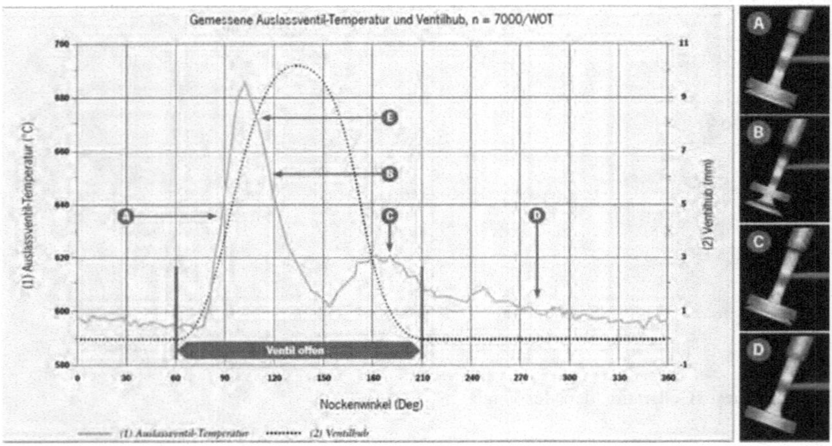

Bild 24: Deutung Detailsignal

Erkennbar sind extrem hohe Temperaturgradienten, die nur mit masselosen Messverfahren sichtbar werden. Die Interpretation dieser Temperaturverläufe ist allerdings nicht einfach. Die Kurve der lokal gemessenen Ventiltemperatur ist als Überlagerung von mindestens vier verschiedenen Effekten zu sehen, die in Bild 24 mit Buchstaben markiert sind:

- Aufheizen durch ausströmendes Abgas unter hohem Druck aus dem Brennraum (A)
- scheinbare Abkühlung durch Bewegung des Messflecks in Richtung des kälteren Ventilschafts (B)
- Umkehr der Bewegungsrichtung und Expansionseffekte, sowie Gasdruckschwingungen im Auslasskanal (C)
- Abkühlung durch Wärmeübertragung von der Oberfläche ins Innere des Ventils, den Ventilsitz und die Ventilführung (D)

Als weiterer Effekt kommt gegebenenfalls ein Temperaturan- und -abstieg durch Überfahren des heißesten Punktes am Ventil hinzu (E) [1].

Anwendung am Abgasturbolader

Beim Übertrag des Messverfahrens auf die Turbine eines Abgasturboladers war die hohe Umgebungstemperatur eine Herausforderung. Im Zylinderkopf wird das Optiksystem zumeist durch den Kühlkreis geführt, was auch das Temperaturniveau der Sonde niedrig hält. Das Schutzfenster und dessen Dichtkonzept wiederum wurde an die hohe thermische Last angepasst. Bei der Verwendung im Abgasturbolader ist die Aufheizung der Sonde entsprechend zu hoch. Die Temperaturbelastung konnte hier reduziert werden, indem die Einschweißhülse mit einem Kühlmantel ausgestattet wurde.

Bild 25 zeigt den Messaufbau eines Turboladers am Vollmotor Prüfstand im Betrieb. Zu sehen ist die Sonde im Turbolader, umhüllt vom Kühlmantel, sowie Zu- und Ablauf des Kühlmediums.

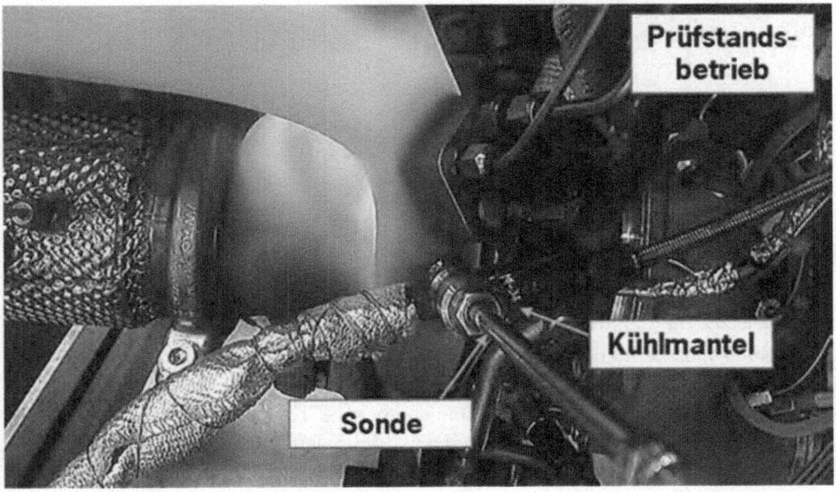

Bild 25: Aufbau Turbinentemperaturmessung

Der Kühlmantel beginnt erst in einem gewissen Abstand zum Turbinengehäuse, um dessen Eigentemperatur nicht zu beeinflussen. Weiterhin wird ein synthetisches Kühlmedium verwendet, das einen Siedepunkt von 180 °C aufweist. Dieses wird in einem externen Tank aufgeheizt und mit einer Pumpe durch die Sonde geführt. Durch die bewusst höhere Temperatur des Kühlmediums, im Vergleich zu einem Wasser/Glykol Gemisch, werden Thermospannungen und Beeinflussungen des Turbolader Verhaltens reduziert und die Sonde bleibt dennoch im nutzbaren Temperaturbereich.

Bild 26 zeigt ein Ergebnis aus einem Fahrversuch mit einem Turbo aufgeladenen Sechszylindermotor mit variabler Turbinengeometrie. Das Fahrzeug war mit einem Handschaltgetriebe mit sechs Gängen ausgestattet. Durchgeführt wurde ein Volllast Hochlauf auf Maximalgeschwindigkeit. Dargestellt sind die Fahrzeuggeschwindigkeit, die Turbinentemperatur, die Motordrehzahl, sowie der eingelegte Gang.

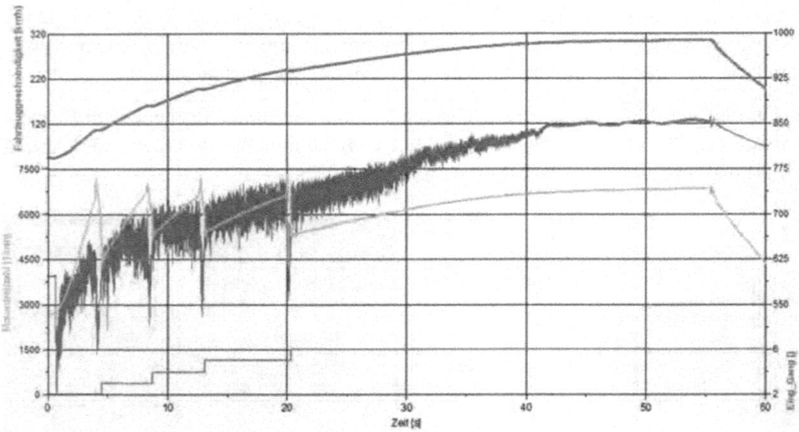

Bild 26: Beispielauswertung Fahrerprobung

Im Gegensatz zur Ventiltemperaturmessung ist eine Zuordnung der Messposition auf der Turbine anhand des detaillierten Temperatursignals nicht möglich, da die Messfrequenz bei den hohen Drehzahlen, die eine Turbine erreicht, nicht ausreicht. Durch die hohe Dynamik dieser Messmethode können aber die Temperaturgradienten während des Schaltvorganges bestimmt werden. Die Amplituden der Turbinentemperatur sind auf die Temperaturdifferenz der Schaufeln und des Turbinengrundkörpers zurückzuführen. Durch die homogenere Temperaturverteilung mit steigender Lastdauer werden diese Amplituden entsprechend geringer.

Zusammenfassung

Für die Entwicklung noch effizienterer und leichterer, dabei leistungsstarker und robuster Motoren hat Porsche Engineering mit der neuen Messmethodik ein wertvolles Werkzeug geschaffen. Die Messergebnisse liegen unmittelbar während des Versuchs vor und der Effekt von Abhilfemaßnahmen kann im direkten Vorher-Nachher-Vergleich dargestellt werden. Dadurch verkürzen sich Entwicklungs- und Versuchszeiten signifikant. Als weiteren Vorteil erschließt die berührungslose Messmethode zusätzliche Möglichkeiten zur CO_2- und Kraftstoffeinsparung, indem die thermomechanischen Grenzen besser ausgeschöpft werden können. Die Robustheit und Zuverlässigkeit des Messsystems hat sich bereits über eine Gesamteinsatzdauer von über 25 000 störungsfreien Kilometern und bei diversen Kundenanwendungen bewiesen [1].

Literaturverzeichnis

[1] Wüst, J.; Fischer, M.: Optische Messung der Ventiltemperatur. Porsche Engineering Magazin. Ausgabe 01/2015. S. 40 – 45.

[2] Manner Sensortelemetrie: „Ventiltemperaturerfassung“. http://www.sensortelemetrie.de/applikationen/automobil/motor/ventiltemperaturerfassung.html (25.04.2017).

[3] Keller HCW GmbH: „Grundlagen der Infrarot-Temperaturmessung“. http://www.keller-msr.de/pyrometer-downloads/ (11.05.2011).

[4] Raytec Fluke: „Grundlagen der berührungslosen Temperaturmessung“. http://www.klemmt.de/pdffiles/01/15000.pdf (28.01.2014).

[5] CMV-Steck GmbH: „Das Prinzip der Infrarot-Temperaturmessung“. http://www.ir-sensor.de/Infrarottheorie-Small.html (25.04.2017).

[6] Micro-Epsilon Messtechnik GmbH & Co. KG: „Grundlagen der berührungslosen Temperaturmessung“. http://www.micro-epsilon.de/download/products/dat--infrarot-grundlagen--de.pdf (25.04.2017).

[7] Optris GmbH: „Berührungslose Temperaturmessung von Metall“. http://www.optris.de/fachartikel-metall (25.04.2017).

[8] N.N.: Saphir. Materialdatenblatt. Mainz: Schott AG, 2014.

[9] Newport Corporation: „Fiber Optic Basics“. https://www.newport.com/t/fiber-optic-basics (25.04.2017).

[10] Nardò Technical Center S.r.l.: „Car Circular Track“. http://www.porscheengineering.com/nardo/de/services/testing/testtracksandfacilities/carcirculartrack/ (26.04.2017).

[11] Audi AG: „Turbochargers with variable turbine geometry (VTG)“. https://www.audi-technology-portal.de/en/drivetrain/tdi-engines/turbochargers-with-variable-turbine-geometry-vtg (26.04.2017).

[12] BsnSCB.com: „VWA71: Turbocharger, 736x460 Px, By Leonida Ordway”. http://bsnscb.com/turbocharger-wallpapers/38974540.html (26.04.2017).

[13] Ebersohl, N.: Untersuchung der Wechselwirkung von NO und Ruß in laminaren, rußenden Vormischflammen. Dissertation, Karlsruher Institut für Technologie (KIT), 2014.

Turboladerverdichter mit variablem Einlass zur Realisierung hocheffizienter Antriebskonzepte

Dr.-Ing. Mathias Bogner, Dr.-Ing. M. Heldmann, A. Artinger,
Dr.-Ing. J. Ehrhard, J. Beer

Continental Automotive GmbH

J. Liebl (Hrsg.), *Ladungswechsel im Verbrennungsmotor 2017*, Proceedings,
https://doi.org/10.1007/978-3-658-22671-8_8

1 Einleitung

In der Diskussion um die Antriebstechnologie der Zukunft gerät der Verbrennungsmotor zunehmend unter Druck. Im Vergleich mit dem elektrischen Antrieb als vermeintliche Nullemissionstechnologie erscheinen Verbrennungsmotoren aufgrund ihres CO_2-Ausstoßes und wegen der NO_x- und Feinstaubproblematik beim Dieselmotor als nicht mehr zeitgemäß. Jedoch bietet der aufgeladene direkteinspritzende Ottomotor – insbesondere in Kombination mit nicht-fossilen Kraftstoffen – ein sehr großes Potential, um die CO_2-Emissionen in der Voll- und Teillast zu reduzieren (vgl. [1]).

Ein zentrales Konzept zur Verbrauchsreduktion ist das Anheben des geometrischen Verdichtungsverhältnisses in Verbindung mit dem Millerverfahren (vgl. [4], [5], [6]). Diese Konzepte stellen allerdings erhöhte Anforderungen an das Aufladesystem, welche durch zukünftige Verordnungen – beispielsweise durch die Einführung von Real Drive Emission (RDE) Tests – weiter verschärft werden. Sollen die Leistungsdaten des Motors unverändert beibehalten werden, bedeutet eine Erhöhung des Millergrades (d.h. eine Reduktion des effektiven Verdichtungsverhältnisses) bei gleichzeitiger Senkung der Spülrate im unteren Eckmoment eine Erhöhung des benötigten Ladedruckes bei gleichzeitiger Verringerung des Luftmassenstromes. Zudem verschiebt die Steigerung der spezifischen Leistung zusammen mit der Erhöhung des Millergrades den Nennleistungspunkt des Motors hin zu höheren Luftmassenströmen und höheren Ladedrücken. Während die Turboladerturbine mit Wastegate und/oder variablen Leitschaufeln die geänderten Anforderungen des Motors in der Regel erfüllen kann, stößt ein konventioneller Turboladerverdichter aufgrund der Beschränkungen im Verdichterkennfeld an die physikalischen Grenzen.

Der vorliegende Beitrag beschreibt eine Verdichtervariabilität, welche auf der Veränderung des Eintrittsquerschnittes unmittelbar vor dem Verdichterrad beruht. Die „Variable Inlet Compressor“ (VIC) genannte Technologie wird zunächst hinsichtlich motorrelevanter Kenngrößen im Vergleich zu anderen Einlassvariabilitäten bewertet. Danach wird das Verstellprinzip des Mechanismus erläutert und anschließend die Vorteile anhand von Simulations- und Messergebnissen aufgezeigt.

2 Verdichter mit variablem Einlass

2.1 Technologieauswahl

Die eingangs beschriebenen Herausforderungen für den Turboladerverdichter können durch Anbringen einer Variabilität auf der Verdichtereinlassseite gelöst werden. Sämtlichen Variabilitäten liegt das einheitliche Konzept zugrunde, das Verdichterkennfeld so anzupassen, dass alle Motorbetriebspunkte immer im stabilen Bereich des Verdichters liegen. Im unteren Eckmoment bedeutet dies zum Beispiel bei einer erhöhten Ladedruckanforderung und gleichzeitig reduzierter Spülrate, dass das Verdichterkennfeld nach links, also in Richtung kleinerer Luftmassenströme, verschoben werden muss, damit der Verdichter nicht im instabilen Bereich jenseits der Pumpgrenze betrieben wird. Beim konventionellen Betrieb des Motors mit erhöhter Spülrate und entsprechender Ventilüberschneidung, wird dagegen die Motorschlucklinie nach rechts zu größeren Luftmassenströmen verschoben, wobei das Verdichterkennfeld unverändert bleibt. Besonders vorteilhaft für den Motorbetrieb im Bereich des unteren Eckmomentes ist außerdem, dass der Verdichter durch die Verschiebung des Kennfeldes zum einen in akustisch weniger auffälligen und zum anderen in effizienteren Kennfeldbereichen betrieben wird.

Tabelle 1: Variantenauswahl des Technologiebenchmarks „Einlassvariabilität"

Technologie	**Verstellbereich**	**Beispiele**
Einlaufkonus	50%-100% Restquerschnitt	[7, 8, 9]
beschaufelter Vorleitapparat	0°-40° Strömungsumlenkung	[9, 10, 11]
Blende	50%-100% Restquerschnitt	[12]

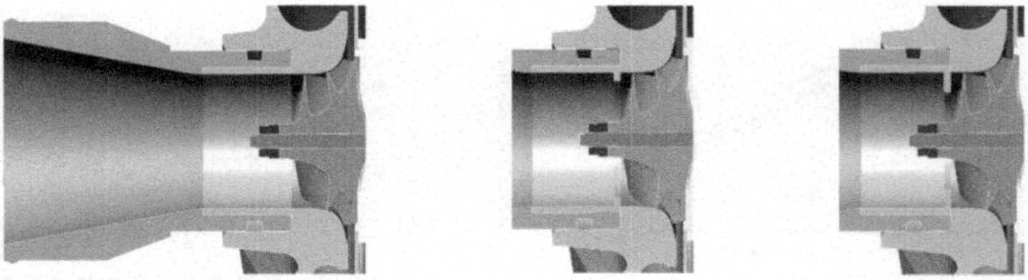

Abb. 1: Verdichter mit Blenden; Referenz (links); zunehmend kleinerer Blendendurchmesser (Mitte und rechts)

Zur Bestimmung des optimalen Konzeptes einer Einlassvariabilität auf der Verdichterseite des Turboladers wird zunächst ein generischer Vergleich mit bekannten Grundkonzepten durchgeführt. Als Bewertungsgrundlage für die wichtigsten Performancekennwerte dienen die Pumpgrenzverbesserung bzw. Kennfeldverbreiterung und der Wirkungsgrad im pumpgrenznahen Bereich. Des Weiteren wird auch die akustische Charakteristik des Verdichters analysiert. Die Größen werden am Komponentenprüfstand bestimmt.

Neben der Referenzgeometrie ohne Einlassvariabilität werden die in Tabelle 1 aufgelisteten technische Lösungsansätze mit den angegebenen Verstellbereichen in die Untersuchung aufgenommen. Die Variation der Einlassgeometrie wird dabei mit austauschbaren festen Einsätzen realisiert (vgl. Abb. 1).

In den folgenden Absätzen werden die Ergebnisse des Konzeptvergleichs vorgestellt. Abb. 2 zeigt die auf den Pumpgrenzmassenstrom der Referenzgeometrie bezogene Pumpgrenzverschiebung (vgl. Formel (1) und Schäfer [13]), welche unter Annahme konstanter Stopfgrenzmassenströme direkt proportional zur relativen Kennfeldverbreiterung ist, sowie die relative Wirkungsgradverbesserung entlang der Pumpgrenze.

$$rel.\Delta MF_{surge} = \frac{MF_{surge,ref} - MF_{surge}}{MF_{surge,ref}}, \qquad \text{Formel (1)}$$

Die beiden querschnittsverengenden Maßnahmen, Konus und Blende, zeigen bereits im unteren bis mittleren Drehzahlbereich eine deutliche Pumpgrenzverschiebung bzw. -verbesserung von ca. 40%. Im instabilen oberen Drehzahlbereich erzeugen die Maßnahmen sogar eine Verbesserung bis max. 60%. Der beschaufelte Vorleitapparat liefert über die Erzeugung von Vordrall im Vergleich eine deutlich geringere Pumpgrenzveresserung. Diese liegt bei < 35%.

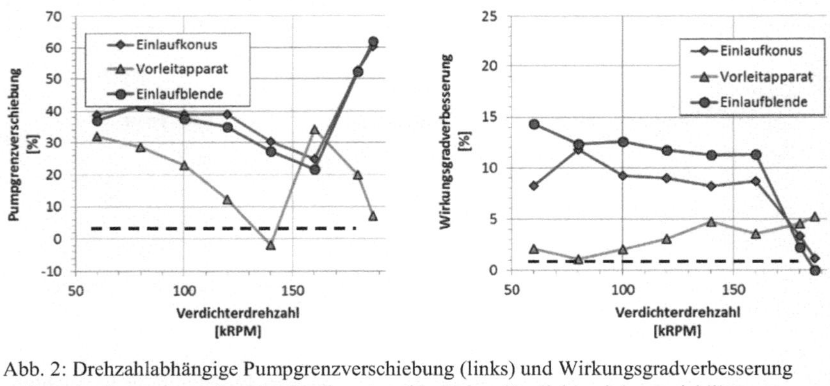

Abb. 2: Drehzahlabhängige Pumpgrenzverschiebung (links) und Wirkungsgradverbesserung entlang der Pumpgrenze (rechts) für die unterschiedlichen Verdichtereinlassvariabilitäten

Auch die relative Wirkungsgradverbesserung wird bei den querschnittsverengenden Maßnahmen höher gemessen als beim Vorleitapparat. Die Einlaufblende verbessert den Wirkungsgrad entlang der Pumpgrenze um ca. 12%, der Einlaufkonus erreicht ca. 9%, wohingegen der Vorleitappart nur noch eine relative Verbesserung < 5% erzeugt. Die im Vergleich zum Einlaufkonus schlechten Ergebnisse des Vorleitapparates stimmen qualitativ mit den Ergebnissen von Herbst und Eilts [9] überein. Anders als bei der vorliegenden Untersuchung hat Herbst den Verdichtervordrall jedoch bis zu einem Winkel von 70° variiert und konnte damit eine größere Kennfeldverschiebung mit entsprechend hohen Wirkungsgradverlusten erreichen.

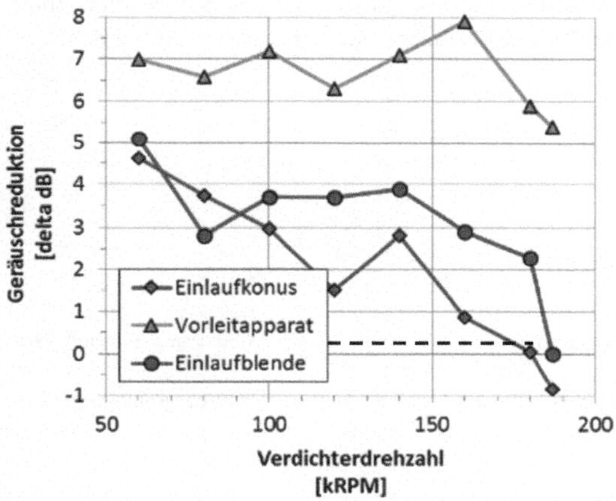

Abb. 3: Drehzahlabhängige Verminderung der Schallemissionen für die unterschiedlichen Verdichtereinlassvariabilitäten

Das Ergebnis der gemessenen Schallemissionen der einzelnen Einlasskonfigurationen ist in Abb. 3 zu sehen. Ausgewertet wurde für jede Drehzahl der maximal gemessene Luftschallpegel am Lufteinlass in der Prüfzelle über das gesamte Frequenzspektrum. Der Vorleitapparat zeigt die größte Lärmreduktion. Er erzielt über den gesamten Drehzahlbereich des Verdichters eine Differenz von ca. 7dB, die Einlaufblende erreicht im mittleren Drehzahlbereich ca. 4dB und der Einlaufkonus noch 2-3dB.

Die in Zusammenhang mit den verschiedenen Einlassvariabilitäten beobachtete Verringerung der Schallemissionen steht im Einklang mit der Stabilisierung der Strömung im Verdichterrad. Trotz der besten Ergebnisse des Vorleitapparates hinsichtlich Akustik, kann dieser die Pumpgrenze jedoch weniger stark verschieben als die einlassverengenden Maßnahmen. Insgesamt bildet die Einlassblende bei Kennfeldverschiebung bzw. Kennfeldbreite, Wirkungsgradverbesserung entlang der Pumpgrenze und Geräuschemissionen die beste Lösung unter den bewerteten Verdichtereinlassvariabilitäten.

2.2 Funktionsweise des Verdichters mit variablem Einlassquerschnitt

Auf Grundlage der Ergebnisse des Technologiebenchmarks wurde eine Einlassvariabilität entwickelt, welche das Konzept der Einlaufblende umsetzt und als „Variable Inlet Compressor“ (VIC) bezeichnet wird. Um die Funktionsweise des VIC zu verstehen, muss die Interaktion zwischen Blende und Verdichterrad näher analysiert werden.

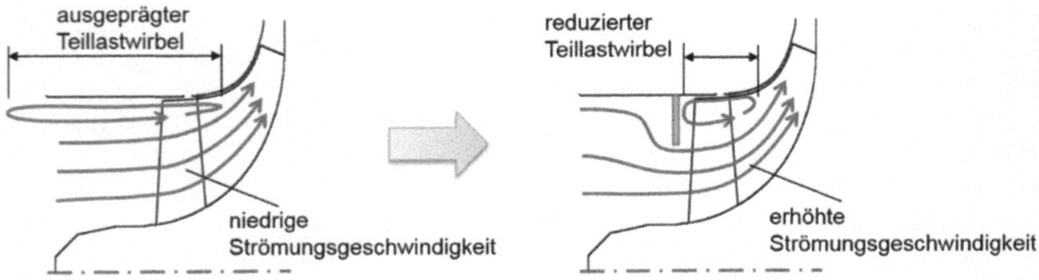

Abb. 4: Der Effekt der Einlassblende bei Betrieb des Verdichters nahe der Pumpgrenze ohne Blende (links) bzw. mit Blende (rechts)

Abb. 4 skizziert schematisch die Strömungsverhältnisse innerhalb des Verdichterrades im Betrieb nahe der Pumpgrenze. Zwischen den Laufradschaufeln entstehen ohne VIC ausgeprägte Rezirkulationsgebiete, die sich stromauf bis in den Einlaufstutzen erstrecken und eine hohe Geschwindigkeitskomponente in Umfangsrichtung besitzen. Durch die Rezirkulationsgebiete entstehen Druckverluste, die den Verdichterwirkungsgrad mindern. Mit geschlossener VIC-Einheit werden die Erstreckung der Rezirkulationsgebiete und die abhängigen Druckverluste reduziert. Darüber hinaus wird die Anströmung durch die Blende zur Nabe hin konzentriert und die Strömungsgeschwindigkeit im Nabenbereich des Verdichterrades erhöht. Das bewirkt eine Verminderung der Fehlanströmung der Schaufeleintrittskante und stabilisiert den Verdichter, siehe auch z.B. Herbst und Eilts [9]. Gleichzeitig wirkt die Blende als Drossel und erzeugt die gewollte Kennfeldverschiebung abhängig vom anliegenden Druckverhältnis. Besonders vorteilhaft ist dabei die Blende unmittelbar vor dem Laufradeintritt zu positionieren.

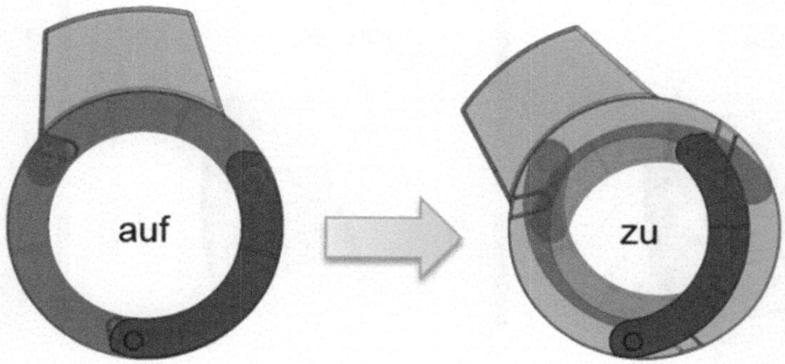

Abb. 5: Funktionsprinzip des VIC mit voll variabler Irisblende; im offenen Zustand (links) und im geschlossenen Zustand bei Betrieb des Verdichters nahe der Pumpgrenze (rechts)

Durch das verhältnismäßig einfache Konstruktionsprinzip mit wenigen Bauteilen bietet der VIC im Vergleich zu verstellbaren Vorleitschaufeln neben den unter Punkt 2.1 vorgestellten Performancevorteilen auch Vorteile bei den zusätzlich entstehenden Kosten und dem axial benötigten Bauraum des Turboladers. Abb. 5 zeigt die Funktionsweise des VIC-Mechanismus, der im Kern an den Aufbau einer Irisblende angelehnt ist. Die einzelnen Lamellen (blau) werden über einen gemeinsamen Verstellring (orange) synchronisiert, der zum Beispiel von einem Standarddrehsteller (nicht abgebildet) angetrieben werden kann. Solche Drehsteller sind bereits für die Ansteuerung des Wastegates oder einer variablen Vorleitbeschaufelung auf der Turbinenseite etabliert.

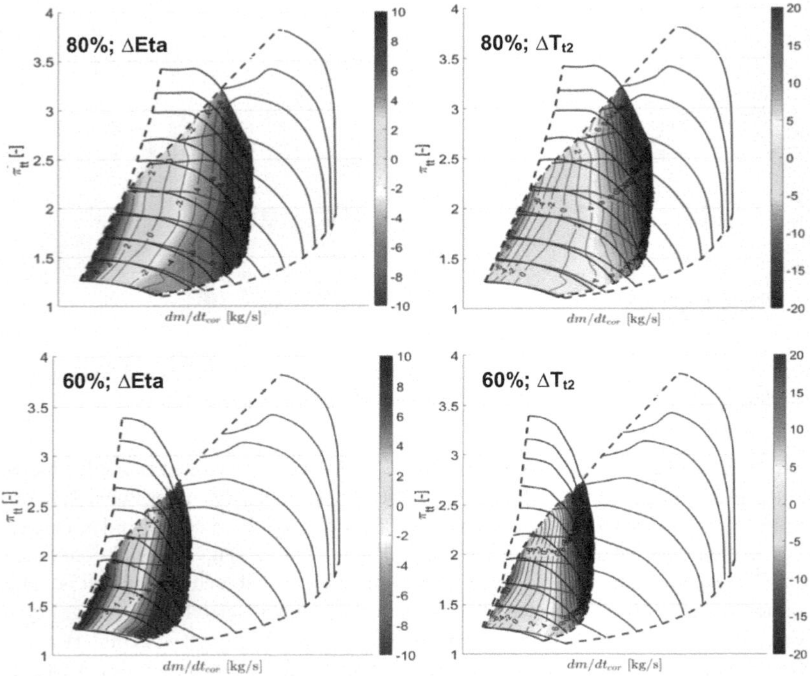

Abb. 6: Differenzkennfelder für Wirkungsgrad (links) und Verdichteraustrittstemperatur (rechts) bei einer Reduktion auf 60% (unten) und 80% (oben) des ursprünglichen Eintrittsquerschnittes; In den Konturplots stehen blaue Farben jeweils für bessere Werte zugunsten des VIC

Durch Drehung des Verstellringes verengen bzw. erweitern die Lamellen den Eintrittsquerschnitt des Verdichters. Dadurch wird das Verdichterkennfeld als Funktion des Massenstroms verschoben. Abb. 6 zeigt Verdichtercharakteristiken für 80% und 60% Restquerschnitt (blau) im Vergleich zum unveränderten voll geöffneten Kennfeld (rot). In den abgebildeten Kennfeldern ist jeweils der Konturplot für die Differenz der Wirkungsgrade und der Verdichteraustrittstemperaturen eingetragen. Deutlich zu erkennen ist die durch die VIC-Einheit erzeugte Wirkungsgradsteigerung entlang der Pumpgrenze, die mit einer Absenkung der Verdichteraustrittstemperatur verknüpft ist.

Die beschriebene VIC-Konstruktion ist in ihrem Aufbau äußerst robust und dichtet zudem gegen keine drehenden Teile ab. Darüber hinaus kann die Irisblende vollständig aus dem Einlassbereich des Verdichters herausgefahren werden. Dadurch entstehen keine zusätzlichen Druckverluste bei hohen Luftmassendurchsätzen im geöffneten Zustand.

Die Erhöhung der relativen Kennfeldbreite sowie die Steigerung der Verdichterwirkungsgrade bei kleinen Luftmassenströmen sind kritische Performanceparameter des VIC und werden als solche nachfolgend näher analysiert. Als Vergleichsbasis dient jeweils der Verdichter mit geöffneter VIC-Aktuatorik, welcher bzgl. Kennfeldbreite bereits im oberen Bereich des Benchmarks angesiedelt ist [3]. Die relative Kennfeldbreite ist mit den Verdichtermassenströmen an der Pumpgrenze $MF2_{Low}$ und der Stopfgrenze $MF2_{High}$ jeweils bei einem Verdichterdruckverhältnis von $\pi=2$ mit Formel (2) wie folgt definiert (siehe auch [2] sowie Abb. 7):

$$rel.MW = \frac{MF2_{High} - MF2_{Low}}{MF2_{High}}. \qquad \text{Formel (2)}$$

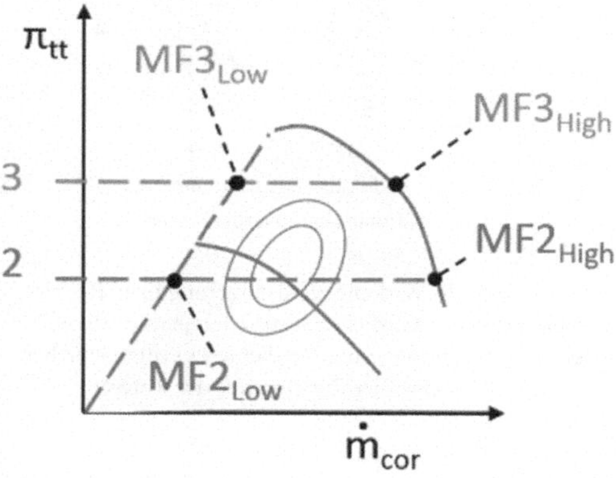

Abb. 7: Relative Kennfeldbreite bei einem Druckverhältnis von $\pi=2$ bzw. $\pi=3$

Abb. 8 stellt die gemessene relative Kennfeldbreite als Funktion des Verdichtereintrittsquerschnitts dar. Bei $\pi=2$ und einer Reduktion des Eintrittsquerschnittes auf 60% wird die relative Kennfeldbreite um +5.6% auf 0.83 erhöht. Die Auswertung der relativen Kennfeldbreite bei $\pi=3$ zeigt, dass der Zugewinn an Kennfeldbreite dort deutlich größer ausfällt. Der VIC erhöht die relative Kennfeldbreite in der 60%-Stellung von 0.45 auf 0.76, was einer Verbesserung von +69% gleichkommt.

Der zweite grundsätzliche Vorteil der VIC-Technologie ist der Wirkungsgradgewinn im Bereich kleiner Verdichtermassenströme bzw. die Absenkung der Verdichteraustrittstemperatur im Vergleich zum Basisverdichter mit geöffneter VIC-Stellung (vgl. Abb. 9). Als Bewertungsgrundlage soll an dieser Stelle der Verdichterwirkungsgrad bei $\pi=2$ und dem Pumpgrenzmassenstrom des Basisverdichters mit voll geöffneter VIC-Stellung dienen. Die max. gemessene Verbesserung des Verdichterwirkungsgrades lässt sich in der 80%-VIC-Stellung mit +7.5%-Punkten beobachten. Diese Wirkungsgradverbesserung hat nicht nur eine Absenkung der benötigten Turbinenleistung um 12% zur Folge, sondern reduziert auch die Verdichteraustrittstemperatur in dem definierten Betriebspunkt um 12 K. Dadurch wird der Ladeluftkühler entlastet und über die verminderte Saugrohrtemperatur die Klopfneigung des Motors vermindert, was sich positiv auf das Verbrauchsverhalten auswirkt.

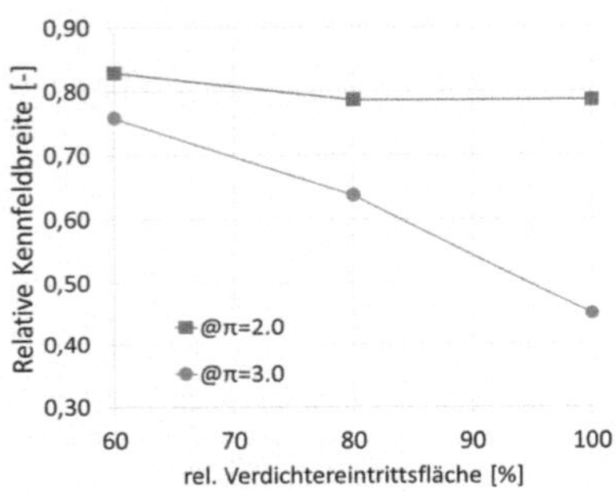

Abb. 8: Veränderung der rel. Kennfeldbreite bei einem Druckverhältnis von π=2 bzw. π=3 in Abhängigkeit der rel. Verdichtereintrittsfläche

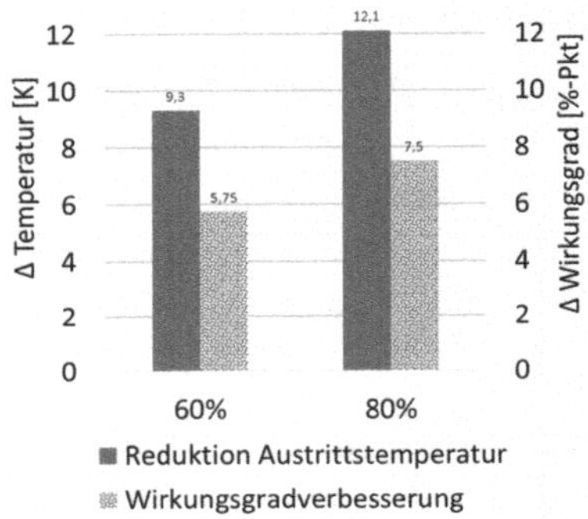

Abb. 9: Wirkungsgradsteigerung bzw. Reduktion der Verdichteraustrittstemperatur für 60% bzw. 80% der rel. Verdichtereintrittsfläche bei π=2 und an der Pumpgrenze der Referenz

3 VIC Konzeptnachweis

3.1 Potentialbewertung der Technologie

Das Potential der VIC-Technologie wird an einem 1-stufigen Aufladesystem demonstriert. Abb. 10 zeigt das Verdichterkennfeld mit der Motorbetriebslinie des Basismotors (vgl. Tabelle 2), die einen Abstand von 13% zur maximalen Turboladerdrehzahl und einen minimalen Abstand von 15% zur Pumpgrenze einhält. Des Weiteren hat der Basismotor einen spülenden Ladungswechsel, dessen Spülgrad aufgrund der Gesetzeslage um 10% gesenkt werden muss.

Zur Verbrauchssenkung in der Teillast wird das geometrische Verdichtungsverhältnis des Motors von 11 auf 12 erhöht. Um die Auswirkung der dadurch steigenden Verdichtungsendtemperatur bei Volllast zu mildern, wird der Millergrad angehoben bzw. das effektive Verdichtungsverhältnis reduziert. Dafür wird der Luftaufwand durch Änderung der Einlassventil-Öffnungsbreite und -stellungen bei konstantem Fanggrad um 10% reduziert.

Dies hat bei konstanter Motorleistung eine Zunahme des Ladedrucks und eine erhöhte Verdichter- und Turbinenleistung zur Folge, was wiederum in einem Anstieg des Abgasgegendrucks vor Turbine resultiert. Der erhöhte Restgasanteil im Zylinder und die trotz der Anhebung des Millergrades nicht komplett gegenkompensierte Verdichtungsendtemperatur des Motors haben durch die Verschiebung der Verbrennungsschwerpunktlage nach „spät" eine Verschlechterung des Motorwirkungsgrades bei Volllast zur Folge. In diesem Beispiel wird die resultierende Verbrauchserhöhung bei Volllast mit 3% angenommen.

Tabelle 2: Gegenüberstellung der Eckdaten des Basismotors und des Konzeptmotors

	Basismotor	**Konzeptmotor**
spezifische Leistung	100 kW/l	100 kW/l
maximaler Mitteldruck	24bar	24bar
geometrisches Verdichtungsverhältnis	11	12
Spülgrad	*Referenz*	-10%
Millergrad	*Referenz*	+10%

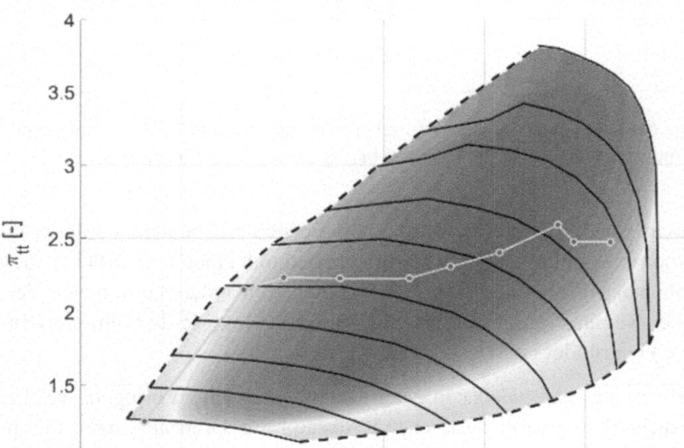

Abb. 10: Motorbetriebslinie des Basismotors im Verdichterkennfeld

Die Konsequenzen, die sich im Verdichterkennfeld aus den beschriebenen Maßnahmen ergeben, stellt Abb. 11 schrittweise dar. Ausgehend vom unteren Eckmoment des Basismotors (Punkt 0) verschiebt sich der berechnete Verdichterbetriebspunkt des Konzeptmotors durch die beschriebene Reduktion des Spülgrades im Ladungswechsel (Schritt 0→1) und durch die Anhebung des Millergrades (Schritt 1→2) in den stark instationären „Pumpbereich" des Verdichters, welcher außerhalb des stabilen Verdichterkennfeldes liegt.

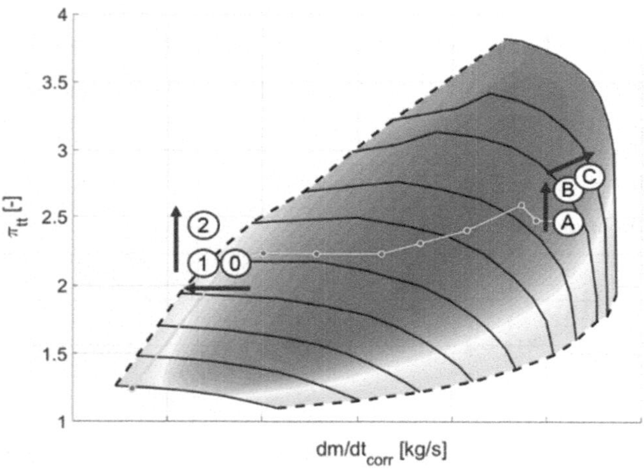

Abb. 11: Veränderung der jeweiligen Verdichterbetriebspunkte durch die in Tabelle 2 aufgezählten Maßnahmen am unteren Eckmoment (0 bis 2) und bei Nennlast (A bis C) des Motors

Bei Nennleistung wird die Verdichterdrehzahl durch die sich ergebenden Veränderungen der Verdichterbetriebspunkte erhöht, was zum einen durch einen Ladedruckanstieg infolge des angehobenen Millergrades (Schritt A→B) und zum anderen durch eine Verbrauchserhöhung bei Nennlast aufgrund des angehobenen Motorverdichtungsverhältnisses (Schritt B→C) begründet ist.

Um die Verdichterbetriebspunkte wieder in einen Kennfeldbereich zu bringen, welcher einen stabilen Verdichterbetrieb mit ausreichend Abstand zur Drehzahl- bzw. Pumpgrenze sicherstellt, ist eine Verbreiterung und Anpassung des Verdichterkennfeldes nötig.

Abb. 12 beschreibt das angepasste Verdichtermatching, das jetzt durch den Einsatz der VIC-Technologie die vorgegeben Randbedingungen des Konzeptmotors (vgl. Tabelle 2) erfüllen kann. Neben dem Konturplot der Wirkungsgraddifferenz, sind die VIC-Kennfelder in Blau und das Kennfeld des Referenzverdichters (vgl. Abb. 10) in Rot dargestellt. Das linke Diagramm in Abb. 12 fokussiert den Bereich des unteren Eckmomentes bei geschlossener VIC-Stellung, das rechte Diagramm zeigt den Nennleistungsbereich bei offener VIC-Stellung. Durch eine Anhebung des Verdichtermassenstroms um 13% (rechts) kann der geforderte Abstand zur maximalen Drehzahl wieder eingehalten werden. Im Bereich des unteren Eckdrehmoments (links) bewirkt die VIC-Technologie, dass die effektive Kennfeldbreite so weit angehoben wird, dass auch der nötige Abstand zur Pumpgrenze wieder gewährleistet ist.

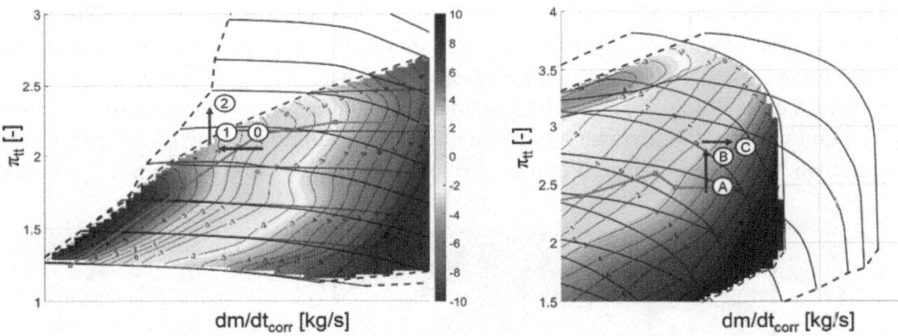

Abb. 12: Kennfelder für Referenzverdichter (vgl. Abb. 10 / rot) und optimierten Verdichter (blau), links mit geschlossener VIC-Stellung, rechts mit offener VIC-Stellung; Im Konturplot der Wirkungsgraddifferenz entsprechen positive Wert einem höheren Wirkungsgrad des VIC

Des Weiteren ergibt sich im Bereich des unteren Eckdrehmoments ein Vorteil im Verdichterwirkungsgrad von einem Prozentpunkt. Dieser Vorteil ist im Nennleistungsbereich mit 5 Prozentpunkten deutlich größer ausgeprägt, was zu einer Reduktion der Leistungsanforderung an die Turbine und zu einer Entspannung des Turbineneintrittsdruckes führt und sich damit positiv auf die Ladungswechselverluste und die Verbrennungsschwerpunktlage auswirkt. Die Wirkungsgradvorteile haben außerdem eine Reduktion der Verdichteraustrittstemperatur zur Folge, was besonders bei Nennleistung zu einer Entlastung des Ladeluftkühlers, einer Reduktion der Saugrohrtemperatur und somit zur Verbesserung der Frischluftfüllung und einer Reduktion der Klopfneigung führt.

3.2 Validierung am Motorprüfstand

Zur Validierung des VIC wurden Motorversuche an einem 1,0 l 3-Zyl. Motor mit Miller-Brennverfahren durchgeführt. Der Versuchsmotor hat ein geometrisches Verdichtungsverhältnis von 12:1 und verfügt über eine Einlassnockenwelle mit 260° Einlassöffnungsdauer.

Die Referenz für die vergleichende Bewertung bildet ein für den Versuchsmotor optimierter Serienturbolader ohne VIC-Technologie. Zur Darstellung des variablen Verdichtereinlasses wird ein sonst baugleicher Turbolader mit einer auf den VIC-Betrieb optimierten Verdichterauslegung sowie einer entsprechenden VIC-Blende ausgestattet. Die Auslegung des variablen Verdichtereintrittsquerschnitts wurde im Vorfeld der Motoruntersuchungen durch Versuche am Heißgasprüfstand optimiert.

Der Vergleich der beiden Abgasturbolader bzw. die Bewertung der VIC-Technologie am Motor erfolgt an verschiedenen Punkten im Motorkennfeld. Im Folgenden wird das Betriebsverhalten beider Turbolader bei niedriger Motordrehzahl näher betrachtet. Dazu wird durch eine Variation der Ein- und Auslasssteuerzeiten bei geschlossenem Turbolader-Wastegate und vollständig geöffneter Drosselklappe eine Lastvariation bei 1500 Motorumdrehungen durchgeführt. Durch die mit der Steuerzeitenvariation einhergehende Veränderung der Ventilüberschneidung stellen sich unterschiedliche Spülgrade und damit veränderliche Motorlasten ein. Der Zündwinkel wird für einen bestmöglichen Motorwirkungsgrad in jedem Betriebspunkt auf die Klopfgrenze optimiert.

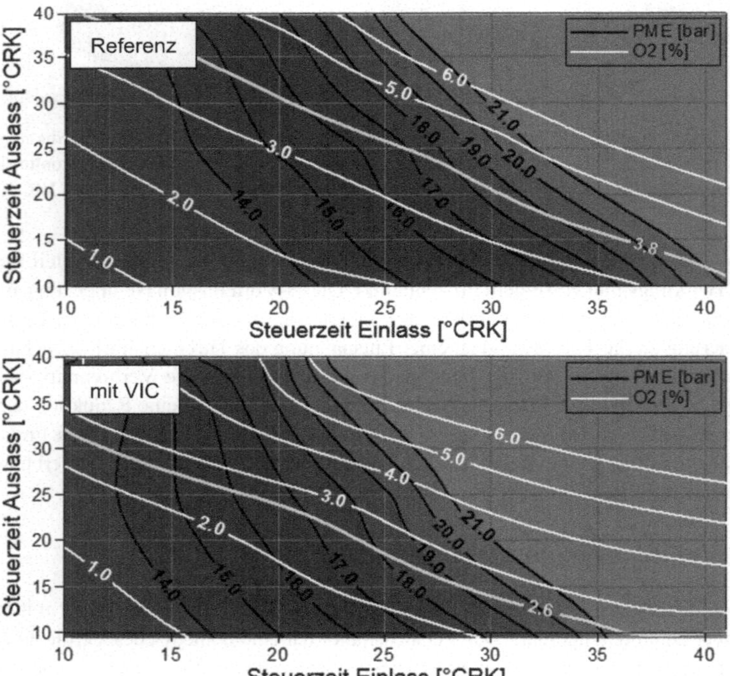

Abb. 13: Ein- und Auslasssteuerzeitenvariation mit Referenzturbolader (oben) bzw. mit VIC (unten)

Die Ergebnisse dieser Versuchsreihe sind in Abb. 13 zusammengefasst. Auf der x-Achse ist jeweils die Frühverstellung der Einlassnockenwelle und auf der y-Achse die Spätverstellung der Auslassnockenwelle aufgetragen. Der Koordinatenursprung stellt damit den Punkt geringster Ventilüberschneidung dar, während das rechte obere Ende des Diagramms dem Punkt maximaler Ventilüberschneidung entspricht. Die schwarze Kontur repräsentiert Linien konstanten Motormitteldruckes. Es ist in beiden Diagrammen zu erkennen, dass ausgehend vom Koordinatenursprung die mit zunehmender Ventilüberschneidung ansteigende Spülluftmenge zu einer Steigerung des Mitteldruckes führt. Als Maß für die Spülluftmenge ist die Sauerstoffkonzentration im Motorabgas, dargestellt in den überlagerten gelben Isolinien, aufgetragen. Dabei ist in beiden Diagrammen in Grün die Sauerstoffkonzentration hervorgehoben, bei der am Motor mit der geringstmöglichen Spülluftmenge der Nennmitteldruck von 21 bar erreicht werden kann. Bei der Basiskonfiguration ohne VIC (vgl. Abb. 13 oben) stellt sich dieser Zustand mit 40° Kurbelwellenwinkel Frühverstellung der Einlassnockenwelle und 12° Spätverstellung der Auslassnockenwelle als Schnittpunkt der grünen Linie und der 21 bar PME Linie bei einem Abgassauerstoffkonzentration von 3.8% ein. In analoger Betrachtungsweise wird mit dem VIC-System (vgl. Abb. 13 unten) der Nennmitteldruck von 21 bar bereits mit einer Einlassverstellung von 35° und einer Auslassverstellung von 11° Kurbelwinkel bei einer Abgassauerstoffkonzentration von 2.6% erreicht.

Betrachtet man Betriebspunkte bei niedrigeren Motorlasten, lassen sich Reduktionen des Spülluftbedarfs durch das VIC-System in ähnlichen Größenordnungen feststellen.

4 Fazit

Die vorliegende Arbeit untersucht eine Verdichtervariabilität, die auf einer unmittelbar vor dem Verdichterrad platzierten verstellbaren Irisblende beruht. Die Variabilität wird als Variable Inlet Compressor (VIC) bezeichnet. Durch die Verringerung des Einlassquerschnittes erzeugt der VIC eine ausgeprägte Kennfeldverschiebung bei gleichzeitig verbesserten pumpgrenznahen Wirkungsgraden. Dabei sinken auch die Schallemissionen des Verdichters im Betrieb nahe der Pumpgrenze deutlich.

Die VIC-Technologie verbessert die relative Kennfeldbreite des gezeigten Referenzverdichters bei einem Druckverhältnis von π=2 um +5.6% und bei π=3 um +69%, sowie den auf die Pumpgrenze bei voll geöffneter VIC-Stellung bezogenen Wirkungsgrad um +7.5%-Punkte.

Das Potential der VIC-Technologie wird anhand einer Konzeptstudie auf Basis eines Miller-Motors mit 100kW/l spezifischer Leistung aufgezeigt, welcher mit einem 1-stufigen Aufladesystem ausgerüstet ist. Die gesetzten motorischen Randbedingungen beinhalten die Reduktion des Spülgrades um 10%, das Anheben des Verdichtungsverhältnisses um einen Punkt von 11 auf 12 sowie die Erhöhung des Millergrades um 10%.

Aufgrund der Kennfeldbeschränkungen an Pump- und Drehzahlgrenze ist es nicht möglich, die vereinbarten Ziele mit einem herkömmlichen Verdichter zu erreichen. Es kann jedoch aufgezeigt werden, dass diese Beschränkungen durch die VIC-Technologie aufgehoben werden.

Die Ergebnissen vom Motorprüfstand an einem 1,0 l 3-Zyl. Motor mit Miller-Brennverfahren zeigen bei einer Motordrehzahl von 1500 1/min, dass der Motor durch die Reduktion des Eintrittsquerschnittes vor Verdichter mit dem gleichen Mitteldruck wie bei der Referenzkonfiguration aber mit weniger Sauerstoffkonzentration im Motorabgas bzw. reduzierter Spülrate betrieben werden kann.

5 Literatur

1. Positionspaper des WKM: "Die Zukunft des Verbrennungsmotors / Bewertung der dieselmotorischen Situation", unter: http://www.wkm-ev.de/de/aktuelles.html (abgerufen am 15.09.2017)

2. Uhlmann, T., Höpke, B., Scharf, J., Lückmann, D., Aymanns, R., Deppenkemper, K., Rohs, H.: "Best-In-Class Turbochargers for Best-In-Class Engines? A Quantification of Component Design Parameter Impact on Engine Performance", 17. Aufladetechnische Konferenz, Dresden 2012

3. Al-Hasan, N.S., Sandor, I., Fäth, H., Kronschnabl, F., Lehmayr, B., Klaus, M., Koch, A.: „Die RAAX®-Turbinentechnologie in der Anwendung am 2.0l-Ottomotor mit Miller Brennverfahren"; 21. Aufladetechnische Konferenz, Dresden 2016

4. Al-Hasan, N., Beer, J., Ehrhard, J., Lorenz, T. et al.: „Charging Technologies for CO_2 Optimization by Millerization"; SAE Technical Paper 2015-01-1250, 2015, doi: 10.4271/2015-01-1250

5. Al-Hasan, N.S., Sterr, M., Beer, J., Koch, A., Continental Automotive GmbH, Stump, L., Lorenz, T., Dunstheimer, J., Quiring, S., Ford-Werke GmbH: „Potential der Turboaufladung von Ottomotoren mit Millerverfahren"; 8. MTZ-Fachtagung – Ladungswechsel im Verbrennungsmotor, Stuttgart 2015

6. Bontemps, N., Roux, J.-S., Jeckel, D., Schloßhauer, A., Lückmann, D., Aymanns, R.: „VNT™ Turbocharger for Gasoline „Miller" Engines"; 29. SIA Powertrain International Conference, Versailles 2017

7. Grigoriadis, P., Benz, A., Müller, S., Sens, M.: „Variable Trim Compressor – A new approach to variable compressor geometry"; 10th International Conference on Turbochargers and Turbocharging, 2012

8. Desantes, J. M., Luján, J. M., Plá, B., Soleer, J.A.: „Potential of using a nozzle at compressor inlet of a high-speed direct-injection diesel engine"; Proceedings of the Institution of Mechanical Engineers, Part D: Journal of Automotive Engineering February 2011 225: 178-189 DOI: 10.1243/09544070JAUTO1429, 2011

9. Herbst, F., Eilts, P.: „Experimental Investigation of Variable Geometry Compressor for Higly Boosted Gasoline Engines"; SAE Technical Paper 2015-01-1289, 2015, doi: 10.4271/2015-01-1289, 2015

10. Seume, J., kleine Sextro, T.: „The Potential of Variable Inlet Guide Vanes for Turbochrger Compressores"; 4th International Congress on Advanced Downsizing & Turbocharging Concepts, Stuttgart 2012

11. Herbst, F., Stöber-Schmidt, C., Eilts, P., kleine Sextro, T. et al.: „The Potential of Variable Compressor Geometry for Highly Boosted Gasoline Engines"; SAE Technical Paper 2011-01-0376, 2011, doi:10.4271/2011-01-0376, 2011

12. Flinte, J., Eilts, P., kleine Sextro, T., Seume, J.: „Verdichtervariabilität zur Reduzierung des Scavenging im Low-End-Torque-Bereich eines einstufigen aufgeladenen Ottomotors"; 10. MTZ-Fachtagung – Ladungswechsel im Verbrennungs-motor, Stuttgart 2017

13. Schäfer, C.: „Untersuchungen zu den Grenzen der Vorhersagbarkeit von Verdichterkennfeldern"; Dissertation, TU-Berlin, 2017

Motorische Untersuchung einer Doppelstromturbine bei gezielter Variation von Einflussparametern

Michael Kornexl, M.Sc., CEEC, OTH Regensburg

Prof. Dr.-Ing. Hans-Peter Rabl, CEEC, OTH Regensburg

Prof. Dr.-Ing. Wolfgang Mayer, Hochschule Kempten

Peter Haluska, PhD, Continental Automotive GmbH

Dr.-Ing. Jan Ehrhard, Continental Automotive GmbH

J. Liebl (Hrsg.), *Ladungswechsel im Verbrennungsmotor 2017*, Proceedings,
https://doi.org/10.1007/978-3-658-22671-8_9

1 Einführung

Um die Leistungsmerkmale moderner Ottomotoren, hohe Nennleistung bei niedrigem Kraftstoffverbrauch einerseits und hohes Low End Torque bei dynamischem Ansprechverhalten andererseits, zu erreichen, stehen Abgasturbolader mit verschiedenen Turbinentypen zur Verfügung. Dabei wird zwischen den Ausführungen ein- und mehrflutige Turbine unterschieden. Je nach geometrischer Ausführung der Flutentrennung wird bei den mehrflutigen Turbinen zwischen den Bauformen Zwillingsstrom- und Doppelstromturbine differenziert. Untersuchungen zum Vergleich der beiden Bauformen wurden in [1,2,3] durchgeführt. Im Rahmen dieses Beitrags wird im Detail auf die Doppelstromturbine eingegangen.

Beim Einsatz der Doppelstromturbine wird das Abgassystem vor Turbine geometrisch auf zwei Stränge aufgeteilt. Dabei werden in einem Abgasstrang Zylinder 1 und 4 auf eine Flut der Doppelstromturbine geführt. Im zweiten Strang werden entsprechend die beiden weiteren Zylinder und die zweite Flut zusammengefasst. Dadurch wird verhindert, dass sich ein Abgasdruckpuls im gesamten Abgaskrümmer ausbreitet und einen gerade im Ladungswechsel befindlichen Zylinder negativ beeinflusst. Dies wirkt sich bei Vierzylindermotoren, aufgrund des verbesserten Spülverhaltens und den geringeren Restgasanteil, positiv auf den Ladungswechsel und die Verbrennung aus. Zudem führt das geringere Volumen eines Abgasstrangs zu einer Verstärkung der Stoßaufladung. Dadurch ergeben sich bei der Doppelstromturbine Vorteile bei dem erreichbaren Drehmoment und dem Ansprechverhalten bei niedrigen Drehzahlen.

Demgegenüber wirkt sich die stärkere Stoßaufladung der Doppelstromturbine bei hohen Abgasmassenströmen durch höhere Abgasgegendrücke negativ auf die Ausschiebearbeit und den Restgasanteil aus. Eine mögliche Maßnahme zur Senkung des spezifischen Verbrauchs oder zur Leistungssteigerung, ohne Nachteile im dynamischen Ansprechverhalten, ist die Reduktion der Ausschiebearbeit durch eine schaltbare Flutenverbindung. In [1] wurden hierzu zwei unterschiedliche Umsetzungskonzepte untersucht und die positiven Effekte auf die Motorergebnisse nachgewiesen. In [2] wurde die Auswirkung einer vollständigen Flutenverbindung in der Ladungswechselrechnung analysiert und gezeigt, dass die Fluten der Doppelstromturbine dadurch kleiner ausgelegt werden konnten, wodurch die Stoßaufladung verstärkt und zudem die Massenträgheit des Laufzeuges reduziert werden konnte. Die Untersuchung einer Flutenverbindung bei einer Zwillingsstromturbine wurde in [4] durchgeführt.

Bei der abwechselnden Einzelbeaufschlagung der beiden Fluten am Verbrennungsmotor weist die Doppelstromturbine im Vergleich zu einer Einzelstromturbine niedrigere Wirkungsgrade auf und das Turbinenrad und die Lagerung werden dabei deutlich stärker belastet. Zudem ist die Doppelstromturbine komplexer in der Herstellung. Der Abstand zwischen dem Turbinenrad und den beiden Zungen beeinflusst in hohem

Maße das Trennungsverhalten und den Wirkungsgrad, wirkt sich aber auch auf die Belastung des Turbinenrades aus. Für die Zwillingsstromturbine wurde in [5] aufgezeigt, dass die Lage des Drehmomenteckpunktes maßgeblich vom Trennungsverhalten der Turbine abhängt.

Bei der Auslegung einer Doppelstromturbine stehen im Vergleich zur Einzelstromturbine somit zusätzliche Freiheitsgrade zur Verfügung, wodurch der Prozess komplexer wird. Für die Optimierung der Doppelstromturbine auf einen Zielmotor sind daher genaue Kenntnisse über die Wirkung der einzelnen Einflussparameter auf das Zusammenspiel mit dem Motor erforderlich.

Um die Eigenschaften der Doppelstromturbine zu verstehen und Kenntnisse über die Vor- und Nachteile zu erhalten, wird in dieser Arbeit der Einfluss ausgewählter Auslegungsparameter der Doppelstromturbine auf den Motorbetrieb untersucht. Dabei wird zum einen eine Variation des Trennungsverhaltens der Doppelstromturbine durch eine Vergrößerung des Zungenabstandes durchgeführt. Zum anderen wird die Auswirkung einer Flutenverbindung analysiert. Zudem werden die Doppelstrom- und die Einzelstromturbine für einen Vergleich der unterschiedlichen Turbinentypen gegenübergestellt.

2 Versuchsmethodik

2.1 Versuchsaufbau

Die experimentellen Untersuchungen wurden an einem 1,8 l-Vierzylinder-Ottomotor mit Direkteinspritzung durchgeführt. Der Versuchsträger verfügt über hydraulische Nockenwellenversteller mit einem einlassseitigen Verstellbereich von 60 °KW und einem auslassseitigen Verstellbereich von 30 °KW. Die Breite von Ein- und Auslassnockenwelle betragen bei 1 mm Ventilhub 190 °KW und 195 °KW.

Neben der Standard-Prüfstandsmesstechnik ist der Versuchsträger mit einer Hochdruck- und Niederdruckindizierung ausgestattet. Dabei wurden in allen vier Zylindern Hochdrucksensoren verbaut. Zur Analyse der Ladungswechselvorgänge sowie des Turbinenbetriebspunktes wurde der Ein- und Auslasstrakt mit Niederdrucksensoren ausgerüstet. Die Messdaten der Indizierung werden in einem weiteren Schritt in der Ladungswechselrechnung genutzt, um eine detaillierte Analyse der Einzelprozesse beim Ladungswechsel durchzuführen.

2.2 Untersuchte Turbinenvarianten

Für diese Arbeit wurden je ein Abgasturbolader mit einflutiger Turbine und mit Doppelstromturbine verwendet, die für einen thermodynamisch sehr gut vergleichbaren

Motor ausgelegt wurden. Beide Varianten sind mit einer identischen Verdichterstufe aufgebaut.

Für die gezielte Variation von Einflussparametern wurde das Turbinengehäuse der Doppelstromvariante (Abbildung 1 a) mechanisch bearbeitet:

- Gehäuse mit 3 mm vergrößertem Abstand der beiden Zungen zum Turbinenrad (Abbildung 1 b)
- Gehäuse mit einer Flutenverbindung am Eintrittsflansch mit einer geometrischen Querschnittsfläche von 90 mm² (Abbildung 1 c)

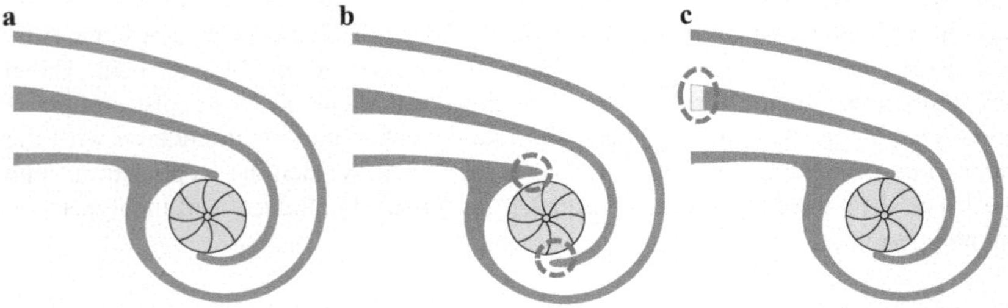

Abbildung 1: schematische Darstellung der Doppelstromvarianten a) Basis, b) Variante mit vergrößertem Zungenabstand, c) Variante mit Flutenverbindung

Für die experimentelle Untersuchung der Doppelstromvarianten wurde lediglich das Turbinengehäuse der Basis-Doppelstromturbine getauscht.

2.3 Motorbetriebspunkte

Für alle genannten Turbinenvarianten wurde dasselbe Messprogramm unter folgenden identischen Randbedingungen durchgeführt:

- kennfeldbasierter Zündwinkel
- aktive Klopfregelung
- globales stöchiometrisches Verbrennungsluftverhältnis bei spülendem Ladungswechsel
- kennfeldbasierte Ventilsteuerzeiten

Hinsichtlich Nennmoment und Nennleistung wurden die Werte der Serienapplikation des Versuchsträgers verwendet. Das Messprogramm beinhaltete die stationäre Vermessung der Volllastlinie sowie die Untersuchung des Ansprechverhaltens bei Volllastsprüngen ausgehend von niedriger Teillast bei konstanter Motordrehzahl. Dabei wurden jeweils zehn Volllastsprünge ausgehend von einem Teillastbetriebspunkt von 2,8 bar effektivem Mitteldruck (pme) durchgeführt. Hinsichtlich der Wiederholbarkeit des Ansprechverhaltens sind identische Ausgangsbedingungen, insbesondere die thermischen Bedingungen im Abgastrakt, von großer Bedeutung, weshalb eine Haltezeit in der Teillast von zehn Minuten zwischen zwei Sprüngen festgelegt wurde.

3 Ergebnisse der Volllastvermessung

3.1 Globale Ergebnisse

Zunächst wird das stationäre Volllastverhalten der untersuchten Varianten gegenübergestellt. Beim Vergleich der effektiven Mitteldrücke im unteren Drehzahlbereich in Abbildung 2 zeigt sich, dass mit der Doppelstromturbine (**DS**) bis zum Drehmomenteckpunkt bei 1210 1/min die höchsten Drehmomente erreicht werden, wohingegen mit der Einzelstromturbine (**ES**) die niedrigsten Werte erzielt werden und das Nennmoment erstmals bei einer Motordrehzahl von 1500 1/min, mit bereits geöffnetem Wastegate, dargestellt werden kann. Zwischen diesen Grenzen liegen die beiden Varianten der Doppelstromturbine mit vergrößertem Zungenabstand (**DS Za**) und Flutenverbindung (**DS Fv**) mit den Drehmomenteckpunkten bei 1320 1/min und 1400 1/min.

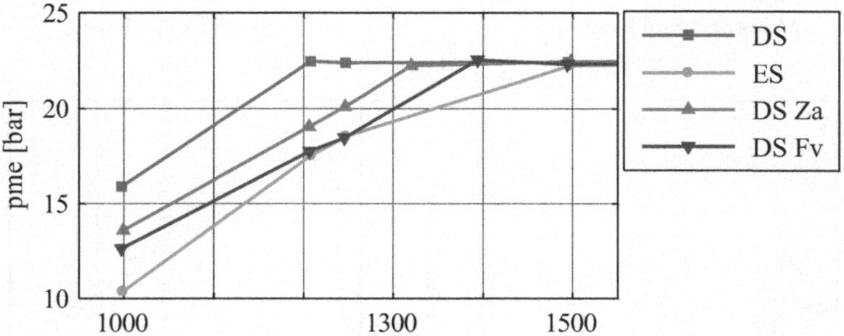

Abbildung 2: effektive Mitteldrücke der untersuchten Varianten im unteren Drehzahlbereich

In Abbildung 3 sind die Ergebnisse der Volllastvermessung für den gesamten Drehzahlbereich dargestellt. Ab dem Drehmomenteckpunkt hin zu hohen Drehzahlen werden bei allen Turbinenvarianten identische effektive Mitteldrücke erreicht (siehe Abbildung 3 a). Die Doppelstromturbine weist über den gesamten Drehzahlbereich die höchsten und die Einzelstromturbine die niedrigsten Ladungswechselverluste (siehe Abbildung 3 b) auf. Beide Varianten der Doppelstromturbine führen zu einer Reduktion der Ladungswechselverluste, jedoch mit unterschiedlichem Ausmaß.

Beim spezifischen Kraftstoffverbrauch in Abbildung 3 c sind im unteren Drehzahlbereich bis 2000 1/min und bei Drehzahlen ab 4000 1/min die größten Unterschiede erkennbar. Die niedrigsten Werte werden mit der Einzelstromturbine und der Variante mit Flutenverbindung erreicht. Die höchsten spezifischen Verbräuche ergeben sich bei der Doppelstromturbine und der Variante mit vergrößertem Zungenabstand.

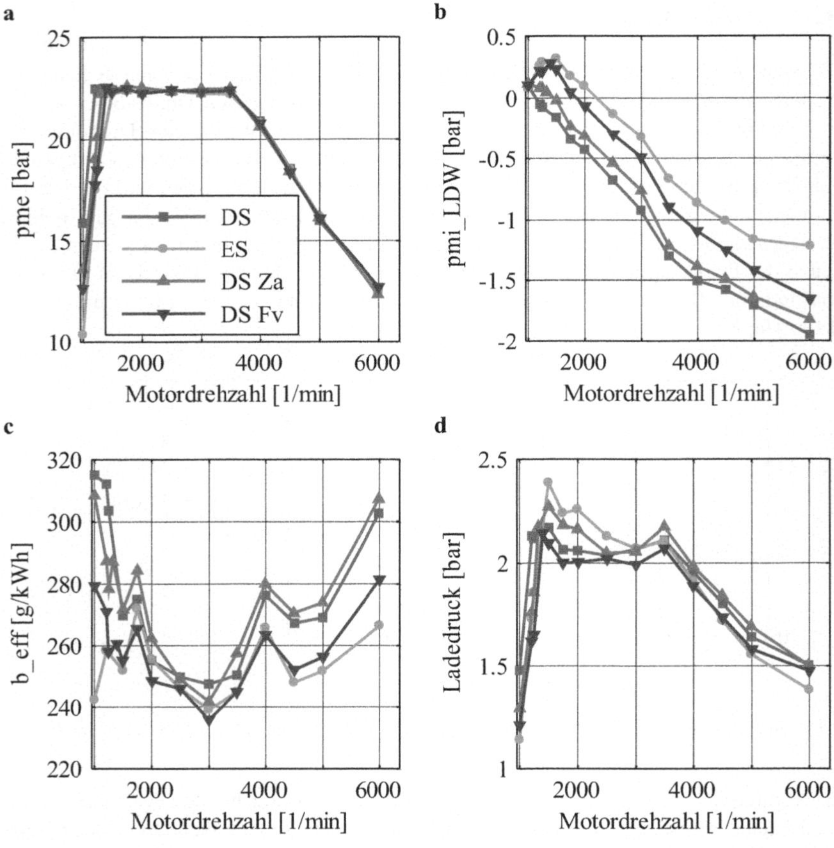

Abbildung 3: stationäre Volllastergebnisse der untersuchten Varianten a) effektiver Mitteldruck, b) Ladungswechselarbeit, c) spez. Kraftstoffverbrauch, d) Ladedruck

Ausgehend von der globalen Betrachtung der Volllastergebnisse wird der Einfluss der beiden unterschiedlichen Turbinentypen sowie der Einfluss der Variationen bei der Doppelstromturbine auf den Motorbetrieb detailliert untersucht. Hierzu wird jeweils im Bereich des Drehmomenteckpunktes bei einer Drehzahl von 1500 1/min und im Nennleistungspunkt bei einer Drehzahl von 4000 1/min die Beeinflussung des Ladungswechsels durch die Turbine und die Auswirkung auf den Hochdruckprozess analysiert.

3.2 Vergleich von Doppelstrom- und Einzelstromturbine

In Abbildung 4 werden die Druckverläufe während des Ladungswechsels, die normierten Ventilhubkurven und die Ein- und Auslassmassenströme aus der Ladungswechselrechnung für beide Varianten bei einer Motordrehzahl von 1500 1/min dargestellt.

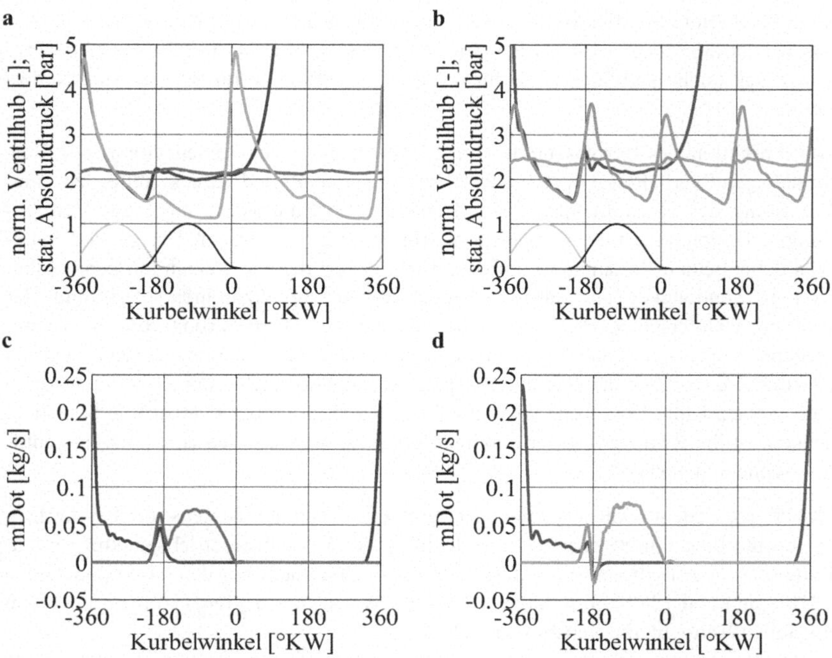

Abbildung 4: Druckverläufe der Indizierung mit den normierten Ein- und Auslass-Ventilhubkurven bei 1500 1/min a) **DS**, b) **ES**; Ein- und Auslassmassenströme der Ladungswechselrechnung c) **DS**, d) **ES**

Der Auslassstoß ist bei der Doppelstromturbine deutlich stärker ausgeprägt (siehe Abbildung 4 a). Gegen Ende des Ausschiebetaktes, beim Öffnen des Einlassventils (EVÖ), ergibt sich jedoch bei beiden Varianten das gleiche Auslassdruckniveau. Zusammen mit dem höheren Einlassdruck folgt daraus eine positive Ladungswechselschleife bei der Einzelstromturbine, wohingegen bei der Doppelstromvariante Arbeit für den Ladungswechsel aufgewendet werden muss. Zu Beginn der Ventilüberschneidung öffnet zugleich das Auslassventil des nachfolgenden Zylinders. Durch die sehr gute Flutentrennung der Doppelstromturbine wird der Auslassstoß des nachfolgenden Zylinders vollständig ausgeblendet und es liegt während der gesamten Ventilüberschneidungsphase ein positives Spülgefälle an. Dagegen wird bei der Einzelstromturbine das zunächst höhere Spülgefälle durch den nachfolgenden Auslassstoß sehr schnell abgebaut und ist während der zweiten Hälfte der Ventilüberschneidung negativ. Anhand der Ein- und Auslassmassenströme (siehe Abbildung 4 c, d) wird deutlich, dass dies zu einem starken Rückschieben von Abgas bis in den Einlass führt (Ein- und Auslassmassenstrom werden negativ), wohingegen bei der Doppelstromturbine der Brennraum effektiv mit Frischluft gespült wird. Da das rückgeschobene Abgas wieder angesaugt wird, ist bei der Einzelstromturbine ein um 200 mbar höherer Ladedruck (siehe Abbildung 3 d) für die gleiche Luftmasse im Brennraum erforderlich.

Die Reduktion des Restgasanteils von 2,7 % auf 0,5 %, das innenzylindrische Verbrennungsluftverhältnis von 0,9 sowie der geringere Zylinderdruck führen zu einer Entlastung des Hochdruckprozesses. Bei gleichem Zündwinkel liegt der Verbrennungsschwerpunkt bei der Doppelstromturbine um 2 °KW früher. Der gleiche Zündwinkel bei beiden Varianten ist auf die Durchführung der Messreihen mit kennfeldbasiertem Zündwinkel und aktiver Klopfregelung zurückzuführen. Aufgrund der deutlichen Unterschiede im Restgasanteil ist bei der Doppelstromturbine von einer weiteren Verbesserung der Verbrennungslage durch Frühverstellung des Zündwinkels auszugehen, wodurch der Nachteil im spezifischen Kraftstoffverbrauch von 8 % reduziert werden kann. Eine weitere Möglichkeit, den spezifischen Kraftstoffverbrauch zu senken, ist die Reduzierung der durchgespülten Luftmasse durch eine kürzere Ventilüberschneidungsphase.

Der höhere Ladedruckbedarf sowie der geringere Verdichtermassenstrom bei der Einzelstromturbine führen zu einer Verschiebung des Verdichterbetriebspunktes hin zur Pumpgrenze. Aus diesem Grund musste das Drehmoment bei den Motordrehzahlen 1210 1/min und 1250 1/min durch Öffnen des Wastegates begrenzt werden, um einen instabilen Verdichterbetrieb zu vermeiden.

Zur Analyse am Nennleistungspunkt bei 4000 1/min werden in Abbildung 5 die Druckverläufe während des Ladungswechsels, die normierten Ventilhubkurven und die Ein- und Auslassmassenströme für beide Varianten dargestellt. Während des gesamten Ausschiebetaktes liegen der Auslass- und Zylinderdruck bei der Doppelstromturbine deutlich über dem Niveau der Einzelstromturbine (siehe Abbildung 5 a, b). Zum Zeitpunkt EVÖ ist das Zylinderdruckniveau bei beiden Varianten höher als das Druckniveau im Einlass, weshalb es zu einem kurzen Ausströmen von Abgas aus dem Brennraum in den Einlasstrakt kommt (siehe Abbildung 5 c, d). Aufgrund des um 0,5 bar höheren Zylinderdruckniveaus ist das Rückströmen bei der Doppelstromturbine deutlich ausgeprägter. Bei der Einzelstromturbine führt der nachfolgende Auslassstoß zu einem Rückschieben von Abgas in den Brennraum. Als Ergebnis des Ladungswechsels ergibt sich ein Anstieg des Restgasanteils bei der Doppelstromturbine von 3,9 % auf 4,0 % und eine um 0,65 bar höhere Ladungswechselarbeit. Zudem ist ein höherer Ladedruck von 50 mbar erforderlich um den Nachteil im Ladungswechsel im Hochdruckprozess auszugleichen. Im spezifischen Kraftstoffverbrauch zeigt sich ein Nachteil von 4 %.

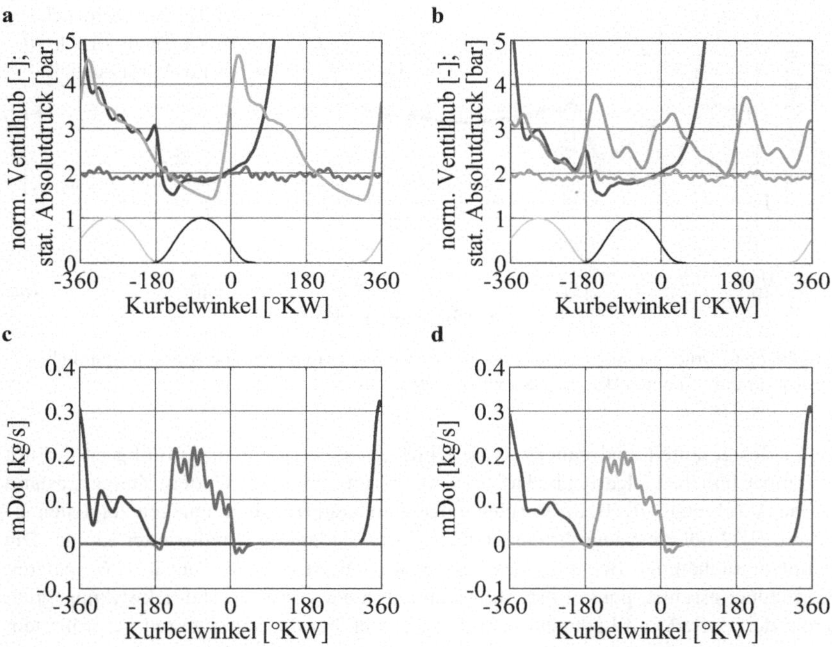

Abbildung 5: Druckverläufe der Indizierung mit den normierten Ein- und Auslass-Ventilhubkurven bei 4000 1/min a) **DS**, b) **ES**; Ein- und Auslassmassenströme der Ladungswechselrechnung c) **DS**, d) **ES**

3.3 Einfluss des Zungenabstandes bei der Doppelstromturbine

Beim Vergleich des Ladungswechsels der Doppelstromturbine mit der Variante mit vergrößertem Zungenabstand in Abbildung 6 ist im Ausschiebetakt eine geringe Absenkung des Auslassdruckes bei vergrößertem Zungenabstand erkennbar. Mit dem Ausschiebebeginn des nachfolgenden Zylinders tritt in der dann inaktiven Flut ein verstärkter Druckanstieg auf. Dieser Effekt ist einerseits durch den spülenden Ladungswechsel sowie dem erhöhten Übersprechen zwischen den Fluten zu erklären. Hinsichtlich der Ladungswechselarbeit bei 1500 1/min führt die Vergrößerung des Zungenabstandes zu einer geringfügigen Reduktion um 0,1 bar.

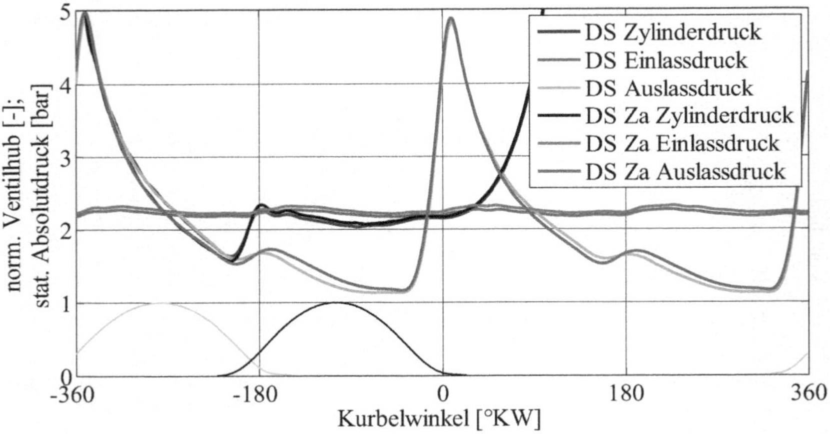

Abbildung 6: Druckverläufe der Indizierung mit den normierten Ein- und Auslass-Ventilhubkurven für die Varianten **DS** und **DS Za** bei 1500 1/min

Beim Restgasanteil sind nahezu keine Unterschiede ersichtlich. Auffällig ist der um 100 mbar höhere Ladedruckbedarf bei der Variante mit vergrößertem Zungenabstand (siehe Abbildung 3 d). Beim Vergleich der Temperaturrandbedingungen zeigt sich eine um 5 °C höhere Saugrohrtemperatur bei der Variante mit reduzierter Zunge. Die temperaturabhängige Bedatung des Zündwinkels führt zu einem um 2 °KW späteren Verbrennungsschwerpunkt und somit einem niedrigeren Hochdruckwirkungsgrad. Trotz der Vorteile im Ladungswechsel ergibt sich bei der Variante mit vergrößertem Zungenabstand ein geringer Nachteil im spezifischen Kraftstoffverbrauch.

Im Nennleistungspunkt führt der vergrößerte Zungenabstand ebenfalls zu einer Reduktion der Ladungswechselarbeit um 0,1 bar. Zudem wirkt sich der geringere Abgasgegendruck positiv auf das Zylinderdruckniveau am Ende des Ausschiebetaktes aus (siehe Abbildung 7), wodurch der Restgasanteil von 4 % auf 3,7 % reduziert wird. Auch in diesem Betriebspunkt führt die höhere Saugrohrtemperatur bei der Variante mit reduzierter Zunge zu einem um 2 °KW späteren Verbrennungsschwerpunkt und einem Nachteil von 1,5 % im spezifischen Kraftstoffverbrauch.

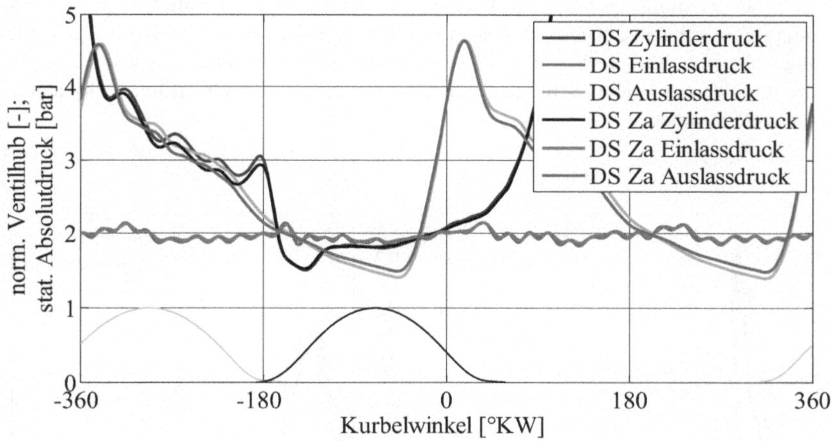

Abbildung 7: Druckverläufe der Indizierung mit den normierten Ein- und Auslass Ventilhubkurven für die Varianten **DS** und **DS Za** bei 4000 1/min

Bildet man für beide Fluten aus den kurbelwinkelaufgelösten Druckverläufen eines Arbeitsspiels die Turbinendruckverhältnisse, kann man deren Verläufe im Fluteninteraktionskennfeld darstellen. In Abbildung 8 sind im Interaktionskennfeld jeweils die statischen Turbinendruckverhältnisse der Doppelstromturbine und der Variante mit vergrößertem Zungenabstand für die beiden Betriebspunkte bei 1500 1/min (a) und 4000 1/min (b) eingetragen. Betrachtet man in Abbildung 8 links einen Abgasdruckpuls mit zunehmenden Druckverhältnis in Flut 1 (siehe Pfeil) für die Variante **DS**, zeigt das Druckverhältnis in Flut 2 nahezu keinen Druckanstieg. Darin zeigt sich die sehr starke Flutentrennung der Doppelstromturbine.

Der vergrößerte Zungenabstand (**DS Za**) und das dadurch verstärkte Übersprechen zwischen beiden Fluten äußern sich in Abbildung 8 a durch ein höheres Druckverhältnis in Flut 2 während eines Abgasdruckpulses in Flut 1. Zudem ist das Druckverhältnis in der aktiven Flut gegen Ende des Abgasdruckpulses geringer. Dadurch werden die beiden sich ergebenden Schleifen in Richtung der Winkelhalbierenden verschoben.

Im Nennleistungspunkt (siehe Abbildung 8 b) ist zu Beginn eines Abgasdruckpulses in Flut 1 das Druckverhältnis in Flut 2 bei der Variante mit reduzierter Zunge geringer, weshalb die schwarze Kurve während des Druckanstiegs in Flut 1 unter der roten Kurve liegt. Im Bereich des maximalen Druckverhältnisses ergeben sich nahezu keine Unterschiede. Durch den vergrößerten Zungenabstand fällt das Druckverhältnis in Flut 1 bei geringfügig höherem Druckverhältnis in Flut 2 deutlich schneller ab, wodurch die schwarze Kurve in diesem Bereich über der roten liegt. Der vergrößerte Zungenabstand führt demnach in diesem Betriebspunkt zu einer Verschiebung des Schnittpunkts der beiden Schleifen entlang der Winkelhalbierenden hin zu kleineren Druckverhältnissen.

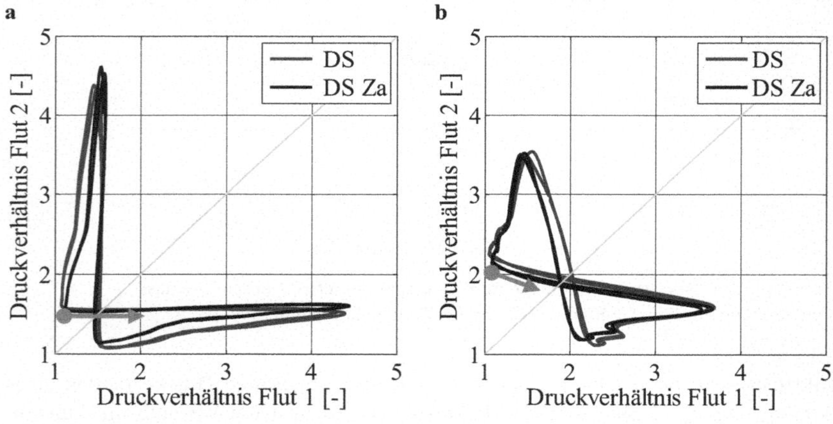

Abbildung 8: Fluteninteraktionskennfeld für die Varianten **DS** und **DS Za** a) bei 1500 1/min, b) bei 4000 1/min

Beide Varianten wurden am Brennkammerprüfstand vermessen. Beim Vergleich der Durchsatzparameter, dargestellt in Abbildung 9, zeigt sich durch den vergrößerten Zungenabstand eine Erhöhung des Durchsatzparameters in der Einzelbeaufschlagung (EB) um 12 % in Flut 1 und 14 % in Flut 2. Die Wirkungsgrade in der Einzelbeaufschlagung verändern sich dadurch nicht. In der Gleichbeaufschlagung (GB) führt der vergrößerte Zungenabstand zu einer Durchsatzerhöhung von 7,5% und einer Wirkungsgradsteigerung von etwa 1,5 %.

Mit dem in Gleichung (1) definierten massenstrombasierten Trennungsgrad SSL_m aus [3] kann das Trennungsverhalten von mehrflutigen Turbinen beschrieben werden.

$$SSL_m = \frac{Durchsatz_{GB} - Durchsatz_{EB}}{0{,}5 \cdot Durchsatz_{GB}} \qquad (1)$$

Dabei definiert ein Trennungsgrad von 0 eine Einzelstromturbine mit identischem Durchsatz bei Einzel- und Gleichbeaufschlagung und ein Trennungsgrad von 1 eine vollständige Flutentrennung [3].

In Tabelle 1 sind die berechneten Trennungsgrade der beiden Turbinenvarianten für beide Fluten eingetragen. In Flut 1 führt der vergrößerte Zungenabstand zu einer Abnahme des Trennungsgrades von 0,85 auf 0,75 und in Flut 2 von 0,88 auf 0,82.

Tabelle 1: Vergleich des massenstrombasierten Trennungsgrades SSL_m der beiden Doppelstromturbinen **DS** und **DS Za**

	Flut 1	Flut 2
DS	0,85	0,88
DS Za	0,75	0,82

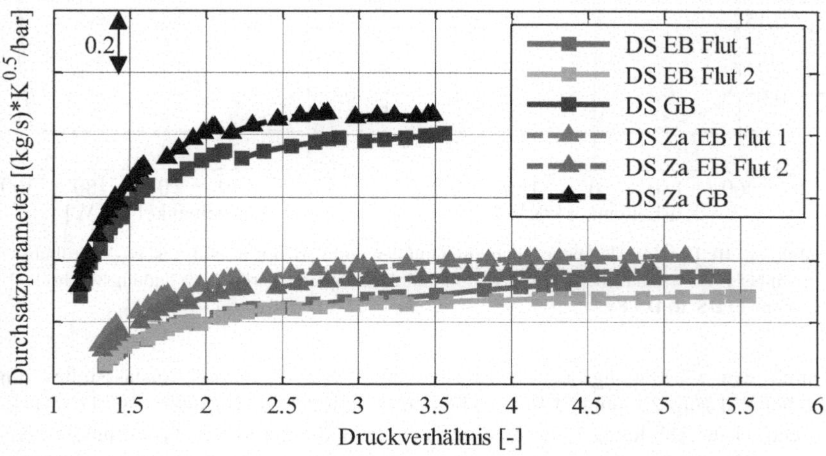

Abbildung 9: Vergleich der Durchsatzparameter der beiden Varianten **DS** und **DS Za** für die Einzelbeaufschlagung (EB) der beiden Fluten sowie für die Gleichbeaufschlagung (GB)

3.4 Einfluss einer Flutenverbindung

Bei der ausgeführten Flutenverbindung handelt es sich um eine Verbindungsbohrung ohne Aktuator, daher wirkt sich die Flutenverbindung auch bei niedrigen Motordrehzahlen aus und führt dort zu einer nachteiligen Beeinflussung des Motorbetriebs. Zunächst wird deren Auswirkung bei einer Drehzahl von 1500 1/min untersucht.

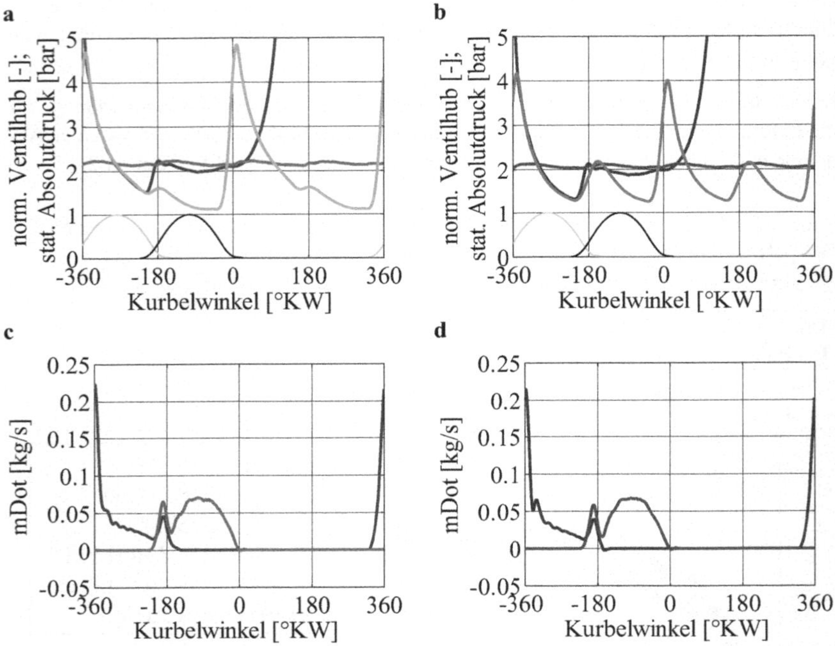

Abbildung 10: Druckverläufe der Indizierung mit den normierten Ein- und Auslass-Ventilhubkurven bei 1500 1/min a) **DS**, b) **DS Fv**; Ein- und Auslassmassenströme der Ladungswechselrechnung c) **DS**, d) **DS Fv**

Durch den Verbindungsquerschnitt sinkt die Druckspitze des Auslassstoßes um 0,6 bar und zum Zeitpunkt EVÖ ergibt sich ein um 0,3 bar geringeres Auslassdruckniveau (siehe Abbildung 10 b). Dadurch liegt trotz des geringeren Ladedrucks zu Beginn der Ventilüberschneidung ein höheres Spülgefälle an. Aufgrund des nachfolgenden Auslassstoßes der nun nicht mehr vollständig ausgeblendet wird, bleibt das Spülgefälle zwar über weite Teile der Ventilüberschneidung positiv, ist jedoch deutlich geringer als bei der Basisvariante. Erst gegen Ende der Überschneidung liegt das

Auslassdruckniveau über dem Einlassdruckniveau und es tritt kurzzeitig Rückströmen von Abgas in den Brennraum auf (siehe Abbildung 10 d. Dadurch steigt der Restgasanteil bei der Variante mit Flutenverbindung auf 0,6 %.

Die Flutenverbindung führt im Bereich des Drehmomenteckpunkts bei nahezu konstantem Restgasanteil zu einer Reduktion der Ladungswechselarbeit um 0,4 bar, wodurch sich eine positive Ladungswechselschleife, wie bei der Einzelstromturbine, ergibt. Dadurch sinken die erforderliche Hochdruckarbeit und der Ladedruckbedarf, was sich in einem spezifischen Kraftstoffverbrauchsvorteil von 6 % äußert.

Am Nennleistungspunkt ergibt sich eine identische Verbesserung der Ladungswechselarbeit. Die Flutenverbindung führt in diesem Betriebspunkt dazu, dass der Auslassdruck gegen Ende des Ausschiebetaktes auf das Niveau der Einzelstromturbine abgesenkt werden kann (siehe Abbildung 11 b).

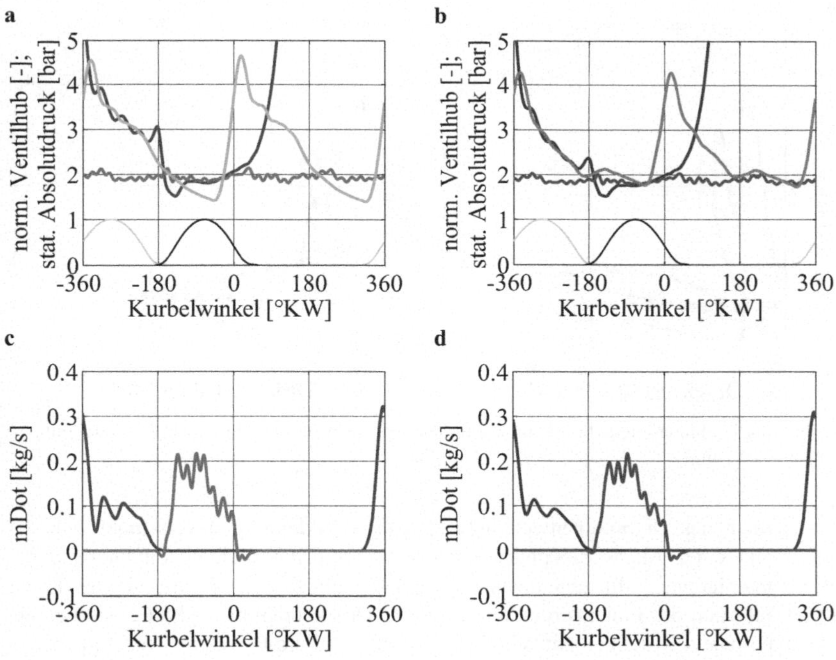

Abbildung 11: Druckverläufe der Indizierung mit den normierten Ein- und Auslass-Ventilhubkurven bei 4000 1/min a) **DS**, b) **DS Fv**; Ein- und Auslassmassenströme der Ladungswechselrechnung c) **DS**, d) **DS Fv**

Der Zylinderdruck zum Zeitpunkt EVÖ ist um 0,6 bar geringer als bei der Doppelstromturbine und liegt damit unter dem Niveau der Einzelstromturbine. Dieser Unterschied kann durch den nachfolgenden Auslassstoß erklärt werden, der bei der Einzelstromturbine zu einem Rückströmen von Abgas in den Brennraum und damit zu einem Druckanstieg führt. Bei der Doppelstromturbine mit Flutenverbindung resultiert mit 3,5 % der geringste Restgasanteil. Der niedrigere Ladedruck- und Anfettungsbedarf zusammen mit den Vorteilen im Ladungswechsel ermöglichen in diesem Betriebspunkt eine Absenkung des spezifischen Kraftstoffverbrauchs um 5 % im Vergleich zur Doppelstromturbine und damit den geringsten Wert.

In Abbildung 12 werden die statischen Turbinendruckverhältnisse eines Arbeitsspiels für die beiden Motorbetriebspunkte bei 1500 1/min (a) und 4000 1/min (b) im Interaktionskennfeld gegenübergestellt.

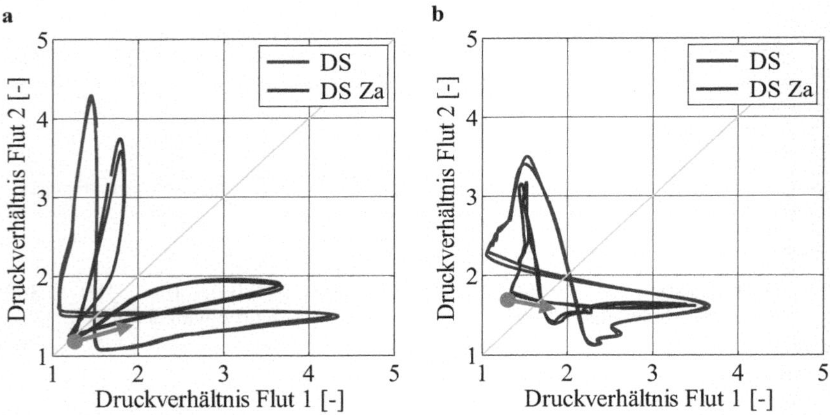

Abbildung 12: Fluteninteraktionskennfeld für die Varianten **DS** und **DS Fv** a) bei 1500 1/min, b) bei 4000 1/min

Im Bereich des Drehmomenteckpunkts (siehe Abbildung 12 a) verschiebt sich der Startpunkt eines Abgasdruckpulses bei der Variante mit Flutenverbindung auf die Winkelhalbierende. Mit zunehmenden Druckverhältnis in der beaufschlagten Flut 1 steigt aufgrund der Flutenverbindung auch das Druckverhältnis in Flut 2 deutlich an. Bei maximalem Druckverhältnis in Flut 1 bei etwa 3,7 ergibt sich in Flut 2 ein Druckverhältnis von etwa 1,8. Im weiteren Verlauf steigt das Druckverhältnis in Flut 2 zunächst bei bereits sinkendem Druckverhältnis in Flut 1 und schließlich fallen beide ab bis am Ende des Abgasdruckpulses wieder nahezu der Startpunkt erreicht wird. Die

Flutenverbindung führt zu einer Absenkung des Druckverhältnisses in der aktiven Flut und folglich zu einem Druckanstieg in der inaktiven Flut, wodurch sich die beiden Schleifen im Interaktionskennfeld signifikant in Richtung der Winkelhalbierenden verschieben.

Dieser Effekt der Flutenverbindung zeigt sich auch im Betriebspunkt bei 4000 1/min in Abbildung 12 b.

4 Ergebnisse der Volllastsprünge

Das Ansprechverhalten der untersuchten Turbinenvarianten wird anhand von Volllastsprüngen bei einer Motordrehzahl von 1500 1/min bewertet. Aufgrund der identischen Läufergruppe haben alle Doppelstromvarianten das gleiche Massenträgheitsmoment. Das gesamte Laufzeug der Einzelstromturbine hat ein um 8 % kleineres Massenträgheitsmoment als die Doppelstromturbine. In Abbildung 13 a sind die zeitlichen Verläufe effektiven Mitteldrücke dargestellt. Als Time to Torque wird die Zeit von der Mitte der Saugervolllast, bei einem pme von 5,6 bar, bis zum Erreichen von 90 % des Nennmoments ausgewertet.

Das geringste Time to Torque mit 1,7 s wird mit der Doppelstromturbine erreicht. Die Vergrößerung des Zungenabstandes führt zu einem um 0,2 s erhöhten Wert. Durch die Flutenverbindung vergrößert sich das Time to Torque auf 3,5 s und ist damit um 0,3 s höher als bei der Einzelstromturbine.

Zunächst wird die Variante mit vergrößertem Zungenabstand der Basis-Doppelstromturbine gegenübergestellt. Nach dem Öffnen der Drosselklappe ist das Ladedruckniveau bei beiden Varianten zunächst identisch (siehe Abbildung 13 c), jedoch zeigt sich beim Vergleich der Drücke vor Turbine in Abbildung 13 d, dass das Druckniveau bei der Variante mit vergrößertem Zungenabstand geringer ist. Da zu diesem Zeitpunkt der zur Verfügung stehende Abgasmassenstrom bei beiden Varianten nahezu identisch ist, führt das geringere Turbinendruckverhältnis bei der Variante mit vergrößertem Zungenabstand zu einem flacheren Drehzahlgradienten des Abgasturboladers (siehe Abbildung 13 b). Da bei der Basis-Doppelstromturbine aufgrund der höheren Abgasgegendrücke entsprechend eine größere Ladungswechselarbeit aufgewendet werden muss, äußert sich der Unterschied im Ladedruckaufbau zunächst nicht im Verlauf des effektiven Mitteldrucks. Erst mit zunehmender Differenz im Ladedruckniveau ist auch ein Unterschied im effektiven Mitteldruck ersichtlich.

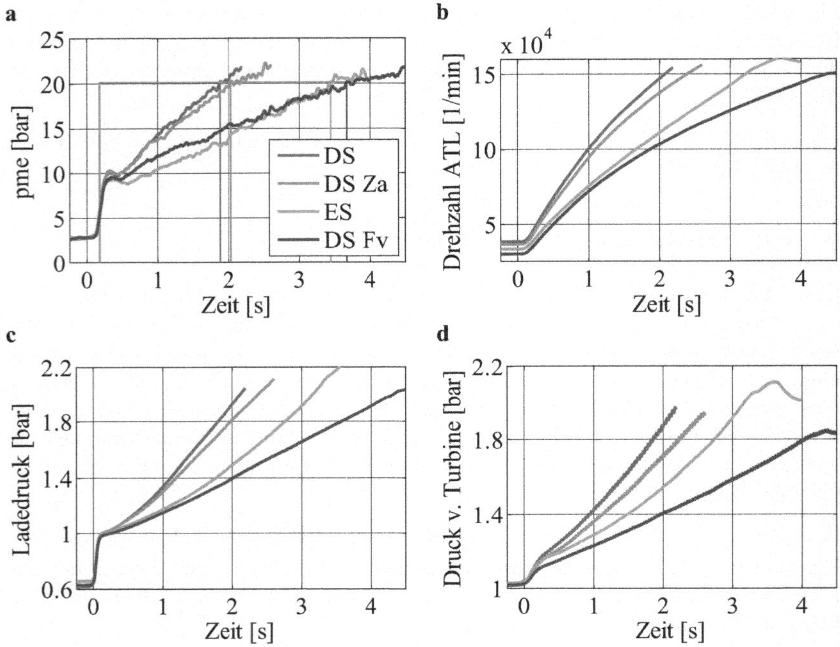

Abbildung 13: Zeitliche Verläufe beim Volllastsprung bei 1500 1/min für alle untersuchten Varianten a) pme, b) ATL-Drehzahl, c) Ladedruck, d) Druck vor Turbine

Beim Vergleich zwischen den beiden Turbinentypen Doppelstrom- und Einzelstromturbine zeigt sich bereits im Bereich der Saugervolllast ein deutlicher Unterschied im effektiven Mitteldruck. Bei gleichem Ladedruckniveau ist bei der Einzelstromvariante die Füllung des Brennraums mit Frischluft, aufgrund des negativen Spülgefälles durch den nachfolgenden Auslassstoß, deutlich geringer und der Restgasanteil entsprechend hoch. Somit ergibt sich bei der Einzelstromturbine bei gleichem Ladedruck ein niedrigerer effektiver Mitteldruck und der Turbine steht ein kleinerer Abgasmassenstrom zur Verfügung. Zusammen mit dem unterschiedlichen Aufstauverhalten der beiden Turbinentypen führt dies zu dem deutlich langsameren Ladedruck- und Drehmomentaufbau bei der Einzelstromturbine. Vergleicht man den Ladedruckbedarf bei Erreichen von 90 % des Nennmoments (**DS** bei 1,8 s, **ES** bei 3,5 s), ergibt sich aufgrund der Nachteile im Ladungswechsel und dem deutlich späteren Zündwinkel für die Einzelstromturbine ein um 0,4 bar höherer Ladedruckbedarf.

Die Doppelstromvariante mit Flutenverbindung liefert den langsamsten Drehmomentaufbau. Auch hier ist der effektive Mitteldruck im Bereich der Saugervolllast unter der Basis-Doppelstromturbine und zudem ist die Drehzahl des Abgasturboladers deutlich geringer. Der Verbindungsquerschnitt zwischen den beiden Fluten reduziert das Druckniveau in der beaufschlagten Flut und führt damit zu einer signifikanten Reduktion der Stoßaufladung.

Im Vergleich zur Einzelstromturbine zeigt die Doppelstromvariante mit Flutenverbindung zunächst einen nahezu identischen Ladedruckaufbau. Die Flutenverbindung verursacht zwar einen Druckanstieg in der unbeaufschlagten Flut, dennoch ist das Druckniveau im Bereich der Ventilüberschneidung deutlich unter dem der Einzelstromturbine. Der niedrigere Restgasanteil und der frühere Zündwinkel bei der Doppelstromvariante mit Flutenverbindung ermöglichen einen um etwa 1 bar höheren effektiven Mitteldruck. Im weiteren zeitlichen Verlauf nähern sich die effektiven Mitteldrücke an, da der Ladedruckaufbau bei der Einzelstromturbine zunehmend schneller erfolgt.

5 Zusammenfassung

An einer Doppelstromturbine wurde gezielt das Trennungsverhalten der beiden Fluten durch Vergrößern des Zungenabstandes sowie durch eine Flutenverbindung am Eintrittsflansch variiert. Zudem wurde ein Vergleich zwischen den beiden Turbinentypen Doppelstrom und Einzelstrom durchgeführt. Anhand von experimentellen Untersuchungen wurde der Einfluss der einzelnen Turbinenvarianten auf den Motorbetrieb bei gleichen Randbedingungen untersucht. Anhand einer detaillierten Analyse des Ladungswechsels im Bereich des Drehmomenteckpunkts sowie im Nennleistungspunkt konnten die Einflüsse der unterschiedlichen Turbinenvarianten auf den Ladungswechsel und den Hochdruckprozess herausgestellt werden.

Zunächst wurden die Unterschiede im Motorbetrieb für die beiden Turbinentypen Doppelstrom- und Einzelstrom herausgearbeitet. Dabei haben sich bei der Doppelstromturbine deutliche Vorteile im unteren Drehzahlbereich hinsichtlich Drehmomenteckpunkt und Ansprechverhalten beim Lastsprung, aufgrund des besseren Spülverhaltens und der stärkeren Stoßaufladung, ergeben. Im Nennleistungspunkt führt das stärkere Aufstauverhalten der Doppelstromturbine zu Nachteilen im Motorbetrieb.

Bei der Variation des Zungenabstandes hat sich gezeigt, dass dieser eine wichtige Einflussgröße bei der Auslegung der Doppelstromturbine ist. Eine Vergrößerung des Zungenabstandes führt zu Nachteilen beim Drehmomenteckpunkt sowie im dynamischen Ansprechverhalten. Im Nennleistungspunkt werden der Restgasanteil sowie die Ladungswechselarbeit dadurch positiv beeinflusst. Der vergrößerte Zungenabstand bewirkt eine Erhöhung der Durchsatzparameter in der Einzelbeaufschlagung, wodurch sich im Motorbetrieb unterschiedliche Turbinendruckverhältnisse ergeben. Diese Verschiebung konnte anhand der Fluteninteraktionskennfelder aufgezeigt werden.

Ziel einer Flutenverbindung ist es, die Nachteile hinsichtlich Ausschiebearbeit und Restgasanteil im Nennleistungsbetrieb im Vergleich zur Einzelstromturbine zu reduzieren, um dadurch den spezifischen Kraftstoffverbrauch zu senken oder die Leistung zu steigern. Mit der ausgeführten Flutenverbindung konnte eine deutliche Reduktion des spezifischen Kraftstoffverbrauchs aufgezeigt werden. Zudem wirkte sich die untersuchte Flutenverbindung bereits im unteren Drehzahlbereich, oberhalb des Drehmomenteckpunkts, positiv auf den Motorbetrieb aus. Auch hier wurden die Unterschiede im Turbinenbetrieb anhand der Fluteninteraktionskennfelder dargestellt. Die Ausführung der Flutenverbindung als Verbindungsbohrung führte bei den Volllastsprüngen erwartungsgemäß zu einem deutlich langsameren Drehmomentaufbau. Bei der Umsetzung einer schaltbaren Flutenverbindung wird dieser Nachteil wieder aufgehoben, wobei sich durch mögliche Leckagen dennoch Nachteile im Vergleich zur Doppelstromturbine ohne Flutenverbindung ergeben können. Hinsichtlich der Auslegung einer Doppelstromturbine mit Flutenverbindung sind die Querschnittsgröße der Flutenverbindung sowie die konstruktive Umsetzung der Abdichtung wichtige Einflussgrößen.

6 Literaturverzeichnis

[1] Brinkert, N.; Rott, M.; Friedrich, J.; et al.: Konsequente Weiterentwicklung von Stoß- / Stauaufladung am 4-Zylinder Ottomotor. 19. Aufladetechnische Konferenz, Dresden, 2014

[2] Walkingshaw, J.; Iosifidis, G.; Scheuermann, T.; et al.: A comparison of a mono, twin and double scroll turbine for automotive applications. Proceedings ASME Turbo Expo, Montréal, 2015, GT2015-43240

[3] Lückmann, D.; Stadermann, M.: Erweiterte Messmethoden und Modellierungen von Turboladern. Abschlussbericht FVV Vorhaben Nr. 1139 Erweiterte Turbinenkennfeldvermessung II, Frankfurt / Main, 2016

[4] Wolany, A.: Untersuchungen zur impulsgetrennten Aufladung an einem Vierzylinder-Ottomotor. Dissertation Universität Stuttgart, 2015, Springer Vieweg

[5] Uhlmann, T.; Lückmann, D.; Aymanns, R.; et al.: Entwicklung und Auslegung von zweiflutigen Turbinen für hochaufgeladene Ottomotoren der nächsten Generation. 34. Internationales Wiener Motorensymposium, 2013

Verdichtervariabilität zur Reduzierung des Scavenging im Low-End-Torque-Bereich eines einstufig aufgeladenen Ottomotors

Jan Flinte, Peter Eilts
Institut für Verbrennungskraftmaschinen
Technische Universität Braunschweig

Thorsten kleine Sextro, Jörg Seume
Institut für Turbomaschinen und Fluid-Dynamik
Leibniz Universität Hannover

J. Liebl (Hrsg.), *Ladungswechsel im Verbrennungsmotor 2017*, Proceedings,
https://doi.org/10.1007/978-3-658-22671-8_10

1 Einleitung / Motivation

Bedingt durch die stetige Verschärfung der Emissionsgrenzwerte durch den Gesetzgeber und den Kundenwunsch nach hoher Dynamik und einem geringen Kraftstoffverbrauch unterliegt der Verbrennungsmotor einer stetigen Weiterentwicklung. Im Bereich des Ottomotors im Pkw-Segment hat sich das Downsizing[1] in Verbindung mit der Abgasturboaufladung als bewährtes Mittel zur Verschiebung des Betriebsbereiches hin zu höheren Wirkungsgraden durchgesetzt. Bei einem einstufig aufgeladenen Motorkonzept besteht dabei stets ein Zielkonflikt aus einer hohen Nennleistung und einer guten Performance im Low-End-Torque-Bereich (LET) des Motors. Daraus leitet sich die Anforderung an die Aufladegruppe ab, ein hohes Druckverhältnis über eine große Massenstromspreizung bereitzustellen.

Der maximal darstellbare Ladedruck wird dabei einerseits durch die bei dem jeweiligen Massenstrom zur Verfügung stehende Turbinenleistung und andererseits durch den stabilen Kennfeldbereich des Radialverdichters limitiert. Ein verbreitetes Mittel zur Steigerung der Performance der Aufladegruppe bei niedrigen Massenströmen ist der Einsatz des spülenden Ladungswechsels, auch als Scavenging bezeichnet. Bei positivem Spülgefälle wird während der Ventilüberschneidung, die in diesem Zusammenhang häufig vergrößert wird, Frischluft durch den Zylinder gespült. Das lokale Luftverhältnis im Brennraum wird abgesenkt, um ein stöchiometrisches Luftverhältnis im Abgas zu erreichen. Dies hat zur Folge, dass die zur Verfügung stehende Abgasenthalpie durch den erhöhten Massenstrom sowie durch Nachreaktionen von unverbrannten Kohlenwasserstoffen mit dem Sauerstoff erhöht wird. Es kommt abgasseitig zu einem Anstieg der Turbinenleistung und verdichterseitig zu einer Verschiebung des Betriebspunktes weg von der Pumpgrenze hin zu höheren Massenströmen. Das unterstöchiometrische Gemisch im Brennraum führt jedoch zu einem Kraftstoffmehrverbrauch. Unter Berücksichtigung der zukünftig höherlastigen Testprozeduren zur Zertifizierung gilt es, einen unterstöchiometrischen Betrieb des Verbrennungsmotors zu vermeiden.

Einen Ansatz zur Reduzierung des Scavenging bietet der Einsatz einer Turbine mit variabler Geometrie in Verbindung mit verdichterseitigen Maßnahmen zur Erweiterung des stabilen Kennfeldbereiches hin zu niedrigen Massenströmen. Das untersuchte Konzept soll ein konstantes Drehmomentniveau bei gleichzeitiger Reduzierung der Ventilüberschneidung im Vergleich zur Serienkonfiguration des Versuchsmotors ermöglichen. Um das definierte Ziel zu erreichen, werden nachfolgend verschiedene kennfelderweiternde Maßnahmen (KEM) an einen Radialverdichter mit High-Trim-Laufrad appliziert und experimentell bewertet.

1 Reduzierung des Hubvolumens bei gleichzeitiger Anhebung des effektiven Mitteldruckes zur Darstellung des gleichen Leistungsniveaus

2 Grundlagen

2.1 Strömungsinstabilitäten am Radialverdichter

Im Teillastbereich des Turboladers zu niedrigen Massenströmen wird der stabile Betrieb maßgeblich vom Radialverdichter beeinflusst, da vermehrt Strömungsablösungen entstehen. Aufgrund der niedrigen Massenströme verringert sich der Anströmwinkel im Eintrittsbereich des Verdichters an der Vorderkante des Laufrades, bis die Strömung nicht mehr der Schaufelkontur folgen und ablösen kann. Ebenso verringert sich der Abströmwinkel am Laufradaustritt zu niedrigeren Massenströmen, so dass die Strömung im anschließenden Diffusor ebenfalls ablösen kann. Eine weitere Reduzierung des Massenstroms in diesen Betriebsbereichen führt zu einem kompletten Strömungsabriss (engl.: stall) und der Verdichter beginnt zu Pumpen (engl.: surge). Der stabile Teillastbereich des Verdichters wird in diesen Betriebsbereichen im Kennfeld durch die Pumpgrenze limitiert.

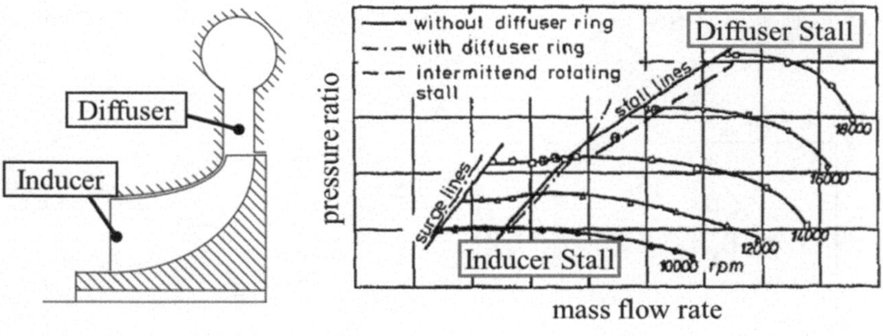

Abb.1 Kennfeld eines Radialverdichter mit Bereichen von Inducer und Diffuser Stall [Käm86]

Um eine lokale Eingrenzung der limitierenden Strömungsinstabilität im Laufrad oder Diffusor des Radialverdichters zu erhalten, haben [Käm86] experimentelle Untersuchungen in der Nähe der Pumpgrenze durchgeführt. Für die Untersuchungen wurden Sensoren für transiente Druckmessungen entlang des Strömungspfades im Laufrad und Diffusors instrumentiert, um charakteristische Druckschwankungen der jeweiligen Strömungsablösung zu detektieren. Anhand des schlagartigen Druckanstiegs im Laufrad oder Diffusor sowie der zugehörigen Druckverteilung wurden die lokalen Bereiche der Strömungsinstabilitäten identifiziert. Die Ergebnisse der Untersuchungen sind im Kennfeld der Abbildung 1 dargestellt. Dabei wird die Pumpgrenze im Betriebsbereich von hohen Drehzahlen durch Strömungsablösungen im Diffusor (engl. Diffuser Stall) erreicht. Im Bereich niedriger Drehzahlen wird die Pumpgrenze hingegen durch Strömungsablösungen im Eintrittsbereich des Laufrades (engl. Inducer Stall) bestimmt.

Die Strömungsablösungen im Eintrittsbereich des Laufrades werden vor allem durch die Anströmung der Schaufelvorderkante beeinflusst. Der Anströmwinkel oder auch Inzidenzwinkel i

$$i = \beta_{1,b} - \beta_1 \tag{1}$$

der Schaufel ist definiert als das Ergebnis des relativen Strömungswinkels β_1 und des Schaufelwinkels $\beta_{1,b}$ an der Vorderkante, wie in Abbildung 2a gezeigt wird. Zu niedrigen Massenströmen vergrößert sich dieser Inzidenzwinkel i (engl. Incidence Angle) aufgrund der niedrigeren Strömungsgeschwindigkeit c_1 bei konstanter Drehzahl. Ab einem kritischen Wert des Anströmwinkels kann die Strömung nicht mehr der Umlenkung der Schaufelkontur folgen, wie in Abbildung 2b dargestellt ist. Die Strömung löst in diesem Fall von der Schaufelkontur ab und führt zum Inducer Stall.

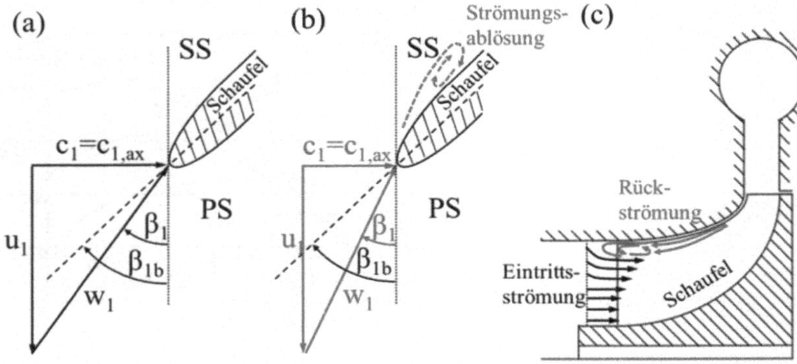

Abb.2 Geschwindigkeitsdreiecke für einen stabilen (a) und instabilen Betriebspunkt (b) und einen instabilen Betriebspunkt am Laufradeintritt sowie entstehende Rückströmungen (c)

Der Inducer Stall wird allerdings nicht nur von der Anströmung beeinflusst sondern auch durch eine Rückströmung im äußeren Schaufelspitzenbereich, wie von [Che01] untersucht wurde. Diese Rückströmung ist ein selbstinduzierter Wirbel im Bereich der Gehäusekontur des Laufrades, wie in Abbildung 2c gezeigt ist. Im Vergleich zu der Umgebungstemperatur der Anströmung hat die zurückströmende Luft bereits eine sehr hohe Temperatur, da diese Luft bereits Teil der Verdichtung gewesen ist. [Gui10] haben in experimentellen Untersuchungen an einem Turboalderverdichter gezeigt, dass sich bereits für stabile Betriebspunkte eine Rückströmung über den Laufradspalt bis in den Eintrittsbereich ausbildet. Dies führt zu einer Versperrung des Laufrades, wodurch die

Energieübertragung im Laufrad sinkt und Leistungsverluste im Teillastbetrieb des Verdichters erfolgen. Zu niedrigen Massenströmen hin vergrößert sich diese Rückströmung und damit die Versperrung des Laufrades. Die Anströmung wird dabei auf die Laufradnabe gelenkt und aufgrund der Strömungsverengung beschleunigt. Die Geschwindigkeitserhöhung führt allerdings zu einer Stabilisierung der Strömung an der unversperrten Laufradvorderkante. Durch die Rückströmung wird das Kennfeld zu niedrigen Massenströmen hin stabilisiert, aber die Energieübertragung und damit der Druckaufbau im Laufrad gemindert.

Im Diffusor erfolgt ein zusätzlicher Aufbau des statischen Druckes, der aus der kinetischen Energie der Strömung gewonnen wird. Aufgrund der Radius- und der Querschnittserweiterung werden Umfangs- und Radialgeschwindigkeit der Strömung verzögert, wie in Abbildung 3a dargestellt ist. Allerdings verringert sich zu niedrigen Massenströmen die Radialgeschwindigkeit am Eintritt des Diffusors, wodurch der Strömungsweg im Diffusor verlängert wird. (Abb. 3b) Aufgrund des längeren Strömungsweges nimmt die kinetische Energie aufgrund von Reibungs- und Diffusionsverlusten stetig ab. Ab einem gewissen Punkt fehlt der Strömung die kinetische Energie, um weiter verzögert zu werden. Die Strömung löst in diesen Bereichen im Diffusor ab und es kommt zum Diffuser Stall. (Abb. 3c)

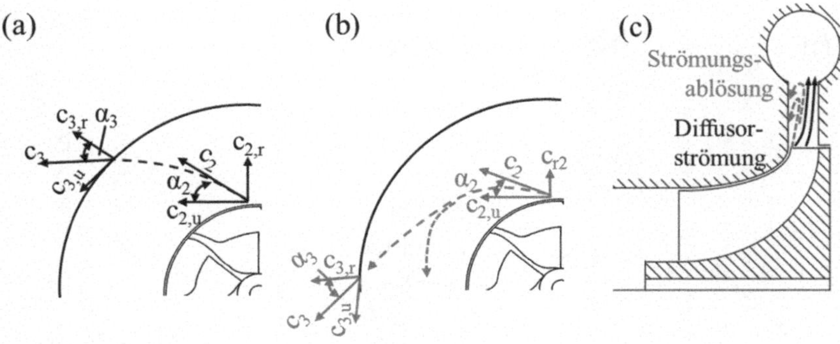

Abb.3 Geschwindigkeitsdreiecke für einen stabilen (a) und instabilen Betriebspunkt (b) im Diffusor sowie die entstehende Strömungsablösung (c)

2.2 Maßnahmen zur Kennfelderweiterung eines Radialverdichters

Um die Leistung von Radialverdichtern im Teillastbereich zu verbessern und den Betriebsbereich zu erweitern, werden im Eintrittsbereich vor dem Verdichter und im Diffusor nach dem Verdichter sogenannte Vor- und Nachleitmaßnahmen eingesetzt. Diese kennfelderweiternden Maßnahmen (KEM) sollen aktiv verstellt werden und zu einem effizienteren Betrieb im Teillastbereich führen. Im Wesentlichen bewirken diese Maßnahmen eine Anpassung der jeweiligen Strömungsgeschwindigkeiten, um die Strömung zu stabilisieren und Ablösungen zu verringern.

Im Bereich der Vorleitmaßnahmen ist der Einsatz eines Vorleitgitters eine bewährte Maßnahme bei großen Radialverdichtern. Hierbei erzeugt das variable Vorleitgitter einen Vordrall in der Anströmung des Verdichters, der sich in Drehrichtung des Laufrades mitdreht. Dieser Vordrall erzeugt eine zusätzliche Geschwindigkeitskomponente in Umfangsrichtung, die zu einer Anpassung des Geschwindigkeitsprofils an der Vorderkante der Schaufel führt, wie in Abbildung 4a und 4b dargestellt ist. Das Potential dieser Maßnahme ist von [Her12] untersucht worden und prognostizierte eine Erweiterung des Kennfeldbereiches durch die Reduzierung der Inzidenzverluste an der Schaufelvorderkante. Genauere Untersuchungen der resultierenden Wirbelstruktur des Vordralls und den Einfluss auf das Verdichterkennfeld wurden von [Sex15] durchgeführt. In den experimentellen Untersuchungen auf dem Turboladerprüfstand zeigte sich allerdings nur eine moderate Kennfelderweiterung für Vorleitgitterwinkel bis zu 40°. Eine wesentlich größere, signifikante Erweiterung des Kennfeldes hingegen wurde von [Her15] bei Motorversuchen mit 75° Vordrall erzielt.

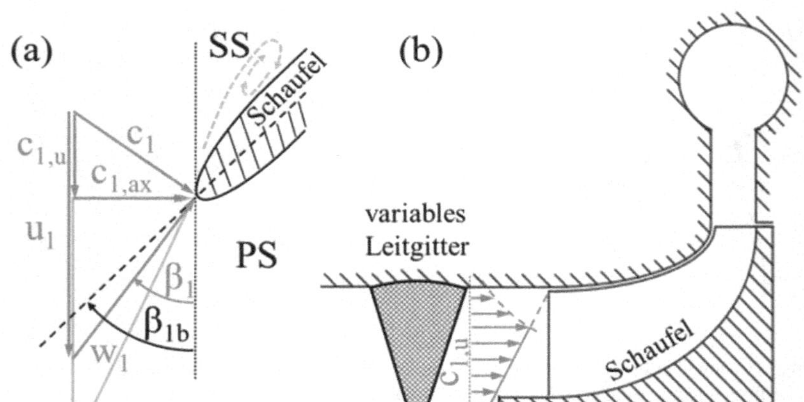

Abb.4 Geschwindigkeitsdreiecke (a) und Strömungsprofil (b) für ein variables Vorleitgitter

Eine weitere Vorleitmaßnahme zur Anpassung der Eintrittsgeschwindigkeit ist die variable Verringerung des Eintrittsquerschnittes durch eine Düse. Durch die Querschnittsverringerung wird die Strömung beschleunigt und auf den Nabenbereich des Laufrades gelenkt, wie in Abbildung 5a und 5b gezeigt ist. Ähnlich wie für die genannte Rückströmung führt diese Maßnahme zu einer Erhöhung der Strömungsgeschwindigkeit im Nabenbereich und somit zu einer Reduzierung der Strömungsablösungen an der Schaufelvorderkante. Ein weiterer Effekt dieser Maßnahme ist die Versperrung der Rückströmung im Gehäusebereich des Laufrades. Erste Untersuchungen dieses Konzeptes an einem Turboladerverdichter wurden von [Gri12] durchgeführt und konnten eine deutliche Kennfelderweiterung zeigen. Weitergehende Untersuchungen dieser KEM von [Cza16] an einem querschnittsvariablen Turboladerverdichter bestätigten das Potential zur Kennfelderweiterung.

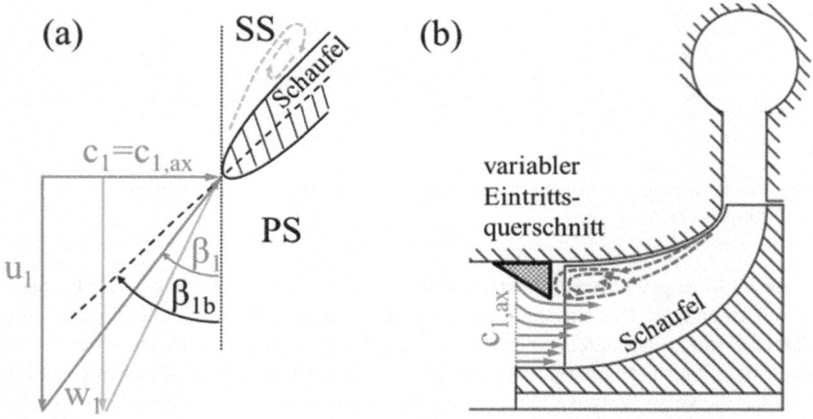

Abb.5 Geschwindigkeitsdreiecke (a) und Strömungsprofil (b) für einen variablen Eintrittsquerschnitt

Im Bereich der Nachleitmaßnahmen zur Anpassung der Strömungsgeschwindigkeit im Diffusor zeigte [Cza16] ebenfalls, dass auch hier ein Potential zur Kennfelderweiterung steckt. Um eine Anpassung der Strömungsgeschwindigkeiten im Diffusor zu erreichen, wird ein variabler Diffusorring mit starren Leitschaufeln axial in den Diffusor geschoben, wie in Abbildung 6a und 6b dargestellt ist. Dieser Leitschaufelring führt zu einer Umlenkung der Strömung in radialer Richtung durch die Leitschaufeln und zu einer Erhöhung der Strömungsgeschwindigkeit aufgrund der Querschnitts-reduzierung. Infolge dieser kombinierten Maßnahmen wird die Strömungsgeschwindigkeit in radialer Richtung erhöht, um einen kürzen Strömungsweg zu erreichen und somit Diffusionsverluste zu reduzieren.

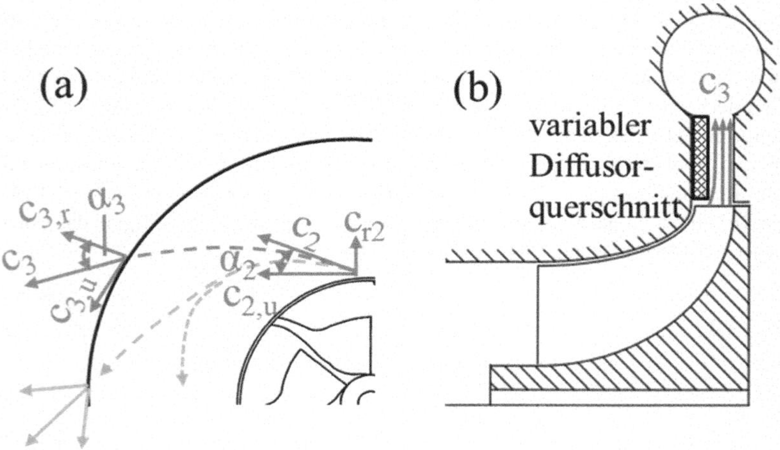

Abb.6 Geschwindigkeitsdreiecke (a) und Strömungsprofil (b) für einen variablen Diffusorquerschnitt

Diese KEM zeigen allesamt Potential, den Betriebsbereich von Turboladerverdichtern zu erweitern und den Wirkungsgrad im Teillastbereich zu verbessern. Allerdings erfordern die KEM mit Leitschaufeln eine komplexere Art der Verstellung und sind zudem kostenintensiv in ihrer Fertigung. Daher werden im Folgenden zwei KEM Konzepte näher betrachtet, die keine Leitschaufeln zur Anpassung der Strömungsgeschwindigkeit verwenden. Als Vorleitmaßnahme wird das Potential einer Blende zur Anpassung der axialen Strömungsgeschwindigkeit untersucht. (Abb. 7a) Die Untersuchung der Nachleitmaßnahme wird mit einem breitenveränderlichen Diffusor zur Anpassung der radialen Strömungsgeschwindigkeit durchgeführt. (Abb. 7b) Beide Konzepte werden an einem Turbolader appliziert, um im Rahmen von Versuchen am Motorprüfstand untersucht und bewertet zu werden.

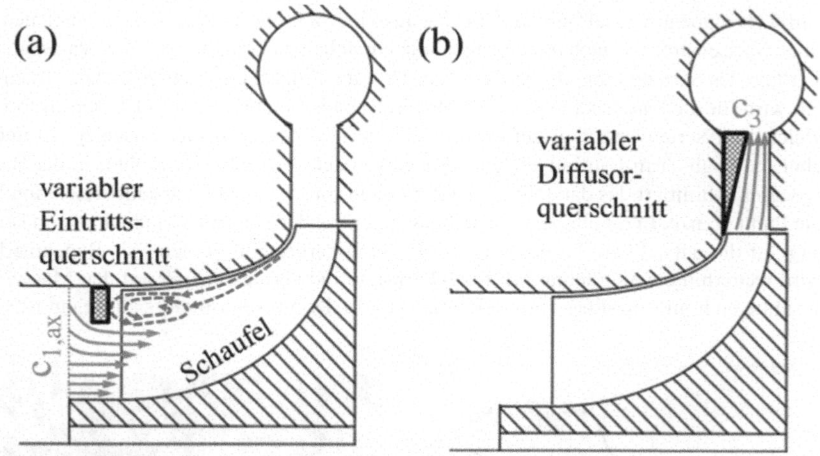

Abb.7 Variabler Eintrittsquerschnitt (a) und variabler Diffusorquerschnitt (b)

3 Versuchsaufbau

Die experimentelle Untersuchung der Maßnahmen wird an einem 4-Zylinder Ottomotor mit einstufigem Aufladekonzept durchgeführt. Die Daten des Versuchsträgers sind der folgenden Tabelle zu entnehmen.

Tabelle 1: Kenndaten des Versuchsmotors

Bauart	4-Zylinder-Reihenmotor
Hubraum	1395 cm³
Bohrung	74.5 mm
Hub	80.0 mm
Verdichtungsverhältnis	10:1
max. Leistung	110 kW bei 6000 min^{-1}
max. Drehmoment	250 Nm bei 1500-3500 min^{-1}

Um einerseits das maximale Drehmoment von 250 Nm bereits bei einer Drehzahl von 1500 min^{-1} und andererseits eine Nennleistung von 110 kW darstellen zu können, wird am Serienmotor der spülende Ladungswechsel eingesetzt. Der Motor verfügt über Phasensteller auf der Ein- und Auslassnockenwelle, um die Ventilüberschneidung zu variieren.

Für die Bewertung der Maßnahmen mit dem Ziel einer Kennfelderweiterung des Verdichters zu niedrigen Massenströmen, ist die Verwendung der serienmäßig verbauten

Aufladegruppe nicht zielführend. Um eine ausreichend hohe Turbinenleistung bei niedrigen Massenströmen auch ohne Scavenging darstellen zu können, wird die Wastegate-Turbine des Serienmotors durch eine Turbine mit variabler Geometrie ersetzt. Weiterhin wird für die Untersuchung der KEMs ein Radialverdichter verwendet, der im Vergleich zum Serienverdichter auf einen höheren Massenstrombereich ausgelegt ist und über ein High-Trim-Laufrad verfügt. Der verwendete Versuchs-Verdichter in der Basisvariante limitiert das darstellbare Drehmoment im niedrigen Drehzahlbereich durch die Pumpgrenze. In diesem Beitrag soll das Potenzial der einzelnen Maßnahmen in Bezug auf die darstellbare Pumpgrenzverschiebung dargestellt werden. Als Benchmark wird weiterhin ein Verdichter mit Low-Trim-Laufrad vermessen, der auf den Massenstrombereich im Low-End-Torque-Bereich (LET) des Versuchsmotors ausgelegt ist.

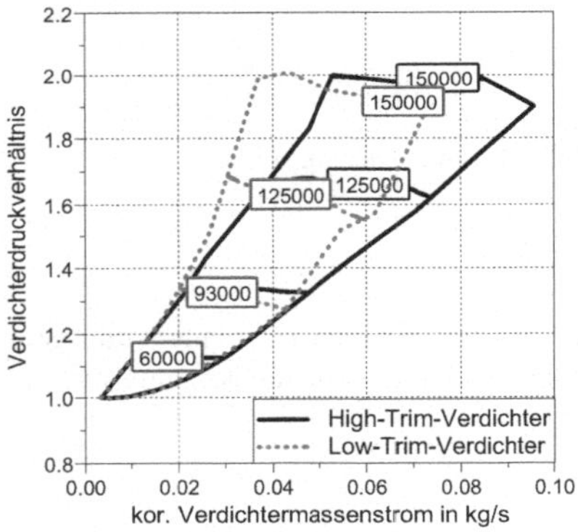

Abb. 8: Verdichter-Varianten

Abb. 9: VTG mit High-Trim-Verdichter

Im Folgenden werden die beiden Verdichtervarianten als High-Trim- bzw. Low-Trim-Verdichter bezeichnet. In Abbildung 8 sind die Verdichterkennfelder der beiden Verdichtervarianten aus einer Messung am Motorprüfstand dargestellt. In Abbildung 9 ist die Turbine mit variabler Geometrie in Verbindung mit dem High-Trim-Verdichter an dem Versuchsmotor dargestellt. Die Regelung des Ladedruckes erfolgt dabei nicht über die VTG-Stellung sondern über ein externes Wastegate, das über den elektrischen Aktuator des Serienmotors verstellt wird. Um die Durchflusscharakteristik der Turbine zu variieren, wird die VTG-Stellung über definierte Abstandshülsen vorgegeben. Diese Maßnahme ist notwendig, da für die nachfolgenden Versuche das Seriensteuergerät des Motors verwendet wird und eine Regelung des Ladedruckes über die VTG-Position nicht möglich ist.

4 Experimentelle Bewertung der Maßnahmen

Die experimentelle Messkampagne zur Bewertung des Potentials der einzelnen Maßnahmen wird mit definierten VTG-Positionen für entsprechende Drehzahlbereiche durchgeführt. Die im Folgenden gezeigten Verdichterkennfelder stammen aus einer Kennfeldvermessung des Prüfmotors von 1000 min^{-1} bis 4000 min^{-1} mit dem Fokus auf der Pumpgrenzlage des Verdichters. Die eingesetzte Diesel-VTG limitiert die maximal zulässige Abgastemperatur auf 820 °C. Der Schwerpunkt der Untersuchung liegt auf der Reduzierung der Ventilüberschneidung bei konstantem Drehmomentniveau zur Reduzierung der CO_2-Emissionen im LET-Bereich. Für einen Betrieb des Motors ohne spülenden Ladungswechsel entspricht das Luftverhältnis im Brennraum dem Luftverhältnis im Abgasstrang. Eine Absenkung des Luftverhältnisses im Brennraum findet nicht statt. Aus diesem Grund werden die Untersuchungen mit einem Auslassschießt-Zeitpunkt von 20° vor LWOT (Oberer Totpunkt im Ladungswechsel) und einem Einlassöffnet-Zeitpunkt von 5° nach LWOT bezogen auf 1 mm Ventilhub durchgeführt. Aus diesen Steuerzeiten resultiert eine gegenüber der Serienapplikation deutlich reduzierte Ventilüberschneidung. Zur Bewertung des Potentials jeder einzelnen Maßnahme wird zum einen die maximal darstellbare Pumpgrenzverschiebung bezogen auf die Referenz (High-Trim-Verdichtergehäuse) und zum anderen die Performance des Versuchsmotors im LET-Bereich herangezogen.

Variation des Querschnitts am Verdichtereintritt

Über eine Blende am Laufradeintritt wird der effektive Strömungsquerschnitt und damit der Verdichtertrim des High-Trim-Laufrades stufenweise reduziert. Wie in [Her15] und [Gri12] für eine Querschnittsreduktion über einen Konus am Verdichter-eintritt beschrieben resultiert aus einer Verringerung des Zuströmquerschnittes eine Erhöhung der Strömungsgeschwindigkeit in axialer Richtung und eine Reduktion des Inzidenzwinkels an der Schaufelvorderkante des Laufrades. Der Verdichtertrim ist durch das quadrierte Verhältnis des Laufraddurchmessers am Eintritt zum Durchmesser des Austrittsdurchmessers definiert. Demnach verhält sich die Reduktion des Verdichtertrims proportional zur Eintrittsfläche.

Formel: Definition des Verdichtertrims

$$Trim = \left(\frac{D_{Laufrad\_Eintritt}}{D_{Laufrad\_Austritt}}\right)^2 * 100 \qquad (2)$$

Tabelle 2: Kenndaten der Querschnittsvariation am Verdichtereintritt

Variante [%]	Eintrittsdurchmesser [mm]	Eintrittsfläche [mm²]	Verdichtertrim
Referenz: 100	36,00	1018	58.17
Variante 1: 75	31.18	763	43.63
Variante 2: 50	25.46	509	29.09

In Abbildung 10 sind die Variante 1 mit 75 % und Variante 2 mit 50 % des Ausgangsquerschnittes im Vergleich zur Referenz dargestellt. In Abbildung 10 links sind die Versuchsergebnisse im Verdichterkennfeld dargestellt. In Abbildung 10 rechts ist das Drehmoment über der Drehzahl aufgetragen, um die Performance des Verdichters im LET-Bereich zu bewerten. In den mit einem Stern gekennzeichneten Betriebspunkten wird am Motorprüfstand Verdichterpumpen detektiert.

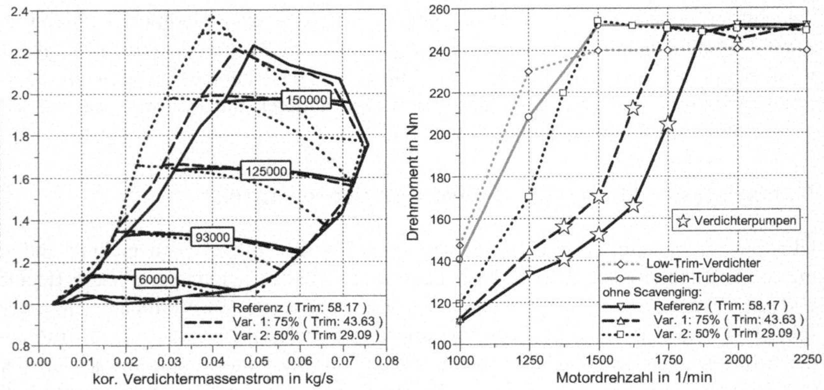

Abb. 10: Reduzierung des Querschnitts am Verdichtereintritt

Es zeigt sich für die 75 %-Variante eine Verschiebung der Pumpgrenze hin zu niedrigeren Verdichtermassenströmen. Das höhere darstellbare Verdichterdruckverhältnis bewirkt eine Zunahme des Drehmoments im LET-Bereich. Bei 1500 min^{-1} kann eine Steigerung von ca. 20 Nm erreicht werden. Durch eine Reduzierung des Querschnittes auf 50 % der Referenz wird eine weitere Verschiebung der Pumpgrenze erreicht. Mit dieser Variante kann das Eckmoment von 250 Nm bei einer Drehzahl von 1500 min^{-1} ohne den Einsatz von Scavenging erreicht werden. Dies entspricht einer Steigerung des Drehmoments im Vergleich zur Referenz von ca. 67 %. Die Limitierung des maximalen

Verdichterdruckverhältnisses erfolgt in diesem Fall nicht durch die Pumpgrenze sondern durch die begrenzte Turbinenleistung oder das maximale Motormoment von 250 Nm. Die Erweiterung des Kennfeldbereiches hin zu niedrigen Verdichtermassenströmen resultiert aus der Stabilisierung der Strömung durch die Erhöhung des Inzidenzwinkels am Laufradeintritt. In Abbildung 11 ist zusätzlich zur darstellbaren Pumpgrenzverschiebung die Änderung des Verdichterwirkungsgrades im Vergleich zur Referenz in Form eines Differenzkennfeldes dargestellt. Positive Werte (in grün dargestellt) zeigen eine Wirkungsgradsteigerung und negative Werte (in rot dargestellt) entsprechend eine Reduktion des Verdichterwirkungsgrades.

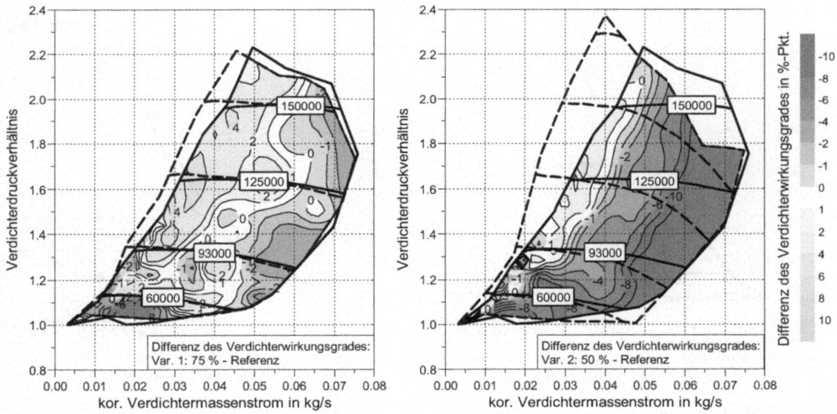

Abb. 11: Reduzierung des Querschnitts am Verdichtereintritt

Die Variante 1 zeigt eine Wirkungsgradsteigerung von bis zu 4 Prozentpunkten in einem breiten Kennfeldbereich bei mittleren bis niedrigen Verdichtermassenströmen. Die Reduktion der Querschnittsfläche am Verdichtereintritt bewirkt eine Verschiebung des optimalen Wirkungsgradbereiches hin zu niedrigen Verdichtermassenströmen. Auffällig bei der Variante 2 ist, dass die Drehzahllinien hin zu höheren Verdichtermassenströmen stark abfallen. Hier zeigt sich der negative Einfluss der Blende am Verdichtereintritt auf den Verdichterwirkungsgrad (vgl. Abbildung 11, rechts). Die aus der Blende resultierenden Strömungsverluste wirken sich negativ auf den Druckaufbau des Verdichters aus. Weiterhin wird die Kennfeldbreite hin zu hohen Massendurchsätzen durch die Reduktion des Eintrittsquerschnittes für die Variante 2 eingeschränkt.

Variation der Diffusorhöhe

Als weitere Maßnahme zur Erweiterung des stabilen Kennfeldbereiches wird eine Querschnittsvariation im Bereich des Diffusors untersucht. Im Vergleich zur Referenz wird die Spalthöhe des unbeschaufelten Diffusors für die Variante 3 auf 75 % und für die Variante 4 auf 50 % des Referenzverdichters reduziert. In Abbildung 12 sind die Verdichtervarianten im Vergleich zur Referenz dargestellt. Die Reduktion der Diffusorhöhe zeigt generell eine Pumpgrenzverschiebung hin zu geringen Verdichtermassenströmen.

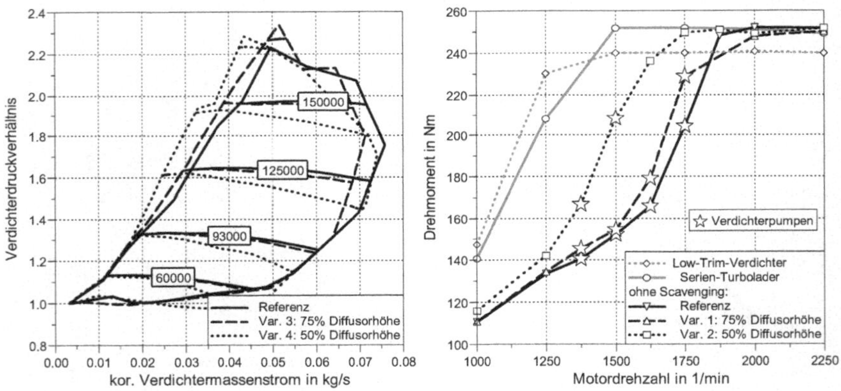

Abb. 12: Reduzierung der Diffusorhöhe

Das darstellbare Potential ist im Vergleich zur Querschnittsvariation am Verdichtereintritt geringer und beschränkt sich auf den Bereich höherer Verdichterdruckverhältnisse. Das maximale Drehmoment bei 1500 min^{-1} lässt sich mit der Variante 4 um ca. 37 % im Vergleich zur Referenz steigern. Das starke Abfallen der Drehzahllinien hin zu erhöhten Verdichtermassenströmen für diese Variante deutet auf eine Einschränkung der Kennfeldbreite hin. Durch die Reduktion der Diffusorhöhe wird die Schallgeschwindigkeit im Bereich des Diffusorspaltes bereits bei geringeren Massenströmen erreicht. Weiterhin zeigt das Abfallen der Drehzahllinien hin zu hohen Massenströmen einen reduzierten Druckaufbau durch das geänderte Flächenverhältnis im Diffusor.

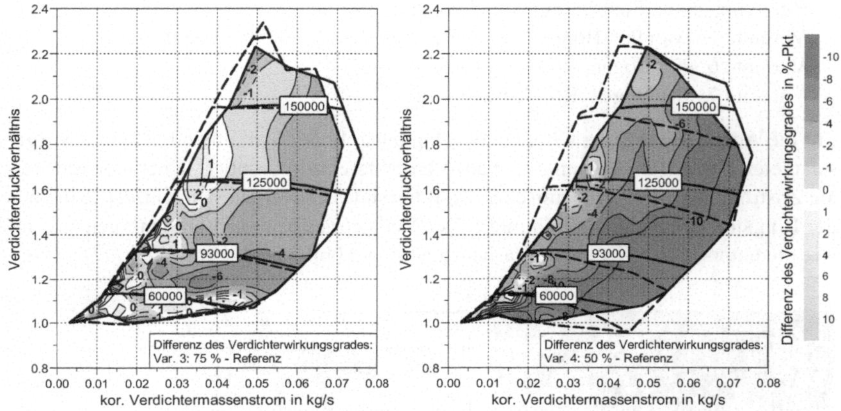

Abb. 13: Reduzierung der Diffusorhöhe

Im Bereich der Anströmung der Spirale entstehen erhöhte Strömungsverluste. Im Differenzkennfeld des Verdichterwirkungsgrades ist dieses Verhalten deutlich ersichtlich (siehe Abbildung 13, rechts). Im Bereich der Pumpgrenze sind nur leichte Wirkungsgradnachteile zu erkennen. Hin zur Stopfgrenze liegt der Verdichterwirkungsgrad bis zu 10 %-Punkte unter der Referenz. Die diffusorseitige Querschnittsvariation ist nicht ausreichend, um das Drehmomentniveau des Serienmotors bzw. des Low-Trim-Verdichters ohne den Einsatz des spülenden Ladungswechsels zu erreichen.

Einlaufgeometrie am Verdichtereintritt

Die Querschnittsvariationen am Verdichtereintritt und im Diffusor werden mit einer geraden Zulaufstrecke zum Verdichter vermessen. Die Erfassung des Luftmassenstroms sowie der Drücke und Temperaturen zur Wirkungsgradberechnung erfolgt unter beruhigten Strömungsbedingungen in der Luftstrecke. Bedingt durch den Einbauraum des Turboladers im Fahrzeug erfolgt unter Serienbedingungen keine reine axiale Anströmung des Laufrades. Wie in [Mül08] bereits für einen Radialverdichter eines Nutzfahrzeug-Dieselmotors untersucht, lässt sich ein Einfluss der Geometrie der Rohrstrecke am Verdichtereintritt feststellen. Für die Untersuchung am High-Trim-Verdichter werden Rohrbögen mit verschiedenem R/D-Verhältnis direkt am Ver-dichtereintritt verbaut. Vorgeschaltet befindet sich ein Beruhigungsrohr, in dem die relevanten Messgrößen aufgenommen werden. Untersucht werden dabei folgende Varianten.

- Referenz: axiale Zuströmung am Verdichtereintritt
- Variante 5: zwei 90°-Bögen in zwei Ebenen, R/D-Verhältnis von 0.87
- Variante 6: 90°-Bogen, R/D-Verhältnis von 0.87
- Variante 7: 90°-Bogen, R/D-Verhältnis von 1.30

Für die Ausgangsmessung wird das Beruhigungsrohr der Variante 5 bis 7 ohne vorgeschalteten Beruhigungsbogen direkt am Verdichtereintritt montiert. Über eine rein axiale Zuströmung mit dem identischen Rohrdurchmesser werden Quereinflüsse, die aus der Rohrstrecke resultieren minimiert. Der Versuchsaufbau am Verdichtergehäuse sowie die untersuchten Krümmer-Varianten sind in Abbildung 14 dargestellt.

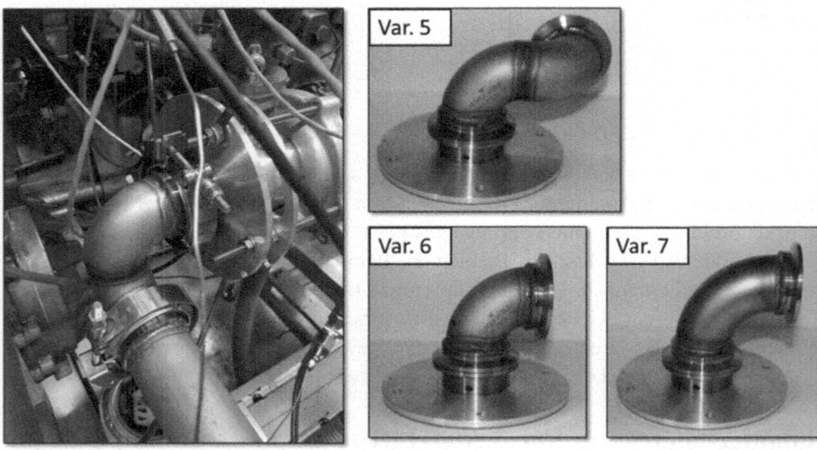

Abb. 14: Untersuchte Einlaufgeometrien am Verdichtereintritt

In Abbildung 15 ist zu erkennen, dass die untersuchten Rohrbögen im Bereich der Pumpgrenze bei mittleren Massenströmen einen Einfluss auf das darstellbare Druckverhältnis zeigen. Analog dazu ist zu erkennen, dass das maximal darstellbare Drehmoment bei 1625 min^{-1} um ca. 14 % ansteigt. Als optimale Zulaufgeometrie hat sich die Variante 5 mit zwei 90°-Bögen in zwei Ebenen herausgestellt. Die Ursache für die kennfeldstabilisierende Wirkung der Rohrgeometrie wird in der Aufprägung eines Vordralls vermutet, der aus den Rohrbögen bei mittleren bis höheren Massendurchsätzen resultiert. Ebenso zeigen sich jedoch die, aus der geänderten Rohrführung entstehenden, Strömungsverluste in den leicht nach unten verschobenen Drehzahllinien bzw. im reduzierten Druckaufbau des Verdichters.

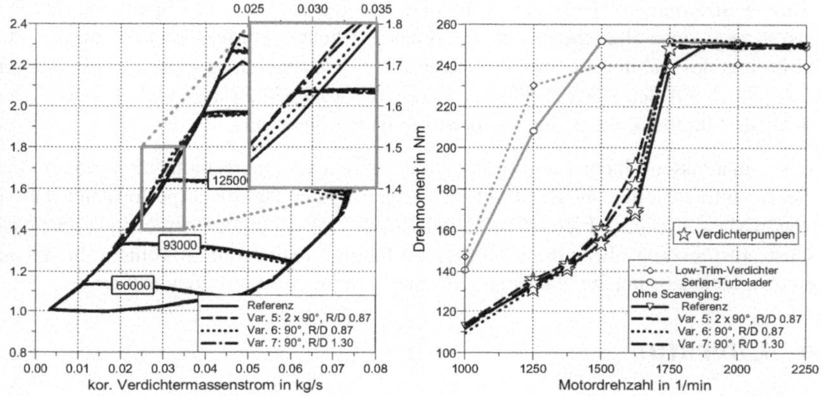

Abb. 15: Variation der Einlaufgeometrie

5 Zusammenfassung

Im vorliegenden Beitrag werden Möglichkeiten zur Reduktion des Scavenging über eine Querschnittsvariation am Radialverdichter mit High-Trim-Laufrad untersucht. Ziel ist es die Ventilüberschneidung bei gleichbleibendem Drehmomentniveau im LET-Bereich zu reduzieren. Über eine Erweiterung des stabilen Kennfeldbereiches des Verdichters hin zu niedrigen Massenströmen kann auf den spülenden Ladungswechsel und somit auf ein reduziertes Luftverhältnis im Brennraum im Vergleich zum Luftverhältnis im Abgas verzichtet werden. Für zukünftige dynamische Fahrzyklen resultiert aus dieser Maßnahme eine direkte Reduktion der CO_2-Emissionen im hochlastigen Kennfeldbereich.

Die an dem Radialverdichter untersuchten Querschnittsvariationen am Laufradeintritt sowie im Diffusor zeigen einen deutlichen Einfluss auf die Lage der Pumpgrenze. Weiterhin lässt sich ein Einfluss der Geometrie der Rohrstrecke vor Verdichter auf das Verdichterkennfeld identifizieren.

Das deutlichste Potential zur Reduzierung des Scavengings am einstufig aufgeladenen Downsizing-Motor zeigt der Einsatz einer Querschnittsverringerung am Laufradeintritt. Durch die Reduktion des Verdichtertrims wird die Strömung auf die Laufradmitte konzentriert und beschleunigt. Daraus resultieren eine Abnahme des Inzidenzwinkels und eine Stabilisierung der Strömung bei geringen Massendurchsätzen. Über eine Reduktion des Querschnitts am Laufradeintritt um 50 % lässt sich das Eckmoment von 250 Nm bei 1500 min^{-1} analog zum Serienmotor ohne den Einsatz von Scavenging darstellen. Dies entspricht einer Steigerung des Drehmoments im Vergleich zur Referenz von ca. 67 %. Gleichzeitig wird der Betriebsbereich zu hohen Massendurchsätzen durch erhöhte Strömungsverluste eingeschränkt. Die Reduzierung der Spalthöhe des Diffusors zeigt einen ähnlichen Einfluss auf das Verdichterkennfeld. Das Potential zur Erweiterung des stabilen Kennfeldbereiches hin zu niedrigen Massenströmen beschränkt sich jedoch auf den Bereich höherer Verdichterdruckverhältnisse und fällt verglichen zur Querschnittsreduktion am Verdichtereintritt geringer aus.

Zusammenfassend kann festgestellt werden, dass eine Querschnittsvariation am Verdichtereintritt ein geeignetes Mittel zur Steigerung der Turboladerperformance bei geringen Massenströmen bietet. Um für zukünftige Downsizingkonzepte eine breite Massenstromspreizung über eine einstufige Aufladung realisieren zu können, bietet sich eine variable Lösung zur Variation des Querschnittes am Laufradeintritt an.

6 Literatur

[Käm86] Kämmer N.; Rautenberg M. (1986): A Distinction Between Different Types of Stall in Centrifugal Compressor Stage, Journal of Engineering for Gas Turbines and Power, vol. 108, no. 2, pp. 83–92, 1986

[Che01] Chen, J.; Hasemann, H.; Cheng, X.; Rautenberg M. (2001): Stall Inception Behaivior in a Centrifugal Compressor Re- examined using Wavelet Method. Proceedings of 5th International Symposium on Experimental and Computational Aerothermo-dynamics of Internal Flows (ISAIF), 4-7 September 2001, Gdansk, Poland

[Mül08] Müller, D.: Einfluss der Anordnung und des Betriebs von Abgasturboladern auf deren Pumpgrenze, Dissertation, Leibnitz Universität Hannover, 2008

[Gui10] Guillou, E., Gancedo, M., DiMicco, R. (2010): Stall Development in a Ported Shroud Compressor using PIV Measurements and Large Eddy Simulation, SAE Technical Paper 2010-01- 0184, 2010

[Her12] Herbst, F.; Eilts, P.; Kammeyer, J.; Natkaniec, C.; Porzig, D.; Sextro, T.; Schwarze, H.; Seume, J.R.; Stöber-Schmidt, C.-P. (2011): The Potential of Variable Compressor Geometry for Highly Boosted Gasoline Engines, SAE World Congress & Exhibition, 12-14 April 2011, Detroit, USA, 11PFL-0413

[Gri12] Grigoriadis, P.; Müller, S.; Benz, A.; Sens, M.: Variable trim compressor – a new approach to variable compressor geometry, 10th International Conference on Turbochargers and Turbocharging, 2012

[Her15] Herbst, F.; Eilts, P.: Experimental Investigation of Variable Geometry Compressor for Highly Boosted Gasoline Engines, SAE Technical Paper 2015-01-1289, 2015

[Sex15] kleine Sextro, T.; Steglich, T.; Seume, J.R. (2015): Variable Inlet Guide Vane Devices for a Turbocharger Compressor, Proceedings of International Gas Turbine Congress 2015 Tokyo, 15-20 November 2015, Tokyo, Japan

[Cza16] Czapka, T.: Turbocharger Compressor Map Enhancement for Highly Efficient Combustion Engines, 12th International Conference on Turbochargers and Turbocharging, 2016

Elektrifizierung eines Standardturboladers und ihre Auswirkung auf den Verbrennungsmotor, Cross-Charger® – turbo by wire

(Electrification of standard TCs and its impact on the ICE, Cross-Charger® – turbo by wire)

H. Gödeke
R. Löffler

G+L innotec GmbH,
Lindenmaierstr. 24, D-88471 Laupheim, Deutschland

J. Liebl (Hrsg.), *Ladungswechsel im Verbrennungsmotor 2017*, Proceedings,
https://doi.org/10.1007/978-3-658-22671-8_11

Kurzfassung

Die anhaltende öffentliche Diskussion über die Emissionen der Verbrennungsmotoren forciert die Nachfrage nach der Elektrifizierung des selbigen. Nicht nur Nebenaggregate stehen im Fokus, sondern der gesamte Antriebsstrang. Das Aufladesystem spielt eine Schlüsselrolle bei der Erschließung der Einsparpotenziale. Das Kernproblem aller turboaufgeladenen Verbrennungsmotoren besteht im verzögerten Mitteldruckaufbau bei niedrigen Drehzahlen. Das wirksamste Mittel, positiven Einfluss auf das dynamische Verhalten von aufgeladenen Motoren zu nehmen, stellt die Elektrifizierung des Turboladers dar.

In der vorliegenden Arbeit wird ein elektrischer Aktuator, **Cross-Charger**®-Aktuatorik, vorgestellt, der es ermöglicht, ohne gravierende bauliche Veränderungen einen herkömmlichen Abgasturbolader (ATL) zu elektrifizieren. Durch diese elektrische Unterstützung der Turboladerwelle kann nicht nur das Transientverhalten des ATLs, sondern auch seine Regelbarkeit wesentlich verbessert werden. Standardturbolader werden mit Hilfe der **Cross-Charger**®-Aktuatorik elektrifiziert und deren Eigenschaften im Vergleich zum ursprünglichen Turbolader dargestellt: Die so kostengünstig elektrifizierten Aufladeaggregate verbessern nicht nur den Drehmomentaufbau des Verbrennungsmotors, sondern können auch das maximal verfügbare Drehmoment im unteren Drehzahlbereich erhöhen. Fahrversuche an Demofahrzeugen belegen eindrucksvoll, wie damit deren Beschleunigungsvermögen verbessert werden kann. Darüber hinaus können die Schadgasemissionen CO_2, NO_x, PM … um bis zu 35 % reduziert werden.

Schlagworte: Transientverhalten, elektrisch unterstützte Aufladung, Cross-Charger®, Aktuator, Ansprechverhalten, Turboloch, Mitteldruck, CO2-Einsparung, NOx-Reduzierung, Feinstaub, Fahrspaß, Medienspaltmotor

Abstract

The ongoing discussion about the emissions of internal combustion engines ICE are forcing the demand for its electrification. Not only auxiliaries are in focus but the complete drive system. The charging is playing a key role in order to exploit these saving potentials. The major problem of all turbocharged ICE is their delayed response regarding the mean effective pressure buildup at low rpm. The most efficient way to improve the dynamic behavior of turbocharged engines is given by the electrification of the turbocharger TC.

In this paper, an electric actuator, **Cross-Charger®** actuation, is presented, giving the opportunity to electrify standard TCs without any major design change on the conventional TC. By this electrical assistance of the TC shaft not only the transient response of the TC itself is improved but also its controllability. Standard TCs are electrified by the **Cross-Charger®** actuation and the achieved properties are compared: The cost-effective electrification of the TCs does not only improve the torque buildup of the ICE, but also increases the maximum torque at low rpm. Driving tests with demo vehicles show in an impressive way the achievable acceleration improvement. Apart from that, the emissions of harmful gases like CO_2, NO_x, PM … can be reduced by up to 35 %.

Keywords: transient behavior, electric assisted turbocharger, Cross-Charger®, actuator, response, turbo lag, mean effective pressure, CO_2 reduction, NO_x reduction, particulate matter, fun to drive, air-gap motor

1 Evolution des elektrisch unterstützten Abgasturboladers euATL

Die anhaltende öffentliche Diskussion über die Emissionen der Verbrennungsmotoren forciert die Nachfrage nach der Elektrifizierung des selbigen. Nicht nur Nebenaggregate, wie z. B. Wasserpumpen, stehen im Fokus, sondern der gesamte Antriebsstrang. Reizt man das gesamte Technologiespektrum aus und entwickelt konsequent weiter, kann man im Vergleich zu herkömmlichen Verbrennungsmotoren 30 bis 35 Prozent beim Verbrauch und bei den Emissionen einsparen. Um die geforderten Emissionsgrenzen einzuhalten, müssen auch die Brennverfahren sowie die eingesetzten Kraftstoffe optimiert werden. Doch viele Ansätze, wie z. B. das Miller-Brennverfahren oder der Einsatz von LNG/CNG, das Aussetzen von Enrichment oder Scavenging, führen zu einer drastischen Phlegmatisierung des Antriebs, was der Endkunde nicht akzeptiert. Insofern gewinnt die eingesetzte Aufladetechnik immer mehr an Bedeutung.

Das Kernproblem aller turboaufgeladenen Verbrennungsmotoren besteht im verzögerten Mitteldruckaufbau bei niedrigen Drehzahlen. Bei der Abgasturboaufladung ist die Aufladung nur auf thermodynamischer Ebene mit dem Verbrennungsmotor gekoppelt. Dies bietet auf der einen Seite den Vorteil, dass die Abgasenergie verwertet werden kann, auf der anderen Seite entsteht der Nachteil, dass je nach Lastpunkt im Kennfeld die Turboladerdrehzahl stark variiert. Im stationären Betrieb entspricht die erzielte Verdichterleistung der Turbinenleistung abzüglich der Verlustleistungen, verursacht z. B. durch die Wellenlagerung.

Ein aufgeladener Verbrennungsmotor erzielt bei einem Lastsprung ein Spontanmoment sowie einen zeitverzögerten Momentenanstieg bis zum Volllastmoment. In der Praxis kann dieser Momentenanstieg bei einem Turbomotor mehrere Sekunden dauern, was die Fahrbarkeit und damit die Kundenakzeptanz nachhaltig beeinträchtigt. Erfolgt der Lastsprung bei niedrigen Drehzahlen (1.200 – 1.500 1/min), steht der Turbine nur ein geringes Enthalpiegefälle für die Verdichter- und Verlustleistung zur Verfügung. Nur die noch freie Leistung dient dann zur Beschleunigung des Laufzeugs, bestehend aus Turbinenrad, Läuferwelle und Verdichterrad. Darüber hinaus stellt der geringere Turbinenwirkungsgrad im unteren Kennfeldbereich ein weiteres Handicap dar. Durch die Elektrifizierung des Turboladers euATL kann dieses fehlende Enthalpiegefälle vollständig kompensiert werden, indem der Turbine bzw. dem Verdichter temporär elektrische Energie zugeführt wird. In Abbildung 1 ist der grundsätzliche Aufbau eines euATL dargestellt, wie er seit nahezu zwei Jahrzehnten entwickelt wird. Dabei bedient man sich eines klassischen Turboladers, in den ein Elektromotor integriert wird. Dieser E-Motor wird über eine Leistungselektronik gesteuert und bezieht seine Energie aus einem Energiespeicher. Grundsätzlich können derartige Systeme auch die überschüssige Turbinenleistung, z. B. bei Volllast, in elektrische Energie umwandeln und dem Bordnetz zur Verfügung stellen, d. h. rekuperieren.

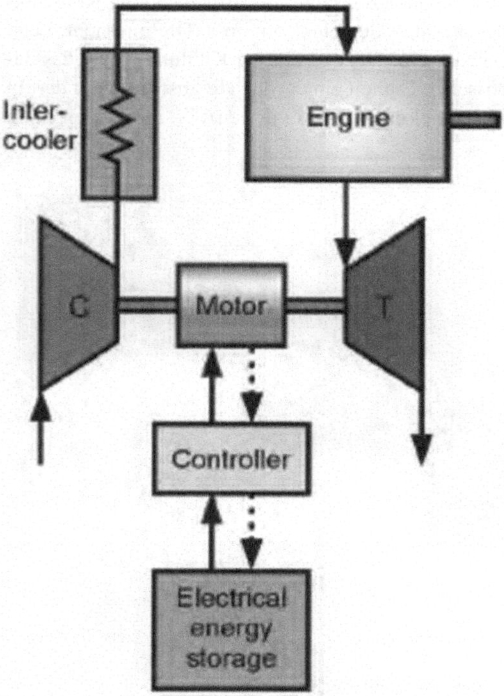

Abb. 1 Funktionsaufbau eines elektrisch unterstützten Turboladers euATL

Der zusätzliche Elektromotor auf der Welle erhöht jedoch das rotatorische Massenträgheitsmoment der Läuferanordnung des Turboladers, wodurch das Ansprechverhalten zunächst eher verschlechtert wird. Diese Trägheitsmomenten-Erhöhung muss vom elektrischen Drehmoment des Elektromotors zusätzlich kompensiert werden. Insofern kommt der Art und dem Design des integrierten E-Motors eine entscheidende, wenn nicht sogar die entscheidende Rolle zu.

Bekanntermaßen stellt der Abgasturbolader einen der höchstbelasteten Bestandteile eines Verbrennungsmotors dar, der hohen Abgastemperaturen bis 1.050 °C, Thermoschock, pulsierenden Abgasmassenströmen, Drehzahlen bis zu 250.000 1/min, hohen

Umgebungstemperaturen bis 180 °C, korrosiven Gasen, Schwingungsbelastungen bis über 35 g, Strömungsgeschwindigkeiten bis zur Schallgrenze ... ausgesetzt ist.

Diesen schwierigen Rahmenbedingungen müssen bei der Entwicklung eines euATLs Rechnung getragen werden und haben sich über die Jahre im Aufbau und der Konstruktion niedergeschlagen. Neben der Performance des Elektromotors (Drehmoment, Leistung, Massenträgheitsmoment, Maximaldrehzahl ...) stellt die Kühlung sowie das damit verbundene Packaging der elektrischen Einheit eine große Herausforderung dar. In Abbildung 2 sind die evolutionären Entwicklungsschritte der euATL der letzten Jahre schematisch dargestellt.

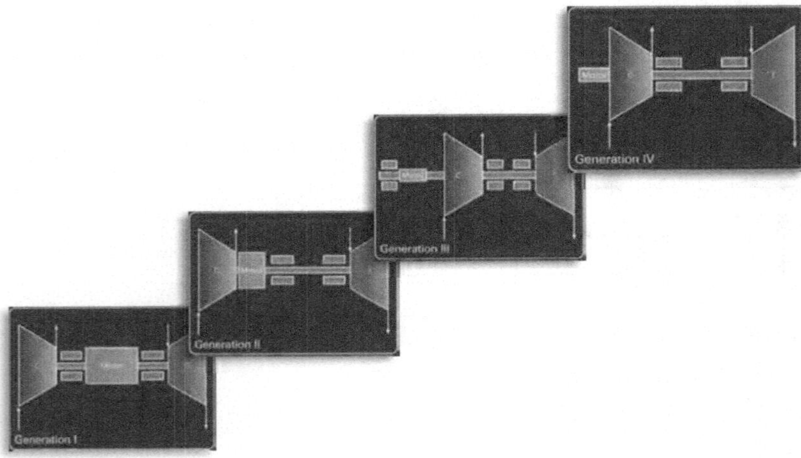

Abb. 2 Evolution der elektrisch unterstützten Abgasturbolader euATL

Bei der Generation I wurde zunächst der E-Motor in den Lagerbock zwischen die Lagerstellen des Turboladers integriert [02]. Die oben skizzierten Herausforderungen führten dazu, den E-Motor sukzessive in den kalten Bereich des Verdichters zu verschieben, wobei neu entwickelte E-Motoren zum Einsatz kamen. Die primär im Rennsport verwendete Generation III nutzt einen Motor/Generator, der mittels einer zusätzlichen Lagerstelle außerhalb vor dem Verdichter angeordnet ist. Dank des Hochdrehzahlkonzeptes der F1–Verbrennungsmotoren werden dabei vornehmlich die Rekuperationseigenschaften dieser Systeme (MGU-H) genutzt.

Im Rahmen eines durch das Bundesministerium für Wirtschaft und Energie geförderten Projektes wurden bei der G+L innotec die Grundlagen der Generation IV, **Cross-Charger®**, entwickelt. Dabei wird der E-Motor so vor die Evolute des Verdichters montiert, dass keine gravierenden strömungstechnischen Nachteile entstehen. Auch Kennfeld erweiternde Maßnahmen, wie z. B. KSM, bleiben damit realisierbar. Bei der Entwicklung wird die G+L innotec maßgeblich durch die AVL bei der Untersuchung der Wechselwirkung mit dem Verbrennungsmotor unterstützt.

2 Medienspaltmotor für die Elektrifizierung eines Standardturboladers

Der **Cross-Charger®** ist ein elektrisch unterstützter Turbolader, der auf einen Standardtubolader aufbaut. Mit Hilfe einer separaten elektrischen Aktuatorik, die einfach in den Verdichter integriert werden kann, können die verschiedensten Turboladertypen, wie z. B. Wastegate-, Twinscroll-, VTG-, VNT- ...-ATL elektrifiziert werden, um die Vorzüge eines euATL nutzen zu können.

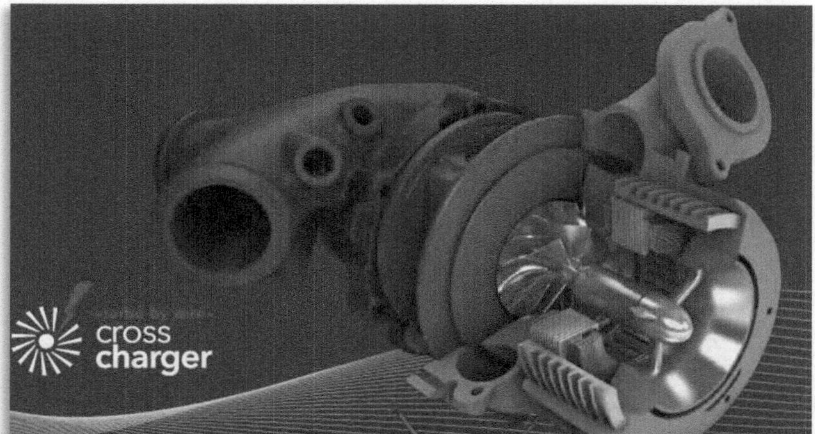

Abb. 3 Standard-ATL mit **Cross-Charger®**-Aktuatorik

Herzstück der **Cross-Charger®**-Aktuatorik ist ein sogenannter Medienspaltmotor, der sich durch ein hohes Drehmoment und gleichzeitig niedriges Massenträgheitsmoment auszeichnet. Wie in Abbildung 3 zu erkennen ist, umschließt die Spule des Medienspaltmotors den Ansaugkanal des Verdichters. Der Hochleistungsmagnet ist in die Wellenmutter des Verdichterrades integriert. Ergänzend ist vor der Wellenmutter ein feststehender, nicht rotierender Anströmdom aus Kunststoff montiert, der auch als Leitgitter verwendet werden kann. Der Luftmassenstrom für den Verbrennungsmotor wird durch den entstandenen Medienspalt zwischen Spulenkörper und den in die Wellenmutter integrierten armierten Rotormagnet hindurchgeleitet. Durch die im Verdichter vorhandenen hohen Strömungsgeschwindigkeiten der Ansaugluft wird eine effektive Kühlung sowohl des Rotormagneten als auch des Stators ermöglicht. Eine zusätzliche Lagerstelle ist nicht erforderlich.

Durch diesen konstruktiven Ansatz können über 90 % der ursprünglichen Komponenten eines Standardturboladers unverändert für den euATL der Generation IV, dem **Cross-Charger®**, wiederverwendet werden. Auch der mittlerweile etablierte Montageprozess eines Standardturboladers bleibt erhalten. Insofern stellt diese Generation eines euATLs eine äußerst kosteneffektive Lösung zur Elektrifizierung eines Turboladers dar.

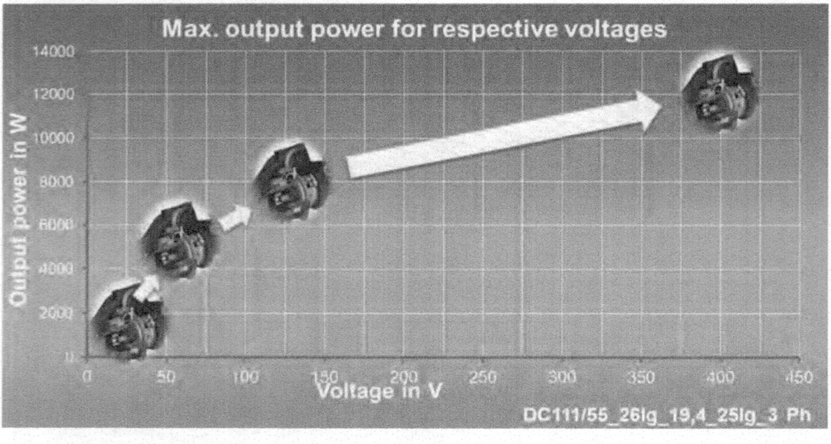

Abb. 4 typische Leistungsklassen einer **Cross-Charger®**-Aktuatorik

Je nach verfügbarer Bordnetzinfrastruktur können mit einer typischen **Cross-Charger®**-Aktuatorik Abgabeleistungen von über 12 kW realisiert werden. Empfohlene Leistungsgrenzen:

1,8 kW bei 12 V, 6 kW bei 48 V, 12 kW bei 400 V

Wie sich im Laufe der Entwicklung der Medienspaltmotoren herausgestellt hat, können durch entsprechende Maßnahmen auch im Generatorbetrieb Leistungen erzielt werden, die den o. g. motorischen Leistungen entsprechen, d. h. **Generatorleistung = Motorleistung**.

Die Performance eines Medienspaltmotors kann in großen Bereichen an die Anforderungen der Kunden angepasst werden. In Abbildung 5 ist ein typischer Drehmomentverlauf in Abhängigkeit der Rotordrehzahl einer Medienspaltmotorauslegung wiedergegeben. Typisch ist das hohe erzielbare Drehmoment, das bereits bei niedrigen Drehzahlen erzielt wird. Die eingesetzten Medienspaltmotoren sind bei Bedarf auch in der Lage, die Turboladerwelle bis zur maximalen Turboladerdrehzahl elektrisch zu unterstützen. Durch den Einsatz einer abgestimmten Leistungselektronik können mittlerweile Medienspaltmotoren einen Wirkungsgrad > 92 % bei Nenndrehzahl erreichen.

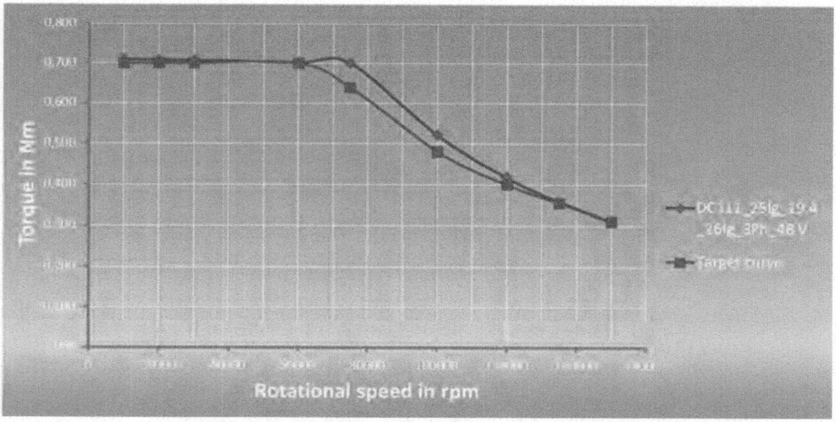

Abb. 5 Drehmomentcharakteristik einer Medienspaltmotorauslegung

Durch die oben beschriebene effektive Kühlung mittels Ansaugluft und die hohen erzielbaren Wirkungsgrade können die Medienspaltmotoren der Cross-Charger-Aktuatorik bei Bedarf auch kontinuierlich betrieben werden.

3 Einfluss der Elektrifizierung auf den Turbolader

Der Einfluss der Elektrifizierung durch die **Cross-Charger**®-Aktuatorik auf Standardturbolader wurde sowohl per Simulation als auch durch vielfältige Hardwaretests untersucht. Schwerpunkt war dabei zunächst der Einfluss auf das mechanische, thermische, schwingungs- und strömungstechnische Verhalten; die Ergebnisse wurden bereits an anderer Stelle publiziert [01], [04], [05]. Zur Absicherung der Entwicklung erfolgten vielfältige Wellenbahnuntersuchungen an den unterschiedlichsten Turboladern. Dabei stellte sich heraus, dass bei den untersuchten Turboladern die Wellenbahn durch die Zusatzmasse des E-Motors nicht negativ beeinträchtigt wurde. Wesentlich war jedoch die Art und Genauigkeit des durchgeführten Wuchtprozesses.

Abb. 6 Prototyp eines Standard-VTG-Laders mit **Cross-Charger**®-Aktuatorik

Abb. 7 Prototyp eines Standard-Wastegate-Laders mit und ohne **Cross-Charger**®-Aktuatorik

Für sämtliche Untersuchungen wurden Prototypen aus serienmäßigen Standard-ATLs erzeugt, indem sie mit einer auf die Kundenanforderungen angepassten **Cross-Charger**®-Aktuatorik ausgerüstet wurden. In Abbildung 6 und 7 sind exemplarisch zwei Cross-Charger-Prototypen abgebildet, die auf zwei unterschiedlichen Basis-ATLs verschiedener Hersteller für Diesel- und Otto-Applikationen basieren. In Abbildung 7 ist rechts im Bild der Serien-ATL ohne und links mit **Cross-Charger**®-Aktuatorik abgelichtet. Gut zu erkennen ist der geringe zusätzliche Bauraumbedarf, der für die Elektrifizierung notwendig ist. Im Bild nicht dargestellt ist die separate Leistungselektronik.

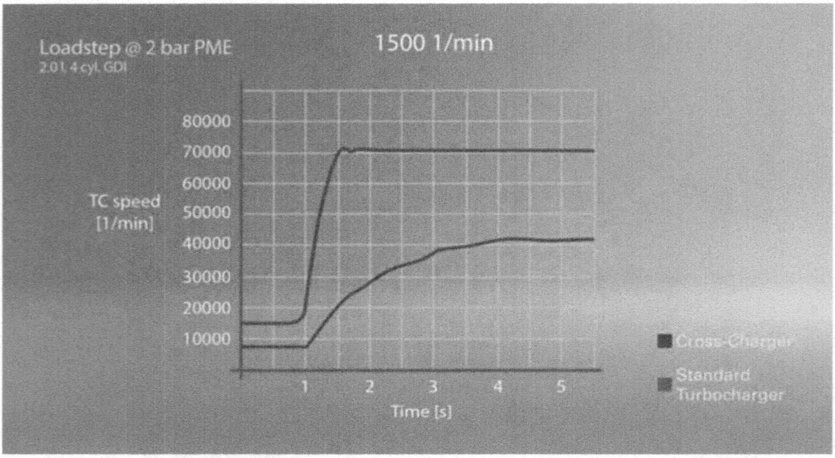

Abb. 8 Turboladerdrehzahl in Abhängigkeit von der Zeit während eines Lastsprungs bei 1.500 1/min

Der Einfluss der Elektrifizierung auf das Transientverhalten der Turbolader wurde sowohl auf Heißgas- als auch mit Hilfe von Motorenprüfständen untersucht. Die Zufuhr der elektrischen Energie mit Beschleunigung des Laufzeugs bewirkt ein zusätzliches Maß an verfügbar gemachter Turbinenarbeit, indem die Turbine während des Lastsprunges in Bereichen wirkungsgradgünstigerer Schnelllaufzahlen arbeitet. Damit werden bis zu 20 % höhere Turbinenwirkungsgrade erzielt, was den Hochlauf zusätzlich begünstigt.

In Abbildung 8 ist das Lastsprungverhalten des Aufladeaggregats dargestellt, das an einem 2,0 l, 4 Zyl. GDI-Motor untersucht wurde. Bei einem Lastsprung aus 1.500 1/min beschleunigt der in Abbildung 7 dargestellte 48 V, 4 kW Cross-Charger-Prototyp in ca. 0,5 sec auf 70.000 1/min. Bei der gleichen Untersuchung benötigt der Standard-Turbolader ca. 2 sec um auf 40.000 1/min zu beschleunigen. Somit benötigt die per **Cross-Charger®**-Aktuatorik elektrifizierte Variante nicht nur eine deutlich geringere Zeitspanne um das Laufzeug zu beschleunigen, sondern kann gleichzeitig auch ein wesentlich höheres Drehzahlniveau bei Volllast erreichen. Wird bei Beschleunigen des Laufzeuges die Pumpgrenze des Verdichters erreicht, kann auch diese nicht willkürlich überschritten werden. Da die **Cross-Charger®**-Aktuatorik jedoch stets die Drehzahl und Winkelposition des Tuboladers exakt erfasst, kann dieses Signal auch zur Pumpgrenzen-Detektion genutzt werden. Darüber hinaus ermöglicht die Aktuatorik erstmalig auch eine genauere Regelung des Aufladeaggregates.

Wie die Versuche belegen, kann die **Cross-Charger**®-Aktuatorik auch über eine längere Zeitspanne > 30 sec motorisch betrieben werden.

4 Vorteile für den Verbrennungsmotor

Die elektrisch unterstützte Aufladung zählt nicht zu Unrecht als ein Key Enabler für Downsizing-, Downspeeding- und λ1-Konzepte sowie Miller-Brennverfahren. Sie hat einen erheblichen Einfluss auf den Verbrennungsprozess und damit einen signifikanten Einfluss auf die CO_2-, NO_x- und Partikel-Emissionen. So ist aus der Literatur bekannt, dass durch entsprechende Systemauslegungen bis zu 15 % CO_2 und bis zu 35 % NO_x eingespart werden können.

Ein interessanter Aspekt der elektrisch unterstützen Aufladung für den Einsatz in Fahrzeugen stellt die sogenannte thermodynamische Verstärkung dar: Die dem Verdichter zugeführte elektrische Energie wird durch die erneute Verdichtung und Verbrennung der Zylinderladung mehr als verzwölffacht, bevor sie der Kurbelwelle zugeführt wird [03].

Infolge des schnellen ATL-Hochlaufes wird beim Ladungswechsel der im Zylinder enthaltene Restgasanteil reduziert. Gegenüber der Basis mit typischerweise dem Ladedruck voreilendem Turbinengegendruck wird mit dem **Cross-Charger**® eine Gleichzeitigkeit von Ladedruck und Turbinengegendruck erzeugt. Im Lastsprung ergibt sich daher ein ansatzloser Übergang vom Teillast-Lastwechsel mit hoher interner AGR-Rate zum angestrebten spülenden Ladungswechsel bei Volllast. Der Zylinder erhält dadurch mehr Füllung und aufgrund der geringeren Ladungstemperatur zu Verdichtungsbeginn werden günstigere Zündwinkel ermöglicht.

In Summe ergibt sich mit dem **Cross-Charger**® eine wesentliche Verbesserung des Mitteldruckaufbaues und damit des Drehmomentverlaufs, wie in Abbildung 9 dargestellt ist.

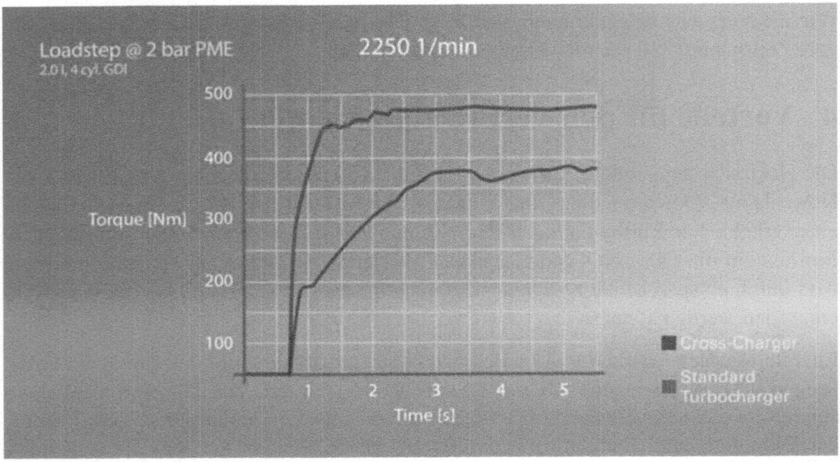

Abb. 9 Drehmoment des Verbrennungsmotors nach Lastsprung

In Abbildung 9 ist der Drehmomentaufbau nach einem Lastsprung bei 2.250 1/min eines 2,0 l, 4 Zyl., GDI-Verbrennungsmotors wiedergegeben. Beim Einsatz des Serienturboladers benötigt der Drehmomentaufbau ca. 2,25 sec bis das max. Drehmoment von 375 Nm erreicht wird. Wird der Turbolader jedoch mittels 48 V, 4 kW **Cross-Charger**®-Aktuatorik elektrifiziert, wird das gleiche Drehmoment bereits nach 0,25 sec erzielt. Wird dem ATL darüber hinaus elektrische Energie zugeführt, kann in diesem Lastpunkt das maximale Drehmoment des Verbrennungsmotors auf bis zu 475 Nm gesteigert werden. Diese Overboost-Funktion kann je nach verfügbarer elektrischer Energie des Bordnetzes auch für einen längeren Zeitraum > 30 sec genutzt werden, ohne den E-Motor thermisch zu überlasten. Diese Funktionalität hängt natürlich auch vom Verdichterkennfeld des Basis-ATLs ab. Wird die Pumpgrenze überschritten, sollte keine weitere elektrische Energie zugeführt werden.

Diese Funktonalität des **Cross-Charger**® wirkt sich auch vorteilhaft auf die Volllastkennlinie des Verbrennungsmotors aus, die in Abbildung 10 dargestellt ist. Die Ergebnisse basieren auf einer Vielzahl von Lastsprunguntersuchungen am o. g. Verbrennungsmotor. Wie dargestellt, erreicht der Verbrennungsmotor bei 1.200 1/min im Stationärbetrieb einen maximalen Mitteldruck von ca. 12 bar. Im Transientbetrieb sinkt üblicherweise der verfügbare Mitteldruck dieses direkteingespritzten Otto-Motors bedingt durch das verzögerte Ansprechen der Aufladung auf ca. 7,5 bar. Nutzt man die o. g. Overboost-Funktion des **Cross-Charger**® kann im Transientbetrieb im unteren Drehzahlbereich sogar ein höherer Mitteldruck erzielt werden als im Stationärbetrieb.

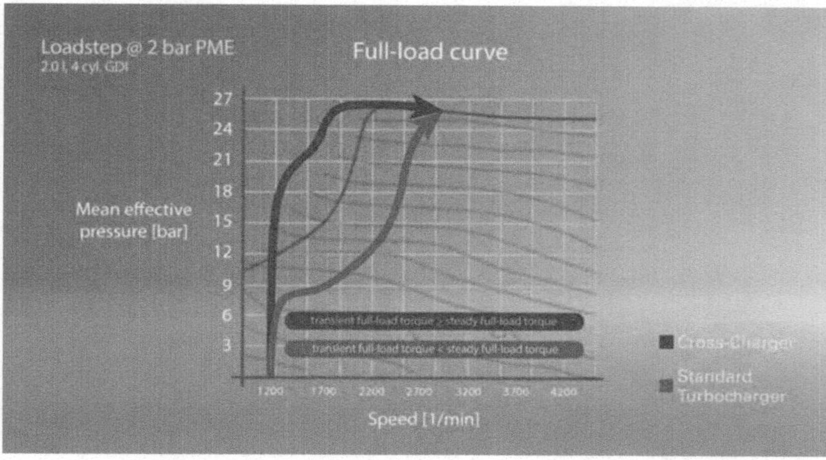

Abb. 10 maximal erzielbarer Mitteldruck im Stationär- und Transientbetrieb

Dank der **Cross-Charger**®-Aktuatorik wird ein vollständig anderes Ansprechverhalten des Antriebsstranges erreicht, vergleichbar mit dem eines EV. Im Gegensatz zu einem direkt im Antriebsstrang befindlichen E-Motor, wie sie beispielsweise in HEV oder EV zum Einsatz kommen, wird jedoch mit Hilfe der elektrisch unterstützten Aufladung nur ca. 1/12 der zusätzlich gewonnenen mechanischen Energie als elektrische Energie benötigt. Dieser selbstverstärkende Effekt wurde bereits oben beschrieben.

Die genannten Effekte können nicht nur in sportiven Fahrzeugen dazu genutzt werden, den Fahrspaß massiv zu erhöhen, sondern auch um die Emissionen der gesamten Fahrzeugflotte vom PKW bis zum schweren Nutzfahrzeug deutlich zu verringern. Die neuen gesetzlichen Vorgaben sowie die neuen Prüfbedingungen werden die Nachfrage nach einer derartigen, kostengünstigen Technologie forcieren.

Wie Untersuchungen an Prototypen belegen, kann durch die hier beschriebene elektrisch unterstützte Aufladung auch am Dieselmotor das Transientverhalten massiv verbessert werden. Darüber hinaus ermöglicht sie aber auch, die AGR-Raten deutlich zu erhöhen und somit die NO_x- und Partikel-Emissionen, die insbesondere durch transiente Fahrzustände verursacht werden, zu verringern, ohne Abstriche an die Fahrbarkeit in Kauf nehmen zu müssen.

In Abbildung 11 sind die kumulierten NO_x-Emissionen eines untersuchten Dieselmotors während eines WLTC-Zyklus dargestellt, der auch über einen BSG verfügt.

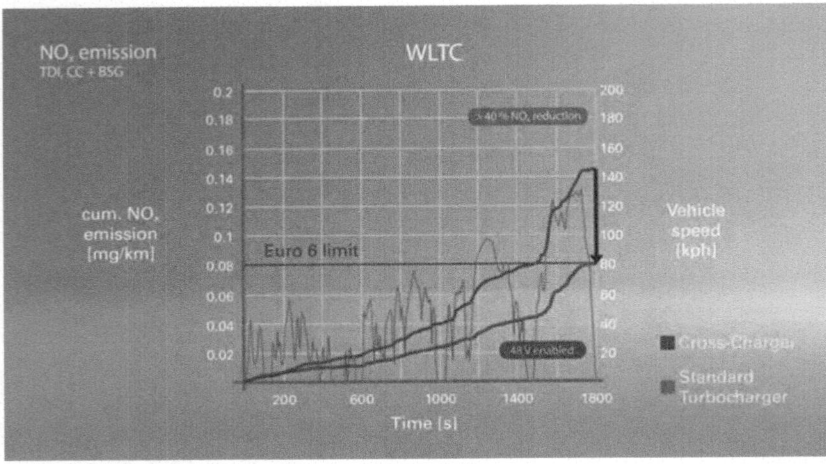

Abb. 11 kumulierte NOx-Emission während WLTC

Wie aus der Grafik zu entnehmen ist, können durch die elektrisch unterstützte Aufladung in Kombination mit einem BSG die Rohemissionen des Dieselmotors um bis zu 35 % reduziert werden und damit bereits die Euro-6-Limits ohne SCR erreicht werden.

Die Emissionsreduzierung steht auch im Vordergrund bei all jenen **Cross-Charger®**-Anwendungen, bei denen eine zweistufige Abgasturboaufladung durch eine einstufige, elektrisch unterstützte Aufladung ersetzt werden soll. Hier verursacht die zweite Aufladestufe ein verspätetes Ansprechen der Abgasnachbehandlung, wodurch insbesondere in der Kaltstartphase erhebliche Schadgasemissionen verursacht werden. Neben der Verringerung der thermischen Trägheit sowie der Wegstrecke des Abgassystems ermöglicht die elektrisch unterstützte Aufladung darüber hinaus ein Voraufladen des Verbrennungsmotors zur Unterstützung des sehr emissionsbehafteten Startvorgangs.

Die Einhaltung von gesetzlichen Emissionsvorschriften darf jedoch der Endkunde von allen am Markt angebotenen Antriebsaggregaten erwarten. Seine Kaufentscheidung wird jedoch sicherlich auch in Zukunft in erheblichem Maß von Fahrbarkeit und Fahrspaß beeinflusst.

Dass die beschriebenen Merkmale des **Cross-Charger®** die Fahrbarkeit und den Fahrspaß massiv erhöhen, verdeutlich Abbildung 12. Bei diesen Fahrversuchen wurde das Beschleunigungsverhalten aus dem Stillstand untersucht. Dabei erzielte das rechte Fahrzeug, dessen Serienturbolader mit einer **Cross-Charger®**-Aktuatorik ausgestattet war, eine deutlich bessere Beschleunigung als das Vergleichsfahrzeug mit Serienturbolader. Nach 02:50 sec hat das mit einem **Cross-Charger®** ausgestattete Fahrzeug bereits eine um 55 % längere Wegstrecke zurückgelegt. Auch im Zwischensprint konnte das Fahrzeug klare Vorteile erzielen.

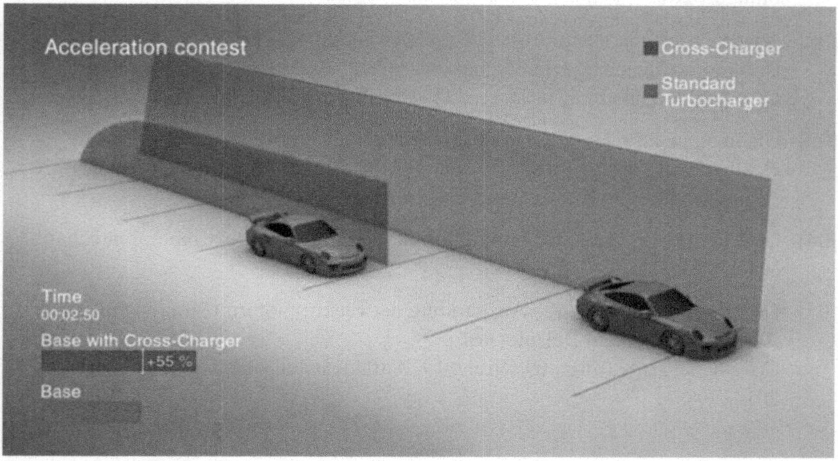

Abb. 12 Beschleunigungsvergleich

Der Einsatz der **Cross-Charger®**-Aktuatorik ist aber nicht nur auf PKW-Applikationen begrenzt. Untersuchungen an Großdieselmotoren für Off-Highway-Applikationen haben eindrucksvoll gezeigt, dass die geschilderten Vorzüge der **Cross-Charger®**-Aktuatorik auch auf die dort eingesetzten Aufladeaggregate übertragbar sind. Die erzielten Ergebnisse führten bereits zu der Vergabe einer Exklusivlizenz für Off-Highway-Applikationen. Die Resultate werden in Kürze gemeinsam mit dem Lizenznehmer publiziert.

Literatur

[01] Gödeke, H., Prevedel, K.; electric assisted turbocharger Cross-Charger® – turbo by wire –, Ladungswechseltagung, 8. MTZ Konferenz, Stuttgart 2015

[02] Friedrich, Jürgen; Neue Aufladestrategien für ein spontanes Drehmomentresponsverhalten turboaufgeladener Ottomotoren, Dissertation, Lehrstuhl Verbrennungsmotoren, TU Dresden 2002

[03] Glahn, C., Closs, L., Münch, M., Hermann, I.; Turbo-DI-Ottomotoren mit elektrischem Zusatzverdichter – eine Potentialabschätzung im Fahrzeug, 19. Aufladetechnische Konferenz, Dresden 2014

[04] Gödeke, H., Prevedel, K.; Hybridturbolader mit neuer Elektromotorentechnik, MTZ, 03/2014

[05] Gödeke, H., Prevedel, K.; Auswirkung der Elektromotorintegration auf ein Aufladeaggregat am Beispiel des Cross-Charger® – turbo by wire –, 19. Aufladetechnische Konferenz, Dresden 2014

Niedervolt-Boostsysteme für turboaufgeladene Otto-Motoren

Dr. Dirk Leinhos, Samuel Engeda, Andreas Heinisch,
Johannes Dimler, Dr. Christian Schwarz

BMW Group

J. Liebl (Hrsg.), *Ladungswechsel im Verbrennungsmotor 2017*, Proceedings,
https://doi.org/10.1007/978-3-658-22671-8_12

1 Einleitung

Bei der Entwicklung neuer aufgeladener Ottomotoren stehen die Verringerung des Kraftstoffverbrauchs, die Reduktion der Abgasemissionen, aber auch die Steigerung von Leistung und Drehmoment im Vordergrund. Diese Anforderungen können mit Hilfe innovativer Brennverfahren und der Optimierung des Emissionskonzeptes erfüllt werden. Eine besondere Rolle fällt dabei auch den Aufladekonzepten zu, wobei insbesondere mit der Einführung eines 48 Volt-Bordnetzes innovative elektrifizierte Aufladekonzepte an Attraktivität gewinnen [1, 2]. Hierbei steht der elektrische Verdichter (e-Verdichter) und der elektrische Abgasturbolader (e-ATL) im Fokus. Diese Systeme, sowie der Startergenerator im Riemen (SGR) und der Kurbelwellenstartergenerator (KSG) werden hier als Niedervolt-Boostsysteme (NV-Boostsysteme) bezeichnet. SGR bzw. KSG zählen dabei zu den sogenannten P0 bzw. P1 Hybridantriebssträngen.

Ein grundsätzliches Unterscheidungsmerkmal der Systeme ist das Wirkprinzip. SGR bzw. KSG unterstützen den Motor über eine direkte mechanische Anbindung. Im Gegensatz dazu stellen e-Verdichter bzw. e-ATL thermodynamische Unterstützung über den Ansaugluftpfad bereit. Die Einbindung der NV-Boostsysteme in das Antriebsstrang- bzw. in das Aufladekonzept ist in Abbildung 1 dargestellt.

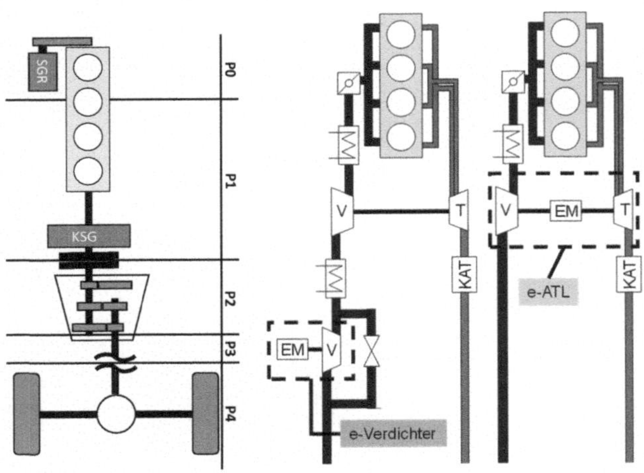

Abbildung 1: Einbindung der NV-Boostsysteme. links: SGR/KSG, mitte: e-Verdichter, rechts: e-ATL

Die genannten Systeme stellen eine Möglichkeit dar, die zukünftig verschärften Zielkonflikte der Aufladungsentwicklung aufzulösen. So können die Lage des Low-End-Torques (LET), das Ansprechverhalten und die spezifische Leistung unter Berücksichtigung zukünftiger Emissionsanforderungen (RDE: Real Driving Emissions) weiter optimiert werden. In diesem Beitrag werden die funktionalen Eigenschaften der verschiedenen Niedervolt-Boostsysteme diskutiert und verglichen, sowie Einsatz- und Auslegungsempfehlungen abgeleitet. Basis für alle Untersuchungen ist ein 4-Zylinder Motor mit 2,0 Liter Hubraum und BMW TwinPower Turbo Technologie, welche Valvetronic, Direkteinspritzung und Turboaufladung vereint, vgl. Abbildung 2 [3].

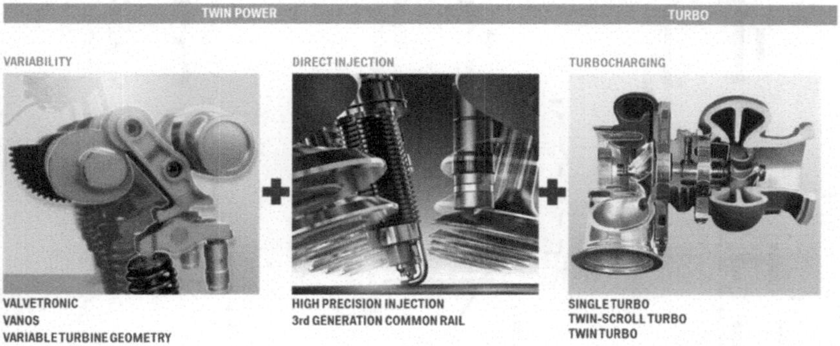

Abbildung 2: TwinPower Turbo Brennverfahren

2 Voruntersuchung Topologien mit e-Verdichter

Zunächst werden die Vor- und Nachteile verschiedener möglicher Topologien von Konzepten mit e-Verdichtern untersucht. Grundsätzlich ist der e-Verdichter der zweistufigen Aufladung zuzuordnen. Die relativ freie Wahl der Positionierung des Systems im Ansaugluftstrang ist dabei besonders hervorzuheben. Um eine passende Auslegungsempfehlung des e-Verdichters ableiten zu können, werden folgende Aspekte untersucht: die e-Verdichteranordnung im Ansaugluftpfad, die Anordnung der Ladeluftkühler (LLK) die Wahl eines geeigneten e-Verdichters und die Einbindung oder Verschaltung des e-Verdichters.

Zuerst soll mit Hilfe der 1-D Motorprozesssimulation die Frage beantwortet werden, ob der e-Verdichter stromabwärts (downstream-Anordnung), oder stromaufwärts (upstream-Anordnung) der Verdichterstufe des Abgasturboladers platziert werden sollte.

Dazu wird ein GT-Power Modell des verwendeten 2,0l 4-Zylinder Motors um die Komponenten e-Verdichter, Luftführung, Rückschlagventil und um eine zusätzliche Zwischenkühlung der Ladeluft erweitert. Das Rückschlagventil verhindert dabei ein im Kreisfördern des e-Verdichters.

Die upstream-Anordnung ist in Abbildung 3a) und die downstream-Variante in Abbildung 3b), dargestellt.

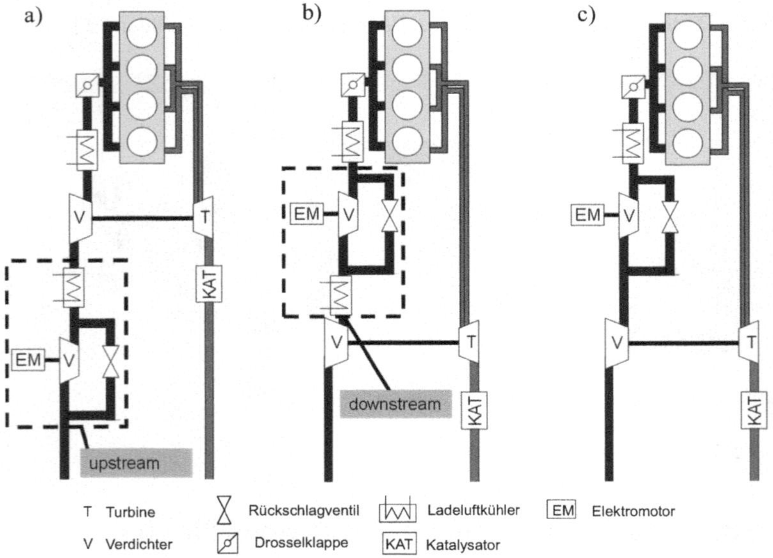

Abbildung 3: Schematische Darstellung des Systemaufbaus: a) upstream-Anordnung mit zweistufiger Ladeluftkühlung; b) downstream-Anordnung mit zweistufiger Ladeluftkühlung; c) downstream-Anordnung mit einstufiger Ladeluftkühlung

Als Bewertungskriterien für die Wahl der e-Verdichter Anordnung werden das Low-End-Torque und das dynamische Verhalten während eines Lastsprungs bei 1500 U/min herangezogen. Um die funktionalen Vorteile des e-Verdichters deutlicher darzustellen, wird bei einer Drehzahl ausgewertet, bei der das Drehmoment stationär mit der konventionellen Aufladetechnologie nicht erreicht werden kann. Der e-Verdichter ist als 48 Volt Komponente mit einer maximalen elektrischen Leistung von 7.5 kW ausgeführt. Das maximale e-Verdichterdruckverhältnis beträgt 1.5.

Die Simulationsergebnisse für den Basismotor ohne e-Verdichter (schwarz), für die upstream-Variante (blau) und für die downstream-Variante (rot) sind in Abbildung 4 dargestellt. Das stationär erreichbare Drehmoment, sowie auch das transiente Verhalten, zeigen in der downstream-Anordnung die größte Verbesserung im Vergleich zur Basis. Das erreichbare stationäre Drehmoment liegt unabhängig von der untersuchten Drehzahl, um mindestens 5%-Punkte über dem Basismoment ohne e-Verdichter.

Bezogen auf das erreichbare Moment der Basis, wird das LET in der upstream-Anordnung um 40 U/min und in der downstream-Anordnung um 152 U/min in Richtung Leerlaufdrehzahl verschoben. Mit steigender untersuchter Motordrehzahl nimmt der Vorteil der downstream-Anordnung immer weiter zu. Durch die steigende Motordrehzahl nimmt der Luftmassendurchsatz zu, wodurch der e-Verdichter immer weiter vom optimalen Betriebsbereich entfernt arbeitet, vgl. Abbildung 4 (oben, rechts).

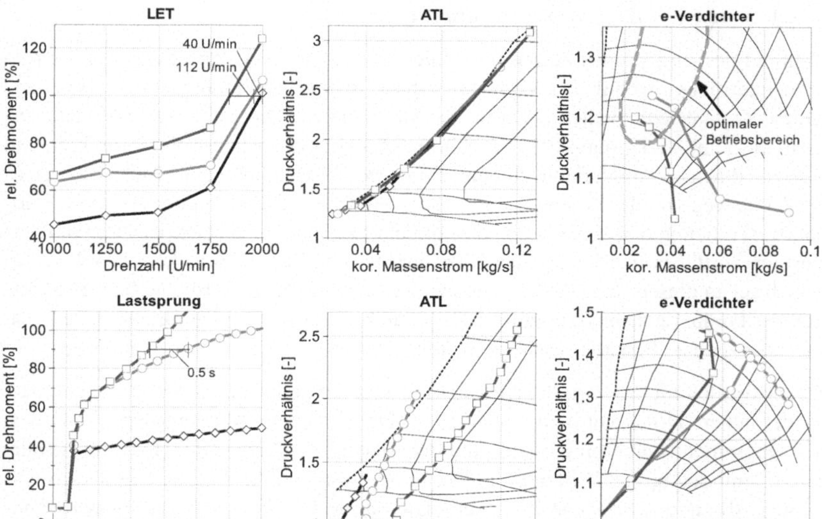

Abbildung 4: LET und Lastsprung (upstream vs. downstream)

Im e-Verdichterkennfeld werden die Betriebspunkte so zu kleineren Druckverhältnissen und höheren korrigierten Massenströmen verschoben. Im Grenzfall würde der e-Verdichter nur noch als Drosselstelle arbeiten und keinerlei Druckerhöhung erzeugen.

Dem Effekt, dass die Betriebspunkte im e-Verdichterkennfeld hin zu größeren korrigierten Massenströmen verschoben werden, wird durch die downstream-Anordnung entgegengewirkt. In dieser Positionierung komprimiert der e-Verdichter die bereits durch die ATL-Stufe vorverdichtete Luft. Der korrigierte e-Verdichtermassenstrom ist somit im Vergleich zu den Betriebsbedingungen der upstream-Variante kleiner. Die Betriebspunkte bleiben deshalb in Bereichen mit besseren Wirkungsgraden, vgl. Abbildung 4 (oben, rechts).

In der upstream-Variante wird die ATL-Stufe mit der vorverdichteten Luft beaufschlagt. Dies führt im ATL-Verdichterkennfeld dazu, dass die Betriebspunkte zur Pumpgrenze hin verschoben werden. Da sich die Betriebspunkte des ATL-Verdichters im Low-End-Torque Bereich ohnehin nahe der Pumpgrenze befinden, wird dadurch kein zusätzlich positiver Effekt erreicht. Somit kann in der upstream-Anordnung nicht das vollständige Potential des e-Verdichters ausgenutzt werden, da die Druckerhöhung bei schlechteren Wirkungsgraden stattfindet.

Während des Lastsprungs zeigen die beiden Varianten im Anfangsbereich des Drehmomentanstiegs ein ähnliches Verhalten. Ab ca. 70 % rel. Drehmoment divergieren die Linien der unterschiedlichen e-Verdichter Anordnungen. Die downstream-Variante erreicht die Time-to-Torque-90% (TtT90) um 0.5 s vor der upstream-Variante. Während es in der downstream-Variante zu einer deutlichen Verschiebung des Betriebsbereichs des ATLs weg von der Pumpgrenze kommt, fällt dieser Effekt bei der upstream-Variante wesentlich geringer aus, so dass in diesem Fall die Pumpgrenze dynamisch überschritten wird. Simulativ stellt das Überschreiten der Pumpgrenze kein Problem dar. Jedoch sei an dieser Stelle darauf hingewiesen, dass der reale Verdichterbetrieb außerhalb der Pumpgrenze nicht möglich ist, wodurch die upstream-Anordnung in der Realität zusätzlich an Potential verlieren würde.

Verantwortlich für das vorteilhaftere Verhalten in der downstream-Anordnung ist wieder der höhere Druck vor dem e-Verdichter. Der korrigierte Massenstrom nimmt deshalb langsamer zu und somit bleiben die Betriebspunkte während des Hochlaufs in dem Bereich mit den besten Wirkungsgraden. In der upstream-Anordnung tritt der im vorherigen Absatz beschriebene Effekt ein. Die rasche Erhöhung des Luftmassenstroms führt zwar dazu, dass der Abstand zur Pumpgrenze im Vergleich zur Basis zunimmt, jedoch führt der höhere Druck vor der ATL-Verdichterstufe zu einem kleineren korrigierten Massenstrom, was die Betriebslinie näher an die Pumpgrenze schiebt. In Folge dessen kann der ATL nicht hochlaufen und somit bleibt auch das maximal erreichbare Moment begrenzt. Jedoch liegt es für beide e-Verdichter Anordnungen wesentlich über der Basis ohne e-Verdichter. Auch im transienten Betrieb zeigt sich, dass die downstream-Anordnung der Komponenten zu bevorzugen ist. Die folgenden Untersuchungen beziehen sich daher ausschließlich auf diese Variante.

Für die vorherigen Simulationen ist die zweistufige Aufladegruppe auch mit einer zweistufigen Ladeluftkühlung versehen worden. Der Frage, ob der zusätzliche Ladeluftkühler notwendig ist, wird ebenfalls durch eine Motorprozesssimulation geklärt. Die einzige Modelländerung im Vergleich zur downstream-Anordnung ist dabei der Entfall der Zwischenkühlung nach der ATL-Verdichterstufe, vgl. Abbildung 3c). Wiederrum werden das stationär erreichbare Drehmoment und das transiente Verhalten bei einem Lastsprung bei 1500 U/min bewertet.

Die Ergebnisse des Lastsprungs von einstufiger gegenüber zweistufiger Ladeluftkühlung sind in Abbildung 5 dargestellt.

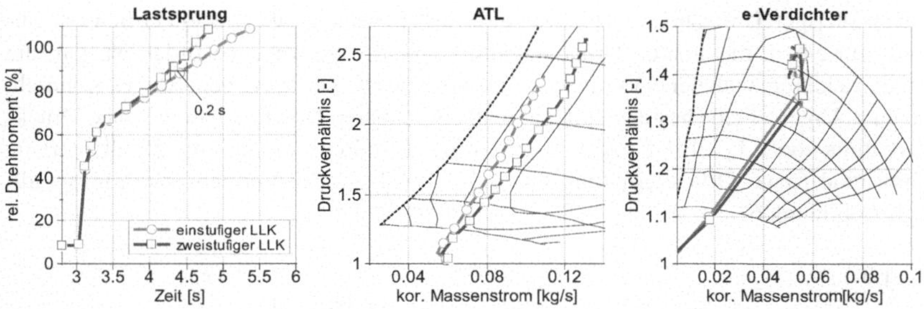

Abbildung 5: Lastsprung mit einstufiger und zweistufiger Ladeluftkühlung

Aus den Drehmomentverläufen ist ersichtlich, dass die TtT90 der einstufigen-Variante um 0.2 s später erreicht wird, als mit der zweistufigen Ladeluftkühlung. Die Kühlung der Luft vor dem e-Verdichter führt dazu, dass der Wirkungsgrad der Verdichtung höher ist als in der ungekühlten Variante. Der Ladedruck steigt dadurch schneller an, wodurch die Last schneller erhöht werden kann. Wenn eine möglichst kurze TtT90 angestrebt wird, ist die zweistufige Ladeluftkühlung der einstufigen vorzuziehen. Es ist jedoch zu beachten, dass durch die höheren Lasten auch mehr Wärme abgeführt werden muss. In dem untersuchten Fall müsste die Kühlung einen um bis zu 40% größeren Wärmestrom abtransportieren.

Das Low-End-Torque wird im Vergleich zur zweistufigen Ladeluftkühlung lediglich um 26 U/min in Richtung höherer Drehzahlen verschoben, weshalb auf eine graphische Darstellung verzichtet wird. Der Grund für die Verschlechterung des LET liegt ebenfalls im geringeren e-Verdichterwirkungsgrad aufgrund der fehlenden Zwischenkühlung.

Neben den thermodynamischen Vorteilen, ergeben sich durch die Verwendung von zwei Ladeluftkühlern noch weitere positive Aspekte. Durch den in Strömungsrichtung ersten Ladeluftkühler nach dem ATL-Verdichter (vgl. Abbildung 3 a)) wird die thermische Belastung der e-Verdichterstufe und aller in diesem Bereich liegenden Motorbauteile (Drosselklappe, Rückschlagklappe, Sensoren, Luftführung) reduziert. Die Temperaturabsenkung eröffnet die Möglichkeit, kostengünstigere Werkstoffe zu verwenden oder zusätzliche Einzelkühlmaßnahmen entfallen zu lassen. Mitentscheidend für die Wahl der LLK-Topologie sind die Bauraumverfügbarkeit und die Fahrzeugarchitektur im Sinne der Verfügbarkeit eines Niedertemperatur-Kühlkreislaufs. Aus rein thermodynamischer Sicht, ist der zweite Ladeluftkühler jedoch uneingeschränkt zu empfehlen, weshalb für die folgende e-Verdichterkennfeldvariation das downstream-Modell mit zweistufiger Ladeluftkühlung weiter verwendet wird.

Den bisherigen Untersuchungen ist gemein, dass jeweils das gleiche e-Verdichterkennfeld, mit einem maximalen Druckverhältnis von 1.5, verwendet worden ist. Um die Frage zu klären, welcher e-Verdichter der passende ist, wurde ein generisches Kennfeld erzeugt. Unterschiede bestehen im maximal erreichbaren Druckverhältnis (max. Druckverhältnis von 1.3, 1.4, 1.5 und 1.7), in der Maximaldrehzahl und im e-Verdichterwirkungsgrad (max. Druckverhältnis von 1.5 + 5%-Punkte e-Verdichterwirkungsgrad), vgl. Abbildung 6.

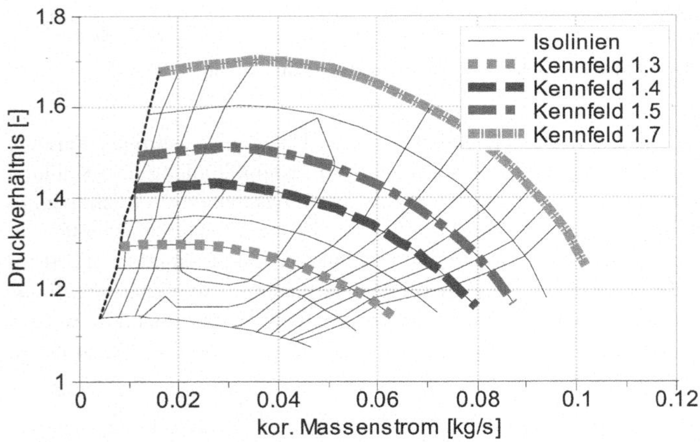

Abbildung 6: Kennfelder der e-Verdichtervariation

Gegenstand der simulativen Untersuchung ist auch hier die Lage des Low-End-Torques und die transiente Charakteristik des Systems Verbrennungsmotor – Aufladegruppe.

In Abbildung 7 sind die Ergebnisse der e-Verdichterkennfeldvariation für den Lastsprung bei 1500 U/min dargestellt. Das Druckverhältnis und die maximale Drehzahl des e-Verdichters sind wichtige Einflussgrößen auf die Dauer des Drehmomentaufbaus. Je höher das maximale Druckverhältnis und die Maximaldrehzahl des generischen Kennfeldes, desto höher ist die Energie die initial, also kurz nach der Lastanforderung, in die Ansaugluft eingebracht werden kann. Dadurch steigt der Sammlerdruck schneller an und die Zeitspanne bis zum Erreichen des Sollmoments sinkt. Eine Besonderheit tritt bei der Verwendung des Kennfeldes mit 5%-Pkt. mehr Wirkungsgrad auf. Der Drehmomentverlauf ist im dargestellten Bereich in Abbildung 7 für das maximale Druckverhältnis 1.5 und für das Druckverhältnis 1.5 +5%Pkt. nahezu identisch. Die Begründung für dieses Verhalten ist, dass durch die Kennfeldbeschränkung der Drehzahl und des Druckverhältnis, die in das Fluid einbringbare Energie, in Abhängigkeit vom Massenstrom, limitiert ist. Somit wird durch die Wirkungsgraderhöhung lediglich weniger elektrische Energie benötigt, um eine gewisse Druckerhöhung zu erzeugen.

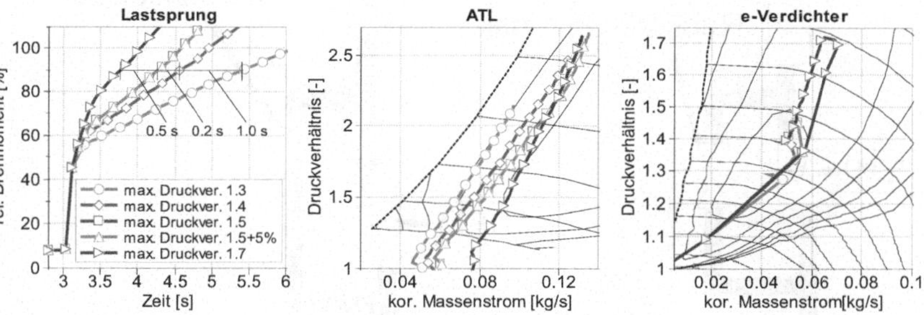

Abbildung 7: Lastsprung mit verschiedenen e-Verdichterkennfeldern

Maximales Druckverhältnis und die Maximaldrehzahl des e-Verdichters sollten deshalb für die größtmögliche Drehmomentanstiegsrate so groß wie möglich gewählt werden. Diese Anforderung geht jedoch mit einem größeren elektrischen Leistungsbedarf einher. Für die Umsetzung im Fahrzeug muss daher auch die kurzzeitige Verfügbarkeit dieser elektrischen Leistung gewährleistet sein. Deshalb ist die zusätzliche Forderung nach möglichst hohen Wirkungsgraden ebenfalls als sinnvoll einzustufen.

Als nächstes wird der Einfluss des maximalen Druckverhältnisses auf das LET betrachtet. Wenn den e-Verdichtern in der Simulation jeweils die gleiche elektrische Leistung zur Verfügung gestellt wird, hat das maximale Druckverhältnis keine Auswirkung auf die Lage des LET, weil unter den gegebenen Randbedingungen sich immer das gleiche Druckverhältnis einstellt. Auf eine graphische Darstellung der Ergebnisse wird daher verzichtet.

Dem gegenüber lässt sich durch eine Erhöhung des Wirkungsgrades um 5%-Punkte der LET-Punkt um 31 U/min weiter in Richtung Leerlaufdrehzahl verschieben, weil die elektrische Energie effizienter zur Druckerhöhung genutzt wird. Die Forderung nach möglichst hohen e-Verdichterwirkungsgraden hat somit direkte Auswirkungen auf die Lage des Low-End-Torques.

Zum Abschluss des Kapitels wird noch ein funktionaler Aspekt der Einbindung des e-Verdichters diskutiert. Die Regelung des e-Verdichters kann durch ein Rückschlagventil (aktiv oder passiv) (vgl. Abbildung 8 – links) in der Ansaugluftführung oder durch eine parallele zweite Drosselklappe (vgl. Abbildung 8 rechts) erfolgen. Die linke der beiden Drosselklappen übernimmt für den hier betrachteten Fall der downstream-Anordnung auch z.B. die Teillastdrosselung.

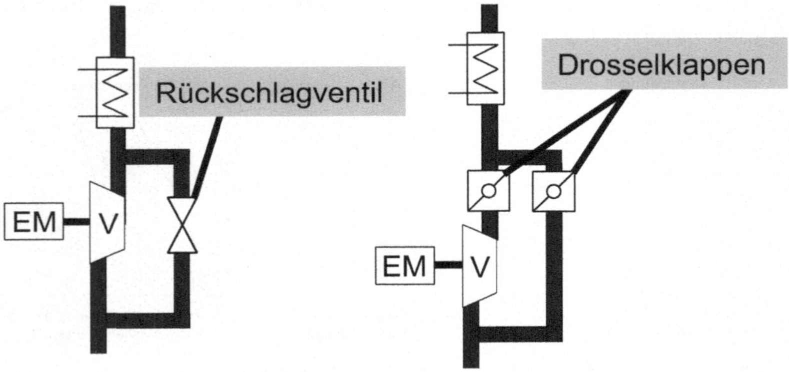

Abbildung 8: e-Verdichter Verschaltung

Wenn der e-Verdichter arbeitet, wird der Hauptpfad verschlossen, um ein im Kreisfördern des e-Verdichters zu verhindern. Die Luft gelangt so über den e-Verdichterpfad in den Luftsammler. Die Vorteile bei einer aktiven Steuerung der zweiten Drosselklappe oder des aktiven Rückschlagventils liegen in den niedrigeren Druckverlusten und in der direkten Steuermöglichkeit des Übergangs von e-Verdichterpfad auf Hauptpfad. Bei der passiven Rückschlagklappe muss der Ladedruck des Abgasturboladers erst die rückstellende Federkraft des passiven Elements überwinden und der Übergang von e-Verdichterpfad auf Hauptpfad erfolgt abhängig von den anstehenden Druckverhältnissen. Der Vorteil der passiven Rückschlagklappe liegt in den Kosten und im einfacheren Aufbau.

Je nach verfügbarem Bauraum, funktionalen Anforderungen und Kostenrahmen ist zwischen beiden Varianten zu wählen.

Aus den bisherigen Ergebnissen lässt sich zusammengefasst ableiten, dass die Kombination aus zweistufiger Ladeluftkühlung, möglichst hohem e-Verdichterdruckverhältnis und die Anordnung der Komponenten in der downstream-Konfiguration, die größten Potentiale zur Steigerung der Systemdynamik und des LET, bietet.

3 Vergleich e-Verdichter 12 Volt mit 48 Volt

Einer der wichtigsten Voraussetzungen für die Einführung von NV-Boostsystemen ist die Elektrifizierung der Fahrzeugarchitekturen mit einem 48 Volt-Bordnetz. Dieses ermöglicht die Nutzung der vollen Potenziale der aufgelisteten NV-Boostsysteme. Ursächlicher Treiber, der Einführung des parallelen 48 Volt-Bordnetzes, ist die kontinuierlich steigende Anforderung an die elektrische Energieversorgung im Fahrzeug, sowie CO_2-Einsparpotentiale durch die verbesserten Rekuperationsmöglichkeiten [4]. Da das 48 Volt Bordnetz nicht sofort in allen Fahrzeugen umgesetzt werden kann, stellt sich die Frage nach der Leistungsfähigkeit eines 12 Volt e-Verdichters mit einer elektrischen Leistung von 2,5 kW. Es ist hier wichtig zu erwähnen, dass aus thermodynamischem Blickwinkel die Unterschiede zwischen einem 12 Volt e-Verdichter gegenüber einem 48 Volt e-Verdichter nur in der umsetzbaren elektrischen Energie liegen. Verlustleistungen und der steigendende Kühlbedarf der Leistungselektronik spielen für die thermodynamische Leistungsbeurteilung keine Rolle.

Bei einem stationären e-Verdichtereinsatz hängt die dafür verfügbare elektrische Energie von den Bereitstellungsmöglichkeiten des Generators ab. Da die Leistungsfähigkeit des Generators stark mit der Drehzahl korreliert, kann für den e-Verdichter im stationären Einsatz bei Leerlaufdrehzahl deutlich weniger elektrische Leistung zur Verfügung gestellt werden als bei mittleren und hohen Drehzahlen. Für transiente Fahrmanöver kann jedoch unter Berücksichtigung der Batteriespeicherkapazität kurzzeitig deutlich mehr elektrische Energie für den e-Verdichter geliefert werden.

Der folgende Vergleich veranschaulicht das Potential eines 12 Volt und 48 Volt e-Verdichters anhand eines transienten Fahrmanövers. Dabei wird das Fahrpedal bei langsamer Konstantfahrt voll betätigt und für einige Sekunden gehalten. Für die Untersuchung wurde die downstream-Anordnung des e-Verdichters in Kombination mit einer zweistufigen Ladeluftkühlung im Fahrzeug umgesetzt. Als Versuchsträger dient ein BMW Fahrzeug des Mittelklasse Segments.

Abbildung 9 zeigt den relativen Drehmomentverlauf während des Lastsprungs im Fahrzeug.

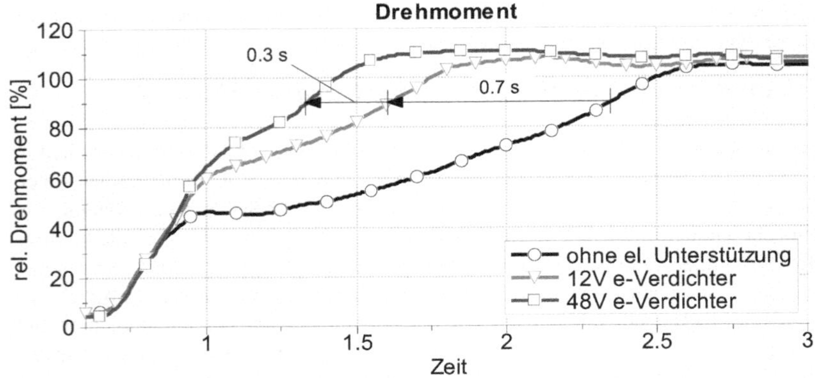

Abbildung 9: Vergleich des Drehmomentaufbaus mit verschiedenen Aufladetechnologien während eines Fahrversuchs

Der Drehmomentgradient ist zu Beginn des Manövers noch relativ ähnlich. Nach dem Erreichen des saugmotorischen Moments, verlangsamt sich der Drehmomentaufbau des Motors ohne e-Verdichter (schwarz) deutlich. Verglichen mit der Basis führen die beiden e-Verdichter Varianten bereits beim Erreichen des Spontanmoments zu ca. 15%-Punkte (12 Volt-System – blau) bzw. bis zu ca. 20%-Punkte (48 Volt-System – rot) mehr rel. Drehmoment. Ab diesem Zeitpunkt beginnt der Drehmomentgradient der 12 Volt Variante im Vergleich zur 48 Volt Version stärker abzunehmen. Durch die höhere Drehzahl und die höhere Last benötigt der Motor mehr Luftmasse. Um die Last weiter schnell zu erhöhen, muss der e-Verdichter bei einem größeren Luftmassenstrom noch genügend Druckerhöhung realisieren können. Das 48 Volt-System hat dabei durch die höhere elektrische Leistung Vorteile. Darüber hinaus ist auch der initial steilere Drehmomentgradient auf das höhere Druckverhältnis aufgrund des höheren Leistungsvermögens des 48 Volt e-Verdichters zurückzuführen.

Es zeigt sich, dass durch den Einsatz des 12 Volt e-Verdichters die Time-to-Torque trotz der geringeren elektrischen Leistung, um 0.7 s gegenüber der Basis reduziert werden kann. Durch die Verwendung des 48 Volt Systems lässt sich die TtT90 im Vergleich zum 12 Volt System nochmals um 0.3 s verringern. Demzufolge sinkt die TtT90 mit 48 Volt e-Verdichter um fast die Hälfte im Vergleich zur Basis ohne elektrisch unterstützte Aufladung.

Als Fazit des vorgestellten Vergleichs lässt sich feststellen, dass der Einsatz eines 12 Volt e-Verdichters bereits zu einer beachtlichen Verbesserung der Beschleunigungsspontaneität führt. Eine weitere wesentliche Steigerung der Dynamik lässt sich durch den 48 Volt e-Verdichter erzielen. Somit kann je nach Längsdynamikanforderung und Bordnetzverfügbarkeit eine passende elektrische Unterstützung ausgewählt werden.

4 Vergleich e-Verdichter mit e-ATL

Ein alternatives NV-Boostsystem zum e-Verdichter ist der e-ATL. Beide Konzepte nutzen elektrische Energie um den Ladedruckaufbau und schlussendlich den Drehmomentaufbau des Verbrennungsmotors zu beschleunigen, woraus wiederrum eine deutlich verbesserte Fahrzeuglängsdynamik resultiert.

Im Vergleich zum e-Verdichter, der eine zweistufige Aufladung darstellt, handelt es sich beim e-ATL um eine einstufige Aufladetechnologie. Die elektrische Leistung wird dem Laufzeug des ATLs über eine Elektromaschine (EM) zugeführt. Dies erschließt die Möglichkeit eines kompakten Aufladekonzeptes, jedoch ohne die freie Positionierung, welche ein e-Verdichter bietet. Weitere wichtige Unterscheidungsmerkmale des e-ATLs gegenüber des e-Verdichters sind:

- Zunahme des ATL-Massenträgheitsmoments:
  Der Rotor des E-Motors auf der ATL-Welle erhöht das Massenträgheitsmoment des ATLs.

- Positionierung der Elektromaschine:
  Die EM sitzt beim e-ATL in einem thermisch sehr hochbelasteten Bereich. Bei einer Positionierung zwischen Verdichter und Turbine ist dies besonders kritisch und die elektrischen/magnetischen Komponenten müssen durch hochbelastbare Materialien und leistungsfähige Kühlung vor Überlastung geschützt werden.

- Applikationsrobustheit des e-ATLs:
  Beim e-Verdichter wird durch die Zweistufigkeit der Aufladung, insbesondere in der downstream-Anordnung die Robustheit gegen Verdichterpumpen, wie oben beschrieben erhöht. Dieser Effekt entfällt beim e-ATL in seiner einstufigen Anordnung. Die direkte Beschleunigung des ATLs durch den e-Motor führt zu einem schnellen Erreichen der Pumpgrenze des Verdichters (Abbildung 10) bei transienten Vorgängen. Durch ein Angleichen der Versorgungsleistung an den ATL-Betriebspunkt, wird das Durchschreiten der Pumpgrenze vermieden. Ein weiterer Lösungsansatz ist die Verwendung Pumpgrenzen-stabilisierend wirkender Systeme.

- Bauraum:
  Die resultierende axiale Vergrößerung des e-ATLs erschwert das Packaging in einem sensiblen Bereich des Motorraums. Dafür kann auf den Bypass-Ansaugluftpfad des e-Verdichters verzichtet werden.

- Gewicht und Kosten des e-ATLs:
  Es ist mit Vorteilen gegenüber dem e-Verdichter zu rechnen, da kein zusätzliches Laufzeug, Verdichtergehäuse, Bypass-Ansaugluftpfad inkl. Drosselventil und Drucksensor notwendig ist.

- Stromerzeugungspotential:
  Ein interessanter Vorteil des e-ATLs ist die Möglichkeit Strom über den als Generator arbeitenden e-Motor auf der ATL-Welle zu erzeugen. Der damit einhergehende Ladungswechselnachteil, der sich aufgrund des höheren Abgasgegendruckes im Generatorbetrieb ergibt, wird durch die bessere Nutzung der Abgasenergie (Steigerung der Turbinenleistung) überkompensiert.

Im Folgenden wird die Leistungsfähigkeit des e-ATLs im Vergleich zum e-Verdichter simulativ untersucht. Als Bewertungskriterien werden wiederrum die Lage des LET und das Lastsprungverhalten herangezogen. In Abbildung 10 sind die simulierten Betriebspunkte im verwendeten ATL- und e-Verdichterkennfeld, sowie das relative Drehmoment über Motordrehzahl und Zeit dargestellt.

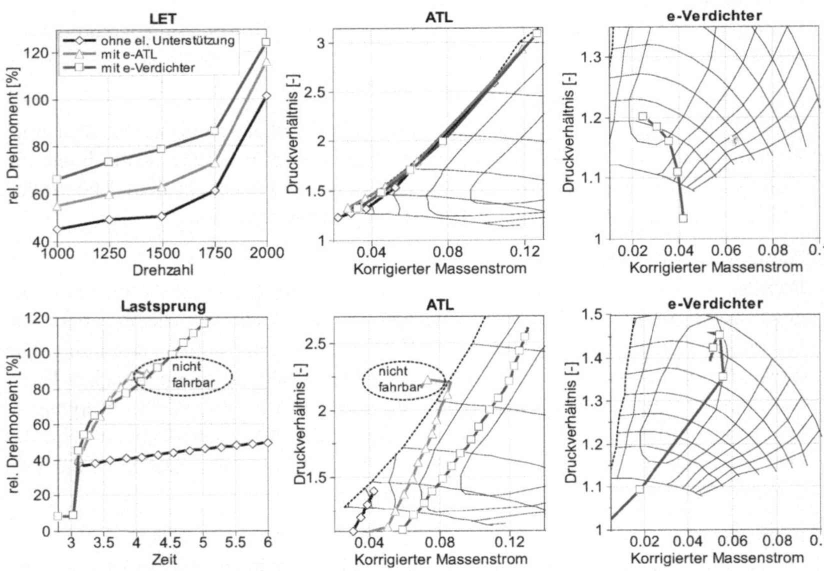

Abbildung 10: Vergleich e-Verdichter mit e-ATL (LET und Lastsprung)

Die Simulation des e-Verdichters (rot) erfolgt in der downstream-Anordnung mit einer zweistufigen Ladeluftkühlung. Dem gegenüber steht der e-ATL (blau) mit einem Ladeluftkühler. Die LET-Simulationen verdeutlichen den positiven Einfluss des e-ATLs auf das relative Drehmoment, jedoch wird das Niveau des e-Verdichters nicht erreicht (vgl. Abbildung 10).

Bei der zweistufigen Verdichteranordnung multiplizieren sich die Druckverhältnisse, und in der downstream-Anordnung zieht der e-Verdichter den ATL-Verdichter durch Massendurchsatzerhöhung von der Pumpgrenze weg. Beim einstufigen e-ATL kann durch den elektrischen Antrieb der ATL-Welle nur die ATL-Drehzahl gesteigert werden.

Die Simulationsergebnisse des Lastsprunges zeigen während der ersten Zehntelsekunden geringfügige Vorteile auf Seiten des e-ATLs. Nach dieser Zeitspanne durchquert der e-ATL allerdings die Pumpgrenze, was einen Einbruch im Drehmomentverlauf zur Folge hat und somit im Fahrzeug nicht darstellbar ist. Dieses Verhalten zeigt sich beim e-Verdichter aufgrund der gezeigten positiven Wirkung der zweistufigen Aufladung in der downstream-Anordnung nicht.

Aus dem dargestelltem Vergleich lassen sich folgende Schlussfolgerungen ziehen. Der e-ATL eröffnet die Möglichkeit einer Verbesserung des LET sowie der Beschleunigungsspontaneität und ermöglicht es grundsätzlich, Strom über die elektrische Maschine des Turboladerlaufzeugs zu produzieren. Die e-Verdichter Technologie zeichnet sich durch das noch größere LET-Potential, die höhere Applikationsrobustheit gegenüber Verdichterpumpen und dem Freiheitsgrad hinsichtlich der Positionierung aus.

5 Vergleich E-Maschine mit e-ATL und e-Verdichter

Neben den bereits erwähnten NV-Boostsystemen über den Ansaugluftpfad (e-Verdichter und e-ATL), stellen die elektrisch mechanisch unterstützenden Systeme (EM-Systeme) einen weiteren interessanten Technologiebaustein dar. In Kombination mit einer 48 Volt Fahrzeugarchitektur ermöglichen sie parallel die Verbesserung der Response, der CO_2-Bilanz und der Längsdynamik des Fahrzeuges.

Der Fokus dieser Arbeit liegt auf den sogenannten P0 und P1 Antriebstopologien (P0 = SGR und P1 = KSG), welche motorfest verbunden sind. Beide Topologien eint die im Verhältnis zu P2 bis P4-Topologien einfache Integration in bestehende Fahrzeugarchitekturen. Der primäre Unterschied zwischen P0 und P1 Topologien liegt in der Integration der E-Maschine im Antriebsstrang bzw. der Positionierung. Während der SGR per Riemen mit der Kurbelwelle verbunden ist (P0), sitzt der KSG zwischen Kupplung und Verbrennungsmotor (P1). Das maximale elektrische Boost- / Rekuperationsvermögen ist beim SGR auch durch die maximale Riemenbelastung begrenzt.

Zunächst wird die Effizienz von SGR und e-ATL bei der Stromerzeugung verglichen. Die Basis bildet wieder eine 1D-Motorprozessimulation unter Berücksichtigung aller relevanten thermodynamischen und mechanischen Randbedingungen. Abbildung 11 stellt den spezifischen Kraftstoffverbrauch über der erzeugten elektrischen Leistung dar. Der Betrieb erfolgt dabei in einem stationären, hochtourigen, volllastnahen Kennfeldbereich unter stöchiometrischer Prozessführung.

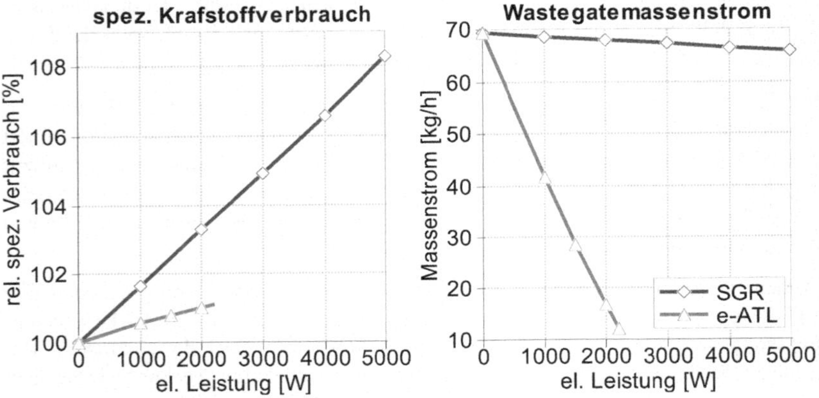

Abbildung 11: Vergleich der Effizienz der Stromerzeugung – SGR vs. e-ATL

Beide Systeme führen zu einem Verbrauchsanstieg, wenn die erzeugte elektrische Energie aus dem System in die Batterie fließt. Bei der Stromerzeugung durch den SGR (grün), muss der Lastpunkt des Motors angehoben werden, um die Antriebsleistung konstant zu halten. Beim e-ATL (blau) zeigt sich, dass der rel. spez. Kraftstoffverbrauch durch die Stromerzeugung ebenfalls steigt. Der Mehrverbrauch beträgt jedoch nur ca. 1%-Punkt bei 2,2 kW elektrischer Leistung. Im Gegensatz zum SGR, wird beim e-ATL der sonst ungenutzte Abgasmassenstrom, welcher über das Wastegate fließt, zur Energieumwandlung herangezogen, vgl. Abbildung 11 – rechts. Der Mehrverbrauch ist dabei der erhöhten Ladungswechselarbeit zuzuschreiben, welche auf den gesteigerten Abgasgegendruck zurückzuführen ist. Die Begrenzung der elektrischen Leistung bildet hier der zur Verfügung stehende Wastegatemassenstrom und die maximal zulässige Turboladerdrehzahl im Generatorbetrieb. Es zeigt sich, dass die Stromerzeugung durch die Ausnutzung des Wastegatemassenstroms effizienter ist als der Generatorbetrieb des SGRs.

Der Mehrverbrauch ist dabei der erhöhten Ladungswechselarbeit zuzuschreiben, welche auf den gesteigerten Abgasgegendruck zurückzuführen ist. Die Begrenzung der elektrischen Leistung bildet hier der zur Verfügung stehende Wastegatemassenstrom und die maximal zulässige Turboladerdrehzahl im Generatorbetrieb. Es zeigt sich, dass die Stromerzeugung durch die Ausnutzung des Wastegatemassenstroms effizienter ist als der Generatorbetrieb des SGRs.

Es muss jedoch auch festgehalten werden, dass e-ATLs je nach Lastpunkt eine deutlich niedrigere elektrische Dauerleistung als Generatoren zur Verfügung stellen können.

In der Simulation wurden 2,2 kW maximale elektrische Dauerleistung des e-ATLs zu Grunde gelegt.

Der zweite Systemvergleich bezieht sich auf das stationäre Boostpotential von SGR, KSG und e-Verdichter. In Abbildung 12 ist das zusätzliche rel. Drehmoment zwischen 1000 U/min und 1800 U/min für SGR, KSG und e-Verdichter dargestellt. Zusätzlich ist der Leistungsmultiplikator, welcher das Verhältnis von Lastzunahme des Verbrennungsmotors zu elektrischer Energieaufnahme wiedergibt, aufgetragen.

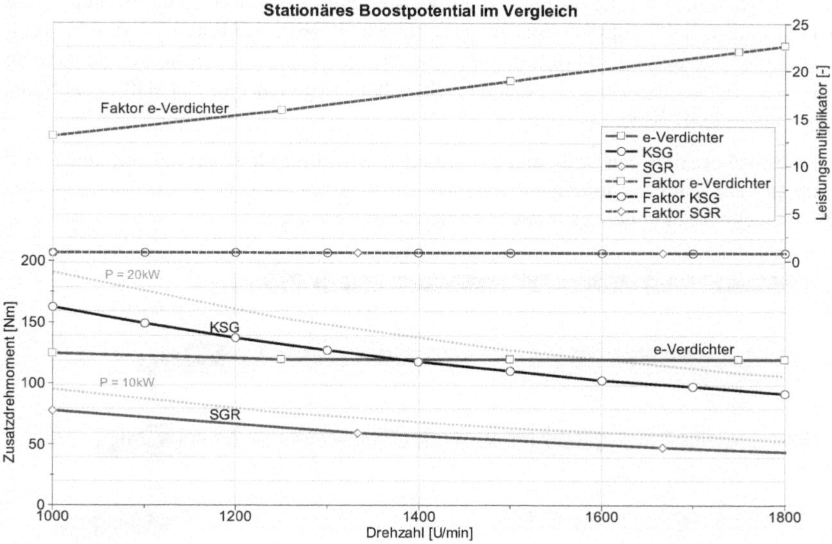

Abbildung 12: Vergleich des stationären Boostpotentials von e-Verdichter, KSG und SGR

Alle drei Systeme sind in der Lage, das Drehmoment im gezeigten Drehzahlbereich zu steigern. Wie erwartet, ist die Leistungszunahme der EM-Systeme proportional der zur Verfügung stehenden elektrischen Energie. Der primäre Unterschied zwischen KSG (schwarz) und SGR (grün) liegt in der maximal möglichen zu übertragenden Energie, die beim SGR aufgrund des Riemens begrenzt ist. Ein über den Drehzahlbereich näherungsweise konstantes Zusatzdrehmoment von ca. 120 Nm wird mit dem e-Verdichter (rot) trotz einer geringeren Bordnetzbelastung erzielt. Unterhalb der Drehzahl von 1400 U/min liegt das Zusatzdrehmoment zwischen KSG und SGR, wobei es oberhalb der Drehzahl das größte Potential aufweist. Die Kombination aus elektrischem Antrieb des e-Verdichters, damit Zunahme des Luftmassenstroms, Erhöhung der eingespritzten Kraftstoffmasse und folglich der Zunahme der Enthalpie auf dem ATL führt zu einer deutlichen Leistungszunahme. Der Leistungsmultiplikator (e-Leistung => Zusatzmotorleistung) verdeutlicht diesen positiven Effekt. Im Gegensatz zu EM-Systemen, die aufgrund ihres Wirkungsgrades Werte von 0.8 bis 0.9 aufweisen, besitzt der e-Verdichter Leistungsmultiplikatorwerte in der Größenordnung von 13 bis 24. Hierbei ist zu erwähnen, dass die höhere Motorleistung natürlich aus dem Einsatz von zusätzlichem Kraftstoff resultiert. Für den dargestellten stationären Fall ist zusätzlich zu bemerken, dass der SGR/KSG während des Boostens nicht die Batterie laden kann und aufgrund der deutlich höheren elektrischen Leistungsaufwendungen die Unterstützung entweder stark zeitlich begrenzt ist oder sich die Booststrategie über den Speichervorhalt auf die CO_2-Bilanz des 48 Volt-Systems auswirkt. Die letztgenannten Punkte treffen bei richtiger Dimensionierung und richtiger Betriebsstrategie auf den e-Verdichter nicht zu. So wäre es möglich über den e-Verdichter zu boosten und gleichzeitig den dafür benötigten Strom über SGR/KSG zu erzeugen.

Das Boostpotential von SGR und e-Verdichter wird im Folgenden anhand eines transienten Fahrmanövers miteinander verglichen. In Abbildung 13 ist die zurückgelegte Wegstrecke 3 Sekunden nach einem Lastsprung dargestellt.

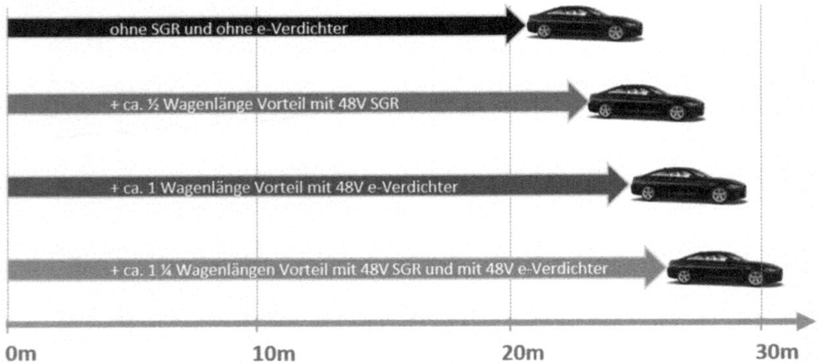

Abbildung 13: Zurückgelegte Distanz drei Sekunden nach dem Lastsprung

Jede untersuchte Technologie verbessert Responseverhalten des Fahrzeuges, was in einer ½ bis 1 ¼ fachen Wagenlänge Vorsprung gegenüber der konventionellen Aufladetechnologie resultiert. Es wird deutlich, dass der e-Verdichter aus den vorher erläuterten Gründen ein besseres Responseverhalten als der SGR besitzt (Differenz ca. ½ Wagenlänge). Darüber hinaus kann dieser Dynamikvorteil mit vergleichsweise wenig elektrischer Energie erzielt werden.

Die größte Steigerung der Dynamik lässt sich durch eine Kombination von SGR und e-Verdichter erreichen. Diese Konfiguration erschließt die Möglichkeit einer sehr guten Fahrzeugbeschleunigungsspontanität, eines verbesserten LET und einer Verbrauchsreduktion im Zyklus.

Zusammengefasst kann festgehalten werden, dass NV-Boostsysteme über den Ansaugluftpfad keine vollwertige Alternative zu EM-Systemen sind. Über den e-Verdichter kann kein und über den e-ATL kann nur eingeschränkt Strom generiert werden. Hingegen ist das stationäre und transiente Boostpotential größer bzw. effizienter im Hinblick auf den elektrischen Energiebedarf, weshalb die Kombination der Systeme das funktionale Optimum darstellt.

6 Zusammenfassung und Schlussfolgerung

Niedervolt-Boostsysteme bieten durch den gezielten Einsatz elektrischer Zusatzleistung die Möglichkeit, einen wichtigen Beitrag zur Erfüllung steigender Anforderungen an den Verbrennungsmotor bzgl. Verbrauch, Emissionierbarkeit und Response bei niedrigen Drehzahlen zu leisten.

Um konkrete Hinweise darauf zu bekommen, welches Konzept die größten Vorteile bringt, wurde der hier vorgestellte Vergleich verschiedener Systeme durchgeführt.

Das naheliegende Konzept ist, die für die Bordnetzversorgung und Rekuperation an den Antrieb gekoppelten Elektromaschinen auch zum Boosten zu verwenden. Das Zusatzmoment steht spontan zur Verfügung und es sind keine weiteren Komponenten erforderlich. Höhe und Dauer von Boostmoment bzw. Zusatzleistung sind jedoch durch verschiedene Faktoren wie Leistungsfähigkeit des Bordnetzes, Speichergröße- und Temperatur, Ladezustand sowie Anbindungsart, im Falle einer riemenintegrierten E-Maschine, begrenzt.

Die Elektrifizierung der Aufladung, entweder über einen elektrisch unterstützten Turbolader oder einen zusätzlichen elektrisch angetriebenen Verdichter erlaubt ggü. den in den Antrieb gekoppelten E-Maschinen eine Verstärkung der elektrischen Leistung über die Verbrennung und die Rückwirkung auf die Aufladung. So kann auch dauerhaft mit einer gewissen Leistung, z.B. im LET-Bereich, unterstützt werden und es kann mit relativ wenig elektrischer Leistung auch bei größeren Motoren mit höherem Aufladegrad ein spürbarer Effekt erzielt werden.

Während beim Einsatz eines elektrisch unterstützten ATLs darauf geachtet werden muss, dass beim starken Beschleunigen des Laufzeugs die Pumpgrenze nicht überschritten wird, sorgt ein e-Verdichter in einer downstream-Anordnung für eine Verschiebung des Betriebspunktes weg von der Pumpgrenze. Darüber hinaus ergibt sich durch die Reihenschaltung zweier Verdichter ein positiver Effekt auf den Momentenaufbau des Motors. Dieser ist umso stärker je größer der initial bereit gestellte Ladedruck des e-Verdichters ist, da der ATL-Verdichter kurz nach der Lastanforderung noch wenig zum Gesamtladedruck beiträgt.

Demzufolge liegt auch auf der Hand, dass ein e-Verdichter auf 48 Volt Basis mit seiner höheren Leistung einen größeren Performancevorteil als auf 12 Volt Basis erzielen kann. Wobei der letztgenannte immer noch deutliche Responseverbesserungen im Vergleich zu einem Antrieb ohne e-Verdichter erzielt.

Aufgrund der Vielfalt der möglichen Bordnetzkonfigurationen, Komponenten, ihrer Eigenschaften und der Systemtopologien ist es dabei unerlässlich, die jeweiligen Anforderungen sowie die Eigenschaften der Boostsysteme genau zu kennen, um aus Gesamtsystemsicht die richtige Wahl zu treffen.

7 Literatur

[1] B. Klaus, H. Fischer, J. Lerch, D. Leinhos, und D. Wabbals – „BMW VALVETRONIC – Ladungswechselsteuerung von Teillast bis Volllast.“, in *8. MTZ Fachtagung*, Stuttgart, 2015.

[2] C. Dönitz, D. Wabbals, R. Kempny, C. Röhr und N. Brehm – "Responseverbesserung durch Drucklufteinblasung bei aufgeladenen Ottomotoren.", in *9. MTZ Fachtagung – Ladungswechsel im Verbrennungsmotor*, Stuttgart, 2016.

[3] F. Steinparzer, T. Brüner, D. Kannenberg und H. Unger, „The new BMW TwinPower Turbo 4 cyl. Petrol Engine – Sheer Driving Pleasure with Efficient Powertrain Dynamics.,“ in *32. Internationales Wiener Motorensymposium*, Wien, 2011.

[4] O. Sirch, G. Immel, J. Fröschl, A. Mai und H. Pröbstle – "Die Herausforderungen für die Elektrik/Elektronik in der Automobilindustrie durch die Einführung einer 48 Volt Versorgungsspannung.", *VDI 14. Internationaler Kongress Elektronik im Kraftfahrzeug*, Baden-Baden, Oktober 2013.

Tagungsbericht

Andreas Fuchs

J. Liebl (Hrsg.), *Ladungswechsel im Verbrennungsmotor 2017*, Proceedings,
https://doi.org/10.1007/978-3-658-22671-8_13

10. MTZ-Fachtagung Ladungswechsel im Verbrennungsmotor

Die Elektrifizierung hält immer stärker Einzug in den Fahrzeugbau. Hierdurch ergeben sich zahlreiche Herausforderungen, aber auch Potenziale für den Ladungswechsel. Rund 110 Experten diskutierten auf der 10. MTZ-Fachtagung „Ladungswechsel im Verbrennungsmotor“ am 24. und 25. Oktober 2017 im Mercedes-Benz-Museum in Stuttgart den Einfluss der Elektrifizierung auf den Ladungswechsel und die sich daraus ergebenden Lösungen.

ELEKTRIFIZIERUNG – POTENZIALE FÜR DEN LADUNGSWECHSEL

Die Vorgaben für den Flottenverbrauch werden in Zukunft noch strenger werden. Daher müssen die Fahrzeugbauer Konzepte für ihre Verbrennungsmotoren entwickeln, wie sie die ständig steigenden Anforderungen wirtschaftlich realisieren können. Jochen Schmid von Daimler zeigte in seinem Keynotevortrag „Von 12 V bis Hochvolt – die neuen High-Tech-Antriebe von Mercedes-Benz“ auf, welche Änderungen sich bei den Verbrennungsmotoren unter anderem durch die Elektrifizierung ergeben. So haben die OEMs heute beim Antriebsstrang viele Herausforderungen zu lösen. Vor allem die Modularität hat für die internationalen Hersteller eine hohe Priorität: Die Antriebsstränge müssen so beispielsweise zu unterschiedlichen Energieträgern kompatibel sein, und sie müssen in verschiedenen Fahrzeugflotten und Märkten eingesetzt werden können. Dies hat Einfluss auf die unterschiedlichsten Unternehmensbereiche. Die hierfür bei Daimler umgesetzten Änderungen wurden an zahlreichen aktuellen Beispielen erläutert. Laut Schmid hat Daimler „heute schon eine hohe Modularität beim Antriebsstrang erreicht, das heißt, durch den modularen Aufbau können Motoren an unterschiedliche Fahrzeuge und Märkte angepasst werden“.

TOPS UND FLOPS DER LETZTEN ZEHN JAHRE

Auch die genaue Analyse der Tops und Flops vergangener Entwicklungen hilft bei der Realisierung neuer erfolgreicher Produkte. Dr. Uwe Mohr von Mahle ging im zweiten Keynotevortrag auf die Tops und Flops im Ladungswechsel der letzten zehn Jahre ein. So mündeten zahlreiche Entwicklungen beim Luftansaugsystem in Serienprodukten – aber es gab auch einige Flops zu verzeichnen, die sich nicht durchsetzen konnten. Entweder weil sie zu teuer waren oder weil es technisch bessere Lösungen gab. Fazit von Mohr ist, dass bei „Luftansaugsystemen eine Menge Entwicklungen in den letzten zehn Jahren verfolgt wurden – und sich dies auch in der nächsten Dekade nicht ändern wird“. Die Systemkomplexität wird laut Mohr dabei auch in Zukunft weiter zunehmen.

TECHNOLOGIEOFFENHEIT EIN MUSS

Die Podiumsdiskussion zum Thema „Auswirkungen elektrifizierter Antriebsstränge auf die Verbrennungsmotorenentwicklung – Komplexität – Modularität – Kosten“ am Ende des ersten Tages war auch in diesem Jahr wieder ein Highlight der Tagung. Der Erfolg von Podiumsdiskussionen steht und fällt mit ihren Teilnehmern. Dabei gilt die Faustregel: Je kontroverser die Ansichten, umso lebhafter die Diskussion. Im zweiten Jahr in Folge nahm wieder ein Vertreter aus dem Ministerium für Verkehr Baden-Württemberg teil. Christoph Erdmenger erläuterte unter anderem die Zukunft des Verbrennungsmotors aus Sicht der Landesregierung von Baden-Württemberg. Demnach muss bis 2050 der Straßenverkehr treibhausgasneutral sein, die festgesetzten Ziele müssen also eingehalten werden. Dies bedeutet, dass bis dahin der Verkehr ohne fossile Kraftstoffe auskommen muss, also die Fahrzeuge nur noch durch erneuerbare Energien angetrieben werden. Gleichzeitig ist es für die Landesregierung aber wichtig, dass das Erreichen der gesteckten Ziele nicht durch die Festlegung auf eine Technologie erfolgt, wie zum Beispiel auf Batteriefahrzeuge. Laut Erdmenger hat zwar aus heutiger Sicht die Elektromobilität die besten Aussichten sich durchzusetzen. „Aber wir haben dies auch bei den erneuerbaren Energien beobachtet. Man erlebt immer wieder technische Überraschungen.“ Die anderen Podiumsteilnehmer begrüßten diese Technologieoffenheit, betonten aber auch, dass es derzeit in der Öffentlichkeit zumeist nur heißt, dass die Elektromobilität der Stein der Weisen sei. Jochen Schmid von Daimler wies darauf hin, dass durch die öffentliche Diskussion sich heute junge Leute gar nicht mehr trauen, im Studium den Schwerpunkt Verbrennungsmotoren zu wählen. Dies mache es zukünftig noch schwieriger, die steigende Komplexität bei den Antrieben und somit auch im Ladungswechselbereich durch die steigende Zahl an Antriebskonzepten zu beherrschen.

ORT DER BEGEGNUNGEN

Ein weiteres Highlight der Veranstaltung ist traditionell die Abendveranstaltung im Mahle Inside zum Abschluss des ersten Tages. Die Teilnehmer nutzen die Gelegenheit für inten-

sive Gespräche und Kontaktpflege bei einem guten Abendessen. Am Ende des zweiten Tages nahmen viele Teilnehmer dann die Möglichkeit des Besuchs des Mercedes-Benz-Museums wahr.
Auch in diesem Jahr haben Experten aus dem Bereich Ladungswechsel die Möglichkeit, sich über neueste Entwicklungen und Trends zu informieren. Die in Kooperation mit Mahle veranstaltete Tagung findet am 23. und 24. Oktober 2018 wieder im Mercedes-Benz-Museum in Stuttgart statt.

[Quelle: MTZ 79 (2018), Nr. 2, S. 74f]

The manufacturer's authorised representative in the EU is Springer Nature Customer Service Centre GmbH, Europaplatz 3, 69115 Heidelberg, Germany. If you have any concerns regarding our products, please contact ProductSafety@springernature.com

Printed and bound by CPI Group (UK) Ltd, Croydon, CR0 4YY

19/08/2026

02200191-0001